工程量清单计价实务教程系列

工程量清单计价实务教程
——建筑安装工程

李晓林　主　编

中国建材工业出版社

图书在版编目(CIP)数据

建筑安装工程/李晓林主编 . —北京：中国建材
工业出版社，2014.5
工程量清单计价实务教程系列
ISBN 978 - 7 - 5160 - 0771 - 6

Ⅰ.①建…　Ⅱ.①李…　Ⅲ.①建筑安装－工程造价－
教材　Ⅳ.①TU723.3

中国版本图书馆 CIP 数据核字（2014）第 041178 号

工程量清单计价实务教程——建筑安装工程

李晓林　主编

出版发行：中国建材工业出版社

地　　址：北京市西城区车公庄大街 6 号

邮　　编：100044

经　　销：全国各地新华书店

印　　刷：北京紫瑞利印刷有限公司

开　　本：710mm×1000mm　1/16

印　　张：17

字　　数：362 千字

版　　次：2014 年 5 月第 1 版

印　　次：2014 年 5 月第 1 次

定　　价：46.00 元

本社网址：www.jccbs.com.cn　　微信公众号：zgjcgycbs

本书如出现印装质量问题，由我社营销部负责调换。电话：(010)88386906

对本书内容有任何疑问及建议，请与本书责编联系。邮箱：dayi51@sina.com

内 容 提 要

本书根据《建设工程工程量清单计价规范》（GB 50500—
2013）和《通用安装工程工程量计算规范》（GB 50856—
2013）进行编写，详细阐述了建筑安装工程工程量清单及其
计价基础理论及编制方法。全书主要内容包括工程量清单计
价基础知识，工程量清单编制，电气设备安装工程，给排水、
采暖、燃气工程，通风空调工程，刷油、防腐、绝热工程，
安装工程投标报价等。

本书内容翔实、结构清晰、编撰体例新颖，可供建筑安
装工程设计、施工、建设、造价咨询、造价审计、造价管理
等专业人员使用，也可供高等院校相关专业师生学习时参考。

前　言

2012 年 12 月 25 日，住房和城乡建设部发布了《建设工程工程量清单计价规范》（GB 50500—2013），及《房屋建筑与装饰工程工程量计算规范》（GB 50854—2013）等 9 本工程量计算规范。这 10 本规范是在《建设工程工程量清单计价规范》（GB 50500—2008）的基础上，以原建设部发布的工程基础定额、消耗量定额、预算定额以及各省、自治区、直辖市或行业建设主管部门发布的工程计价定额为参考，以工程计价相关的国家或行业的技术标准、规范、规程为依据，收集近年来新的施工技术、工艺和新材料的项目资料，经过整理，在全国广泛征求意见后编制而成的，于 2013 年 7 月 1 日起正式实施。

2013 版清单计价规范进一步确立了工程计价标准体系的形成，为下一步工程计价标准的制订打下了坚实的基础。较之以前的版本，2013 版清单计价规范扩大了计价计量规范的适用范围，深化了工程造价运行机制的改革，强化了工程计价计量的强制性规定，注重了与施工合同的衔接，明确了工程计价风险分担的范围，完善了招标控制价制度，规范了不同合同形式的计量与价款支付，统一了合同价款调整的分类内容，确立了施工全过程计价控制与工程结算的原则，提供了合同价款争议解决的方法，增加了工程造价鉴定的专门规定，细化了措施项目计价的规定，增强了规范的可操作性，保持了规范的先进性。

为使广大建设工程造价工作者能更好地理解 2013 版清单计价规范和相关专业工程国家计量规范的内容，更好地掌握建标〔2013〕44 号文件的精神，我们组织工程造价领域有着丰富工作经验的专家学者，编写这套《工程量清单计价实务教程系列》丛书。本套丛书共包括下列分册：

1. 工程量清单计价实务教程——房屋建筑工程
2. 工程量清单计价实务教程——建筑安装工程
3. 工程量清单计价实务教程——装饰装修工程
4. 工程量清单计价实务教程——园林绿化工程
5. 工程量清单计价实务教程——仿古建筑工程
6. 工程量清单计价实务教程——市政工程

本系列丛书《建设工程工程量清单计价规范》（GB 50500—2013）为基础，配合各专业工程量计算规范进行编写，具有很强的实用价值，对帮助广大建设工程造价人员更好地履行职责，以适应市场经济条件下工程造价工作的需要，更好地理解工程量清单计价与定额计价的内容与区别提供了力所能及的帮助。丛书编写时以实用性为主，突出了清单计价实务的主题，对工程量清单计价的相关理论知识只进行了简单介绍，而是直接以各专业工程清单计价具体应用为主题，详细阐述了各专业工程清单项目设置、项目特征描述要求、工程量计算规则等工程量清单计价的实用知识，具有较强的实用价值，方便广大读者在工作中随时查阅学习。

　　丛书内容翔实、结构清晰、编撰体例新颖，在理论与实例相结合的基础上，注重应用理解，以更大限度地满足造价工作者实际工作的需要，增加了图书的适用性和使用范围，提高了使用效果。丛书在编写过程中，参考或引用了有关部门、单位和个人的资料，参阅了国内同行多部著作，得到了相关部门及工程咨询单位的大力支持与帮助，在此一并表示衷心感谢。丛书在编写过程中，虽经推敲核证，但限于编者的专业水平和实践经验，仍难免有疏漏或不妥之处，恳请广大读者指正。

编　者

目 录

第一章　工程量清单计价基础知识

第一节　2013版清单计价规范简介

一、工程量清单计价规范目的与依据

1. 工程量清单计价规范目的

(1)为了更加广泛深入地推行工程量清单计价,为规范建设工程发承包双方的计量、计价行为制定好准则。

(2)为了与当前国家相关法律、法规和政策性的变化规定相适应,使其能够正确地贯彻执行。

(3)为了适应新技术、新工艺、新材料日益发展的需要,促使规范的内容不断更新完善。

(4)总结实践经验,进一步建立健全我国统一的建设工程计价、计量规范标准体系。

2. 工程量清单计价规范编制依据

《建设工程工程量清单计价规范》(GB 50500—2013)(以下简称《13 计价规范》)和《房屋建筑与装饰工程工程量计算规范》(GB 50854—2013)、《仿古建筑工程工程量计算规范》(GB 50855—2013)、《通用安装工程工程量计算规范》(GB 50856—2013)、《市政工程工程量计算规范》(GB 50857—2013)、《园林绿化工程工程量计算规范》(GB 50858—2013)、《矿山工程工程量计算规范》(GB 50859—2013)、《构筑物工程量计算规范》(GB 50860—2013)、《城市轨道交通工程工程量计算规范》(GB 50861—2013)、《爆破工程工程量计算规范》(GB 50862—2013)9 本计量规范(以下简称《13 计量规范》),是以《建设工程工程量清单计价规范》(GB 50500—2008)(以下简称《08 规范》)为基础,以原建设部发布的工程基础定额、消耗量定额、预算定额以及各省、自治区、直辖市或行业建设主管部门发布的工程计价定额为参考,以工程计价相关的国家或行业的技术标准、规范、规程为依据,收集近年来的新的施工技术、工艺和新材料的项目资料,经过整理,在全国广泛征求意见后编制而成。

二、工程量清单计价规范的特点

(1)扩大了计价计量规范的适用范围。《13 计价规范》适用于建设工程发承包及实施阶段的计价活动,规定了工程计价必须按计量规范规定的工程量计算规则进行工程计量,而不是《08 规范》规定的"适用于工程量清单计价活动"。

（2）深化了工程造价运行机制的改革。《13 计价规范》坚持了"宏观调控、企业自主报价、竞争形成价格、监管行之有效"的工程造价的管理模式的改革方向。在条文设置上，使其工程量规则标准化、工程计价行为规范化、工程造价形成市场化。

（3）注重了施工合同的衔接。《13 计价规范》明确定义为适用于"工程施工发承包及实施阶段"，因此，在名词、术语、条文设置上尽可能与施工合同相衔接，既重视规范的指引和指导作用，又充分尊重发承包双方的意愿自治，为造价管理与合同管理相统一搭建了平台。

（4）规范了不同合同形式的计量与价款交付。《13 计价规范》针对单价合同、总价合同给出了明确定义，指明了其在计量和合同价款中的不同之处，提出了单价合同中的总价项目和总价合同的价款支付分解及支付的解决办法。

（5）统一了合同价款调整的分类内容。《13 计价规范》按照形成合同价款调整的因素，归纳为 5 类 14 个方面，并明确将索赔也纳入合同价款调整的内容，每一方面均有具体的条文规定，为规范合同价款调整提供依据。

（6）确立了施工全过程计价控制与工程结算的原则。《13 计价规范》将合同约定到竣工结算的全过程均设置了可操作性的条文，体现了发承包双方应在施工全过程中管理工程造价，明确规定竣工结算应依据施工过程中的发承包双方确认的计量、计价资料办理的原则，为进一步规范竣工结算提供了依据。

（7）提供了合同价款争议解决的方法。《13 计价规范》将合同价款争议专列一章，根据现行法律规定立足于把争议解决在萌芽状态，为及时并有效解决施工过程中的合同价款争议，提出了不同的解决方法。

三、工程量清单计价规范的构成

《13 计价规范》主要包括正文和附录两大部分。

1. 正文

正文共 16 章，对总则、术语、一般规定、工程量清单编制、招标控制价、投标报价、合同价款约定、工程计量、合同价款调整、合同价款期中支付、竣工结算与支付、合同解除的价款结算与支付、合同价款争议的解决、工程造价鉴定、工程计价资料与档案、工程计价表格等做了明确规定。

2. 附录

附录包括以下内容：

（1）附录 A，为物价变化合同价款调整方法。

（2）附录 B，为工程计价文件封面。

（3）附录 C，为工程计价文件扉页。

（4）附录 D，为工程计价总说明。

（5）附录 E，为工程计价汇总表。

（6）附录 F，为分部分项工程和单价措施项目清单与计价表。

(7)附录 G，为其他项目计价表。

(8)附录 H，为规费、税金项目计价表。

(9)附录 J，为工程计量申请(核准表)。

(10)附录 K，为合同价款支付申请(核准)表。

(11)附录 L，为主要材料、工程设备一览表。

第二节　工程量清单计价

一、工程量清单计价的概念

工程量清单是载明建设工程分部分项工程项目、措施项目、其他项目的名称和相应数量以及规费、税金项目等内容的明细清单。

工程量清单体现了招标人要求投标人完成的工程及相应的工程数量，全面反映了投标报价要求，是投标人进行报价的依据，也是招标文件不可分割的一部分。工程量清单的内容应完整、准确，合理的清单项目设置和准确的工程数量是清单计价的前提和基础。对于招标人来讲，工程量清单是进行投资控制的前提和基础，工程量清单编制的质量直接关系和影响到工程建设最终结果。

工程量清单计价是一种国际上通行的工程造价计价方式，是在建设工程招标投标过程中，招标人按照国家统一的工程量计算规则提供工程数量，由投标人依据工程量清单、施工图、企业定额、市场价格自主报价，并经评审后合理低价中标的工程造价计价方式。

工程量清单计价应包括按招标文件规定，完成工程量清单所列项目的全部费用，包括分部分项工程费、措施项目费、其他项目费和规费、税金。工程量清单应采用综合单价计价，它包括完成工程量清单中一个规定计量单位项目所需的人工费、材料费、施工机具使用费、管理费和利润，并考虑风险因素。综合单价不仅适用于分部分项工程项目清单，也适用于措施项目清单和其他项目清单。

二、工程量清单计价的特点

工程量清单计价真实反映了工程实际，在工程招标投标过程中，投标企业在投标报价时必须考虑工程本身的内容、范围、技术特点要求以及招标文件的有关规定、工程现场情况等因素，同时还必须充分考虑到许多其他方面的因素，如投标单位自己制定的工程总进度计划、施工方案、分包计划、资源安排计划等。这些因素对投标报价有着直接而重大的影响，而且对每一项招标工程来讲都具有其特殊性的一面，所以应该允许投标单位针对这些方面灵活机动地调整报价，以使报价能够比较准确地与工程实际相吻合。只有这样才能把投标定价自主权真正交给招标和投标单位，投标单位才会对自己的报价承担相应的风险与责任，从而建立起真正的风险制约和竞争机制，避免合同实施过程中的推诿和扯皮现象的发生，为工程管理提供方便。

工程量清单计价的特点具体体现在以下几个方面：

(1)统一计价规则。通过制定统一的建设工程工程量清单计价方法、统一的工程量计量规则、统一的工程量清单项目设置规则,达到规范计价行为的目的。这些规则和办法是强制性的,建设各方面都应该遵守,这是工程造价管理部门首次在文件中明确政府应管什么,不应管什么。

(2)有效控制消耗量。通过由政府发布统一的社会平均消耗量指导标准,为企业提供一个社会平均尺度,避免企业盲目或随意大幅度减少或扩大消耗量,从而达到保证工程质量的目的。

(3)彻底放开价格。将工程消耗量定额中的人工、材料、机械价格和利润、管理费全面放开,由市场的供求关系自行确定价格。

(4)企业自主报价。投标企业根据自身的技术专长、材料采购渠道和管理水平等,制定企业自己的报价定额,自主报价。企业尚无报价定额的,可参考使用造价管理部门颁布的《建设工程消耗量定额》。

(5)市场有序竞争形成价格。通过建立与国际惯例接轨的工程量清单计价模式,引入充分竞争形成价格的机制,制定衡量投标报价合理性的基础标准,在投标过程中,有效引入竞争机制,淡化标底,在保证质量、工期的前提下,按国家《招标投标法》及有关条款规定,最终以"不低于成本"的合理低价者中标。

三、工程量清单计价基本原理

工程量清单计价的基本原理就是以招标人提供的工程量清单为平台,投标人根据自身的技术、财务、管理能力进行投标报价,招标人根据具体的评标细则进行优选,这种计价方式是市场定价体系的具体表现形式。

工程量清单计价的基本过程,可以描述为在统一工程量计算规则的基础上,制定工程量清单项目设置规则,根据具体工程的施工图纸计算出各个清单项目的工程量,再根据各种渠道所获得的工程造价信息和经验数据计算得到工程造价。具体过程如图 1-1 所示。

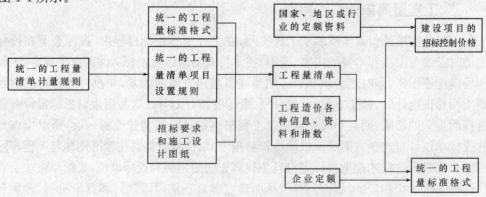

图 1-1　工程造价工程量清单计价过程示意图

从图 1-1 中可以看出,其编制过程可以分为两个阶段:工程量清单格式的编制和利用工程量清单来编制投标报价。投标报价是在业主提供的工程量计算结果的基础上,根据企业自身所掌握的各种信息、资料,结合企业定额编制的。

四、工程量清单计价的影响因素

工程量清单报价中标的工程,无论采用何种计价方法,在正常情况下,基本说明工程造价已确定,只是当出现设计变更或工程量变动时,通过签证再结算调整另行计算。工程量清单工程成本要素的管理重点,是在既定收入的前提下,如何控制成本支出。

1. 用工批量的有效管理

人工费支出约占建筑产品成本的 17%,且随市场价格波动而不断变化。对人工单价在整个施工期间做出切合实际的预测,是控制人工费用支出的前提条件。

根据施工进度,月初依据工序合理做出用工数量,结合市场人工单价计算出本月控制指标。

在施工过程中,依据工程分部分项,对每天用工数量连续记录,在完成一个分项后,就同工程量清单报价中的用工数量对比,进行横评找出存在问题,办理相应手续以便对控制指标加以修正。每月完成几个工程分项后各自同工程量清单报价中的用工数量对比,考核控制指标完成情况。通过控制节约用工数量,就意味着降低人工费支出,即增加了相应的效益。这种对用工数量控制的方法,最大优势在于不受任何工程结构形式的影响,分阶段加以控制,有很强的实用性。人工费用控制指标,主要是从量上加以控制,重点通过对在建工程过程控制,积累各类结构形式下实际用工数量的原始资料,以便形成企业定额体系。

2. 材料费用管理

材料费用开支约占建筑产品成本的 63%,是成本要素控制的重点。材料费用因工程量清单报价形式不同,材料供应方式不同而有所不同。如业主限价的材料价格如何管理? 其主要问题可从施工企业采购过程降低材料单价来把握。

对本月施工分项所需材料用量下发采购部门,在保证材料质量前提下货比三家。采购过程以工程量清单报价中材料价格为控制指标,确保采购过程产生收益。对业主供材供料,确保足斤足两,严把验收入库环节。

在施工过程中,严格执行质量方面的程序文件,做到材料堆放合理布局,减少二次搬运。具体操作依据工程进度实行限额领料,完成一个分项后,考核控制效果。

杜绝没有收入的支出,把返工损失降到最低限度。月末应把控制用量和价格同实际数量横向对比,考核实际效果,对超用材料数量落实清楚,是在哪个工程子项造成的? 原因是什么? 是否存在同业主计取材料差价的问题等。

3. 机械费用管理

机械费的开支约占建筑产品成本的 7%,其控制指标主要是根据工程量清单计算出使用的机械控制台班数。在施工过程中,每天做详细台班记录,是否存在维修、待班的台班。如存在现场停电超过合同规定时间,应在当天同业主作好待班现场签证记录,月末将实际使用台班同控制台班的绝对数进行对比,分析量差发生的原因。对机械费价格一般采取租赁协议,合同一般在结算期内不变动,所以,控制实际用量是关键。依据现场情况做到设备合理布局,充分利用,特别是要合理安排大型设备进出场时间,以降低费用。

4. 施工过程中水电费管理

水电费的管理,在以往工程施工中一直被忽视。水作为人类赖以生存的宝贵资源,越来越短缺,正在给人类敲响警钟。因此,加强施工过程中的水电费管理具有十分重要的意义。为便于施工过程支出的控制管理,应把控制用量计算到施工子项以便于水电费用控制。月末依据完成的子项所需水电用量同实际用量对比,找出差距的出处,以便制定改正措施。总之,施工过程中对水电用量控制不仅仅是一个经济效益的问题,更是一个合理利用宝贵资源的问题。

5. 设计变更和工程签证管理

在施工过程中,时常会遇到一些原设计未预料的实际情况或业主单位提出要求改变某些施工做法、材料代用等,引发设计变更;同样对施工图以外的内容及停水、停电,或因材料供应不及时造成停工、窝工等都需要办理工程签证。以上两部分工作,首先应由负责现场施工的技术人员做好工程量的确认,如存在工程量清单不包括的施工内容,应及时通知技术人员,将需要办理工程签证的内容落实清楚;其次工程造价人员审核变更或签证签字内容是否清楚完整、手续是否齐全。如手续不齐全,应在当天督促施工人员补办手续,变更或签证的资料应连续编号;最后工程造价人员还应特别注意在施工方案中涉及的工程造价问题。在投标时工程量清单是依据以往的经验计价,建立在既定的施工方案基础上的。施工方案的改变便是对工程量清单造价的修正。变更或签证是工程量清单工程造价中所不包括的内容,但在施工过程中费用已经发生,工程造价人员应及时地编制变更及签证后的变动价值。加强设计变更和工程签证工作是施工企业经济活动中的一个重要组成部分,它可防止应得效益的流失,反映工程真实造价构成,对施工企业各级管理者来说更显得重要。

6. 其他成本要素管理

成本要素除工料单价法包含的以外,还有管理费用、利润、临设费、税金、保险费等。这部分收入已分散在工程量清单的子项之中,中标后已成既定的数。因此,在施工过程中应注意以下几点:

(1)节约管理费用是重点,制定切实的预算指标,对每笔开支严格依据预算执行审批手续;提高管理人员的综合素质,做到高效精干,提倡一专多能。对办公费用的管理,从节约一张纸、减少每次通话时间等方面着手,精打细算,控制费用支出。

(2)利润作为工程量清单子项收入的一部分,在成本不亏损的情况下,就是企业既定利润。

(3)临设费管理的重点是,依据施工的工期及现场情况合理布局临设。尽可能就地取材搭建临设,工程接近竣工时及时减少临设的占用。对购买的彩板房每次安、拆要高抬轻放,延长使用次数。日常使用及时维护易损部位,延长使用寿命。

(4)对税金、保险费的管理重点是一个资金问题,依据施工进度及时拨付工程款,确保按国家规定的税金及时上缴。

以上六个方面是施工企业的成本要素,针对工程量清单形式带来的风险性,施工企业要从加强过程控制的管理入手,才能将风险降到最低点。积累各种结构形式下成本要素的资料,逐步形成科学、合理的,具有代表人力、财力、技术力量的企业定额体系。通过企业定额,使报价不再盲目,避免了一味过低或过高报价所形成的亏损、废标,以应付复杂激烈的市场竞争。

五、工程量清单计价方式

工程量清单是载明建设工程分部分项工程项目、措施项目、其他项目的名称和相应数量以及规费、税金项目等内容的明细清单。

(1)使用国有资金投资的建设工程发承包,必须采用工程量清单计价。

(2)非国有资金投资的建设工程,宜采用工程量清单计价。

(3)不采用工程量清单计价的建设工程,应执行《13 计价规范》除工程量清单等专门性规定外的其他规定。

(4)工程量清单应采用综合单价计价。

(5)措施项目中的安全文明施工费必须按国家或省级、行业建设主管部门的规定计算,不得作为竞争性费用。

(6)规费和税金必须按国家或省级、行业建设主管部门的规定计算,不得作为竞争性费用。

六、计价风险

风险是一种客观存在的、会带来损失的、不确定的状态。风险具有客观性、损失性、不确定性的特点,并且风险始终是与损失相联系的。工程施工发包是一种期货交易行为,工程建设本身又具有单件性和建设周期长的特点。在工程施工过程中影响工程施工及工程造价的风险因素很多,但并非所有的风险都是承包人能预测、能控制和应承担其造成的损失的。

工程施工招标发包是工程建设交易方式之一,一个成熟的建设市场应是一个体现交易公平性的市场。在工程建设施工发包中实行风险共担和合理分摊原则是实现建设市场交易公平性的具体体现,是维护建设市场正常秩序的措施之一。具体体现应在招标文件或合同中对发、承包双方各自应承担的风险内容及其风险范围或幅度进行界定和明确,而不能要求承包人承担所有风险或无限度风险。

根据我国工程建设特点,投标人应完全承担的风险是技术风险和管理风险,如管理费和利润;应有限度承担的是市场风险,如材料价格、施工机械使用费等的风险;应完全不承担的是法律、法规、规章和政策变化的风险。建设工程发承包,必须在招标文件、合同中明确计价中的风险内容及范围,不得采用无限风险、所有风险或类似语句规定计价中的风险内容及范围。

1. 发包人承担

由于下列因素出现,影响合同价款调整的,应由发包人承担:

(1)国家法律、规章和政策发生变化。

(2)省级或行业建设主管部门发布的人工费调整,但承包人对人工费或人工单价的报价高于发布的除外。

(3)由政府定价或政府指导价管理的原材料等价格进行了调整。

2. 承包人承担

由于承包人使用机械设备、施工技术以及组织管理水平等自身原因造成施工费用增加的,应由承包人全部承担。

3. 发承包双方承担

由于承包人使用机械设备、施工技术以及组织管理水平等自身原因造成施工费用增加的,应由承包人全部承担。

七、发、承包人提供材料和工程设备

1. 发包人提供材料和工程设备

《建设工程质量管理条例》第十四条规定:"按照合同约定,由建设单位采购建筑材料、建筑构配件和设备的,建设单位应当保证建筑材料、建筑构配件和设备符合设计文件和合同要求";《中华人民共和国合同法》第二百八十三条规定:"发包人未按照约定的时间和要求提供原材料、设备、场地、资金、技术资料的,承包人可以顺延工程日期,并有权要求赔偿停工、窝工等损失"。《13计价规范》根据上述法律条文对发包人提供材料和机械设备的情况进行了如下约定:

(1)发包人提供的材料和工程设备(以下简称甲供材料)应在招标文件中按照《13计价规范》附录L.1规定填写《发包人提供材料和工程设备一览表》,写明甲供材料的名称、规格、数量、单价、交货方式、交货地点等。

(2)承包人投标时,甲供材料单价应计入相应项目的综合单价中,签约后,发包人应按合同约定扣除甲供材料款,不予支付。承包人应根据合同工程进度计划的安排,向发包人提交甲供材料交货的日期计划。发包人应按计划提供。

(3)发包人提供的甲供材料如规格、数量或质量不符合合同要求,或由于发包人原因发生交货日期延迟、交货地点及交货方式变更等情况的,发包人应承担由此增加的费用和工期延误,并应向承包人支付合理利润。

(4)发承包双方对甲供材料的数量发生争议不能达成一致的,应按照相关工程的计价定额同类项目规定的材料消耗量计算。

2. 承包人提供材料和工程设备

《建设工程质量管理条例》第 29 条规定:"施工单位必须按照工程设计要求、施工技术标准和合同约定,对建筑材料、建筑构配件、设备和商品混凝土进行检验,检验应当有书面记录和专人签字;未经检验或者检验不合格的,不得使用。"《13 计价规范》根据此法律条文对承包人提供材料和机械设备的情况进行了如下约定:

(1)除合同约定的发包人提供的甲供材料外,合同工程所需的材料和工程设备应由承包人提供,承包人提供的材料和工程设备均应由承包人负责采购、运输和保管。

(2)承包人应按合同约定将采购材料和工程设备的供货人及品种、规格、数量和供货时间等提交发包人确认,并负责提供材料和工程设备的质量证明文件,满足合同约定的质量标准。

(3)对承包人提供的材料和工程设备经检测不符合合同约定的质量标准,发包人应立即要求承包人更换,由此增加的费用和(或)工期延误应由承包人承担。对发包人要求检测已具有合格证明的材料、工程设备,但经检测证明该项材料、工程设备符合合同约定的质量标准,发包人应承担由此增加的费用和(或)工期延误,并向承包人支付合理利润。

第二章　工程量清单编制

第一节　工程量清单编制概述

一、编制一般规定

（1）招标工程量清单应由具有编制能力的招标人或受其委托、具有相应资质的工程造价咨询人编制。

（2）招标工程量清单必须作为招标文件的组成部分，其准确性和完整性应由招标人负责。

（3）招标工程量清单是工程量清单计价的基础，应作为编制招标控制价、投标报价，计算或调整工程量，索赔等的依据之一。

（4）招标工程量清单应以单位（项）工程为单位编制，应由分部分项工程项目清单、措施项目清单、其他项目清单、规费和税金项目清单组成。

二、工程量清单的组成

《13计价规范》中规定的工程计价表格种类主要有：工程计价文件封面、工程计价文件扉页、工程计价总说明、工程计价汇总表、分部分项工程和措施项目计价表、其他项目计价表、规费、税金项目计价表、工程计量申请（核准）表、合同价款支付申请（核准）表、主要材料、工程设备一览表等。

三、工程量清单编制依据

（1）《13计价规范》。

（2）国家或省级、行业建设主管部门颁发的计价定额和办法。

（3）建设工程设计文件及相关资料。

（4）与建设工程项目有关的标准、规范、技术资料。

（5）拟定的招标文件。

（6）施工现场情况、地勘水文资料及常规施工方案。

（7）其他相关资料。

第二节　工程量清单编制内容与示例

一、工程量清单封面

　　编制工程量清单时,工程量清单封面由招标方的工程造价专业人员编制。招标人盖单位公章,法定代表人或其授权人签字或盖章。招标人委托工程造价咨询人编制工程量清单时,由工程造价咨询人的工程造价专业人员编制。工程造价咨询人盖单位资质专用章,法定代表人或其授权人签字或盖章。

　　以某住宅楼采暖及给排水工程为例,其具体填写方法见表 2-1。

表 2-1　　　　　　　　　　　　　招标工程量清单封面

____某住宅楼采暖及给排水安装____ 工程

招标工程量清单

招　标　人:_____×××_____
　　　　　　　　　　(单位盖章)

造价咨询人:_____×××_____
　　　　　　　　　　(单位盖章)

××××年××月××日

二、工程量清单扉页

在编制工程量清单时,编制人员必须是在招标人单位注册的造价人员,由招标人盖单位公章,法定代表人或其授权人签字或盖章。当编制人是注册造价工程师时,由其签字盖执业专用章;当编制人是造价员时,由其在编制人栏签字盖专用章,并应由注册造价工程师复核,在复核人栏签字盖执业专用章。具体填写内容见表2-2。

表 2-2　　　　　　　　　　　　招标工程量清单扉页

　　　某住宅楼采暖及给排水安装　　　工程

招标工程量清单

招　标　人：＿＿＿＿＿×××＿＿＿＿＿　　　造价咨询人：＿＿＿＿＿×××＿＿＿＿＿
　　　　　　　　　　（单位盖章）　　　　　　　　　　　　　　　　（单位资质专用章）

法定代表人　　　　　　　　　　　　　　　　法定代表人
或其授权人：＿＿＿＿＿×××＿＿＿＿＿　　　或其授权人：＿＿＿＿＿×××＿＿＿＿＿
　　　　　　　　　　（签字或盖章）　　　　　　　　　　　　　　　（签字或盖章）

编　制　人：＿＿＿＿＿×××＿＿＿＿＿　　　复　核　人：＿＿＿＿＿×××＿＿＿＿＿
　　　　　　（造价人员签字盖专用章）　　　　　　　　　（造价工程师签字盖专用章）

编制时间：××××年××月××日　　　　　　复核时间：××××年××月××日

三、总说明

总说明虽然只列了一个表格，但在工程计价的每阶段说明内容不同，要求也不同。在工程量清单中，应包括：

(1)工程概况：建设规模、工程特征、计划工期、施工现场实际情况、自然地理条件、环境保护要求等。

(2)工程招标和分包范围。

(3)工程量清单编制依据。

(4)工程质量、材料、施工等特殊要求。

(5)其他需要说明的问题。

总说明的具体内容见表 2-3。

表 2-3　　　　　　　　　　　　**总说明**

工程名称：某住宅楼采暖及给排水安装工程　　　　　　　　　　　　第　页共　页

1. 工程概况：如建设地址、建设规模、工程特征、交通状况、环保要求等；
2. 工程招标和专业工程发包范围；
3. 工程量清单编制依据；
4. 工程质量、材料、施工等的特殊要求；
5. 其他需要说明的问题。

四、分部分项工程和单价措施项目清单计价表

本表依据《08 规范》中《分部分项工程量清单与计价表》和《措施项目清单与计价表(二)》合并而来。单价措施项目和分部分项工程项目清单编制与计价均使用该表，其具体填写内容见表 2-4。

(1)编制工程量清单时，在"工程名称"栏应填写详细具体的工程称谓；"项目编码"栏应根据国家相关工程工程量计算规范项目编码栏内规定的 9 位数字另加 3 位顺序码共 12 位阿拉伯数字填写。各位数字的含义为：一、二位为专业工程代码，房屋建筑与装饰工程为 01，仿古建筑为 02，通用安装工程为 03，市政工程为 04，园林绿化工程为 05，矿山工程为 06，构筑物工程为 07，城市轨道交通工程为 08，爆破工程为 09；三、四位为专业工程附录分类顺序码；五、六位为分部工程顺序码；七、八、九位为分项工程项目名称顺序码；十至十二位为清单项目名称顺序码。

(2)在编制工程量清单时应注意对项目编码的设置不得有重码，特别是当同一标段(或合同段)的一份工程量清单中含有多个单项或单位工程且工程量清单是以单项或单位工程为编制对象时，应注意项目编码中的十至十二位的设置不得重码。例如一个标段(或合同段)的工程量清单中含有三个单项或单位工程，每一单项或单位工程中

都有项目特征相同的干式变压器,在工程量清单中又需反映三个不同单项或单位工程的干式变压器工程量时,此时工程量清单应以单项或单位工程为编制对象,第一个单项或单位工程的干式变压器的项目编码为 030401002001,第二个单项或单位工程的干式变压器的项目编码为 030401002002,第三个单项或单位工程的干式变压器的项目编码为 030401001003,并分别列出各单项或单位工程变压器安装的工程量。

(3)"项目名称"栏应按国家相关工程工程量计算规范的规定,根据拟建工程实际填写。在实际填写过程中,"项目名称"有两种填写方法:一是完全保持国家相关工程工程量计算规范的项目名称不变;二是根据工程实际在工程量计算规范项目名称下另行确定详细名称。

(4)"项目特征"栏应按国家相关工程工程量计算规范的规定,根据拟建工程实际进行描述。在对分部分项工程项目清单的项目特征描述时,可按下列要点进行:

1)必须描述的内容。

①涉及型号、规格要求的内容必须描述。如配电箱,其型号与规格直接关系到材料的价格,对配电箱型号、规格进行描述是十分必要的。

②涉及材质要求的内容必须描述。如油漆的品种,是调和漆还是硝基清漆等;管材的材质,是钢管还是塑料管等,还需要对管材的规格、型号进行描述。

③涉及安装方式的内容必须描述。如管道工程中管道的连接方式就必须描述。

2)可不描述的内容。

①应由投标人根据施工方案确定的可以不描述。

②按招投标法规定"招标文件不得要求或者表明特定的生产供应者",因此,取消"品牌"的项目特征描述。

3)可不详细描述的内容。

①施工图纸、标准图集标注明确的,可不再详细描述。对这些项目可采取详见××图集或××图号的方式,对不能满足项目特征描述要求的部分,仍应用文字描述。由于施工图纸、标准图集是发承包双方都应遵守的技术文件,这样描述可以有效减少在施工过程中对项目理解的不一致。

②如清单项目的项目特征与现行定额中某些项目的规定是一致的,也可采用见×定额项目的方式进行描述。

4)项目特征的描述方式。描述清单项目特征的方式大致可分为"问答式"和"简化式"两种。其中"问答式"是指清单编写人按照工程计价软件上提供的规范,在要求描述的项目特征上采用答题的方式进行描述,如描述法兰清单项目特征时,可采用"法兰材质、规格、压力等级、连接形式:钢法兰,$DN100$,$PN1.6$,焊接";"简化式"是对需要描述的项目特征内容根据当地的用语习惯,采用口语化的方式直接表述,省略了规范上的描述要求,如同样在描述法兰清单项目特征时,可采用"$DN100$、$PN1.6$ 的钢法兰,采用焊接连接。"

(5)分部分项工程量清单的计量单位应按国家相关工程工程量计算规范规定的计量单位填写。有些项目工程量计算规范中有两个或两个以上计量单位,应根据拟建工程项目的实际,选择最适宜表现该项目特征并方便计量的单位。如柔性软风管项目,工程量计算规范以"m"和"节"两个计量单位表示,此时就应根据工程项目的特点,选择其中一个即可。

(6)"工程量"应按国家相关工程工程量计算规范规定的工程量计算规则计算填写。工程量的有效位数应遵守下列规定:

1)以"t"为单位,应保留小数点后三位小数,第四位小数四舍五入;

2)以"m"、"m²"、"m³"、"kg"为单位,应保留小数点后两位小数,第三位小数四舍五入;

3)以"个"、"件"、"根"、"组"、"系统"为单位,应取整数。

(7)分部分项工程量清单编制应注意的问题。

1)不能随意设置项目名称,清单项目名称一定要按《13 计价规范》附录的规定设置。

2)正确对项目进行描述,一定要将完成该项目的全部内容完整地体现在清单上,不能有遗漏,以便投标人报价。

表 2-4　　　　　　　　　分部分项工程和单价措施项目清单与计价表

工程名称:某住宅楼采暖及给排水安装工程　　　　标段:　　　　　　　第　页共　页

序号	项目编码	项目名称	项目特征描述	计量单位	工程量	金额/元		
						综合单价	合价	其中
								暂估价
			031001 给排水、采暖、燃气管道					
1	031001001001	镀锌钢管	DN80,室内给水,螺纹连接	m	4.3			
2	031001001002	镀锌钢管	DN70,室内给水,螺纹连接	m	20.9			
3	031001002001	钢管	DN15,室内焊接钢管安装,螺纹连接	m	1325			
4	031001002002	钢管	DN20,室内焊接钢管安装,螺纹连接	m	1855			
5	031001002003	钢管	DN25,室内焊接钢管安装,螺纹连接	m	1030			
6	031001002004	钢管	DN32,室内焊接钢管安装,螺纹连接	m	95			
7	031001002005	钢管	DN40,室内焊接钢管安装,手工电弧焊	m	120			
8	031001002006	钢管	DN50,室内焊接钢管安装,手工电弧焊	m	230			

续一

序号	项目编码	项目名称	项目特征描述	计量单位	工程量	金额/元		
						综合单价	合价	其中
								暂估价
9	031001002007	钢管	DN70,室内焊接钢管安装,手工电弧焊	m	180			
10	031001002008	钢管	DN80,室内焊接钢管安装,手工电弧焊	m	95			
11	031001002009	钢管	DN100,室内焊接钢管安装,手工电弧焊	m	70			
12	031001006001	塑料管	DN110,室内排水,零件粘接	m	45.7			
13	031001006002	塑料管	DN75,室内排水,零件粘接	m	0.5			
14	031001007001	复合管	DN40,室内给水,螺纹连接	m	23.6			
15	031001007002	复合管	DN20,室内给水,螺纹连接	m	14.60			
16	031001007003	复合管	DN15,室内给水,螺纹连接	m	4.60			
			分部小计					
			031002 支架及其他					
17	031002001001	管道支架	单管吊支架,$\phi 20$,∟40×4	kg	1200			
18	031002001002	管道支架	单管托架,$\phi 25$,∟25×4	kg	4.94			
			分部小计					
			031003 管道附件					
19	031003001001	螺纹阀门	阀门安装,螺纹连接 J11T-16-15	个	84			
20	031003001002	螺纹阀门	阀门安装,螺纹连接 J11T-16-20	个	76			
21	031003001003	螺纹阀门	阀门安装,螺纹连接 J11T-16-25	个	52			
22	031003003001	焊接法兰阀门	法兰阀门安装,J11T-100	个	6			

续二

序号	项目编码	项目名称	项目特征描述	计量单位	工程量	金额/元		
						综合单价	合价	其中
								暂估价
23	031003013001	水表	室内水表安装,DN20	组	1			
			分部小计					
			031004 卫生器具					
24	031004003001	洗脸盆	陶瓷,PT-8,冷热水	组	3			
25	031004006001	大便器	陶瓷	组	5			
26	031004010001	淋浴器	金属	套	1			
27	031004014001	排水栓	排水栓安装,DN5	组	1			
28	031004014002	水龙头	铜,DN15	个	4			
29	031004014003	地漏	铸铁,DN10	个	3			
			分部小计					
			031005 供暖器具					
30	031005001001	铸铁散热器	铸铁暖气片安装,柱形 813,手工除锈,刷1次锈漆,2次银粉漆	片	5385			
			分部小计					
			031009 采暖、空调水工程系统调试					
31	031009001001	采暖工程系统调试	热水采暖系统	系统	1			
			分部小计					
			031301 专业措施项目					
32	031301017001	脚手架搭拆	综合脚手架安装	m²	357.39			
			分部小计					
			本页小计					
			合　　计					

五、总价措施项目清单与计价表

编制工程量清单时,表 2-5 中的项目可根据工程实际情况进行增减。

表 2-5　　　　　　　　　总价措施项目清单与计价表

工程名称:某住宅楼采暖及给排水安装工程　　　标段:　　　　　　　第　页共　页

序号	项目编码	项目名称	计算基础	费率/%	金额/元	调整费率/%	调整后金额/元	备注
1	031302001001	安全文明施工费						
2	031302002001	夜间施工增加费						
3	031302004001	二次搬运费						
4	031302005001	冬雨季施工增加费						
5	031302006001	已完工程及设备保护费						
		合　计						

编制人(造价人员):　　　　　　　　　　　　　　　　复核人(造价工程师):

六、其他项目计价表

1. 其他项目清单与计价汇总表

使用其他项目清单与计价汇总表编制工程量清单时,应汇总"暂列金额"和"专业工程暂估价",以提供给投标人报价。具体填写内容见表 2-6。

表 2-6　　　　　　　　　其他项目清单与计价汇总表

工程名称:某住宅楼采暖及给排水安装工程　　　标段:　　　　　　　第　页共　页

序号	项目名称	金额/元	结算金额/元	备　注
1	暂列金额	10000.00		明细详见表 2-7
2	暂估价			
2.1	材料(工程设备)暂估价	—		明细详见表 2-8
2.2	专业工程暂估价	50000.00		明细详见表 2-9
3	计日工			明细详见表 2-10
4	总承包服务费			明细详见表 2-11
	合　计	60000.00	—	

2. 暂列金额明细表

使用暂列金额明细表（表 2-7）时，要求招标人能将暂列金额与拟用项目列出明细，但如确实不能详列也可只列暂定金额总额，投标人应将上述暂列金额计入投标总价中。

表 2-7　　　　　　　　　　　　　　暂列金额明细表

工程名称：某住宅楼采暖及给排水安装工程　　　　标段：　　　　　　第　页共　页

序号	项目名称	计量单位	暂定金额/元	备注
1	政策性调整和材料价格风险	项	7500.00	
2	其他	项	2500.00	
3				
4				
5				
6				
7				
8				
9				
10				
11				
	合　计		10000.00	—

3. 材料（工程设备）暂估单价及调整表

暂估价是在招标阶段预见肯定要发生，只是因为标准不明确或者需要由专业承包人完成，暂时无法确定材料、工程设备的具体价格而采用的一种临时性计价方式。暂估价的材料、工程设备数量应在表内填写，拟用项目应在表 2-8 备注栏给予补充说明。

《13 计价规范》要求招标人针对每一类暂估价给出相应的拟用项目，即按照材料、工程设备的名称分别给出，这样的材料、工程设备暂估价能够纳入到清单项目的综合单价中。

表 2-8 　　　　　　　　**材料(工程设备)暂估单价及调整表**

工程名称:某住宅楼采暖及给排水安装工程　　　标段:　　　　　　　　第　页 共　页

序号	材料(工程设备)、名称、规格、型号	计量单位	数量		暂估/元		确认/元		差额±/元		备注
			暂估	确认	单价	合价	单价	合价	单价	合价	
1	DN15 钢管	m	1325.00		15.00	19875.00					主要用于室内给水管道项目
2	DN20 钢管	m	1855.00		18.00	33390.00					主要用于室内给水管道项目
3	DN25 钢管	m	1030.00		25.00	25750.00					主要用于室内给水管道项目
4	DN32 钢管	m	95.00		28.00	2660.00					主要用于室内给水管道项目
5	DN40 钢管	m	120.00		40.00	4800.00					主要用于室内给水管道项目
6	DN50 钢管	m	230.00		45.00	10350.00					主要用于室内给水管道项目
7	DN70 钢管	m	180.00		65.00	11700.00					主要用于室内给水管道项目
8	DN80 钢管	m	95.00		75.00	7125.00					主要用于室内给水管道项目
9	DN100 钢管	m	70.00		80.00	5600.00					主要用于室内给水管道项目
	(以下略)										
	合计					121250.00					

4. 专业工程暂估价及结算价表

专业工程暂估价应在表 2-9 内填写工程名称、工程内容、暂估金额,投标人应将上述金额计入投标总价中。专业工程暂估价项目及其表中列明的专业工程暂估价,是指分包人实施专业工程的含税金后的完整价,除了合同约定的发包人应承担的总包管理、协调、配合和服务责任所对应的总承包服务费以外,承包人为履行其总包管理、配合、协调和服务所需产生的费用应该包括在投标报价中。

表 2-9　　　　　　　　　　　**专业工程暂估价及结算价表**

工程名称:某住宅楼采暖及给排水安装工程　　　　标段:　　　　　　第　页共　页

序号	工程名称	工程内容	暂估金额/元	结算金额/元	差额±/元	备注
1	远程抄表系统	给水排水工程远程抄表系统设备、线缆等的供应、安装、调试工作	50000.00			
	合　计		50000.00			

5. 计日工表

使用计日工表(表 2-10),编制工程量清单时,"项目名称"、"计量单位"、"暂估数量"由招标人填写。

表 2-10　　　　　　　　　　　　　　**计日工表**

工程名称:某住宅楼采暖及给排水安装工程　　　　标段:　　　　　　第　页共　页

编号	项目名称	单位	暂定数量	实际数量	综合单价/元	合价/元	
						暂定	实际
一	人工						
1	管道工	工时	100.00				
2	电焊工	工时	45.00				
3	其他工种	工时	45.00				
	人工小计						
二	材料						
1	电焊条	kg	12.000				
2	氧气	m³	18.00				
3	乙炔条	t	92.00				
	材料小计						

续表

编号	项目名称	单位	暂定数量	实际数量	综合单价/元	合价/元	
						暂定	实际
三	施工机械						
1	直流电焊机 90kW	台班	40.00				
2	汽车起重机	台班	35.00				
3	载重汽车 8t	台班	35.00				
	施工机械小计						
四、企业管理费和利润							
	总　　计						

6. 总承包服务费计价表

使用总承包服务费计价表(表 2-11),编制招标工程量清单时,招标人应将拟定进行专业分包的专业工程、自行采购的材料设备等决定清楚,填写项目名称、服务内容,以便投标人决定报价。

表 2-11　　　　　　　　　　总承包服务费计价表

工程名称:某住宅楼采暖及给排水安装工程　　标段:　　　　　　第　页共　页

序号	项目名称	项目价值/元	服务内容	计算基础	费率/%	金额/元
1	发包人发包专业工程	50000.00	1. 按专业工程承包人的要求提供施工工作面并对施工现场进行统一管理,对竣工资料统一汇总整理 2. 为专业工程承包人提供垂直运输和焊接电源接入点,并承担垂直运输费和电费			
2	发包人提供材料	121250.00	对发包人供应的材料进行验收及保管和使用			
	合　　计	—		—		—

7. 规费、税金项目计价表

规费、税金项目计价表（表 2-12）按住房和城乡建设部、财政部印发的《建筑安装工程费用项目组成》（建标〔2013〕44 号）列举的规费项目列项，在施工实践中，有的规费项目，如工程排污费，并非每个工程所在地都要征收，实践中可作为按实计算的费用处理。

表 2-12　　　　　　　　　　　　　规费、税金项目计价表

工程名称：某住宅楼采暖及给排水安装工程　　　　标段：　　　　　　　　第　页共　页

序号	项目名称	计算基础	计算基数	计算费率/%	金额/元
1	规费	定额人工费			
1.1	社会保险费	定额人工费			
(1)	养老保险费	定额人工费			
(2)	失业保险费	定额人工费			
(3)	医疗保险费	定额人工费			
(4)	工伤保险费	定额人工费			
(5)	生育保险费	定额人工费			
1.2	住房公积金	定额人工费			
1.3	工程排污费	按工程所在地环境保护部门收取标准，按实计入			
2	税金	分部分项工程费＋措施项目费＋其他项目费＋规费－按规定不计税的工程设备金额			
合　计					

编制人（造价人员）：×××　　　　　　　　　　　复核人（造价工程师）：×××

七、主要材料、工程设备一览表

1. 发包人提供材料和工程设备一览表

该表由招标人填写，供投标人在投标报价、确定总承包服务费时参考，其具体表格形式见表 2-13。

表 2-13 发包人提供材料和工程设备一览表

工程名称:某住宅楼采暖及给排水安装工程　　　标段:　　　　　　第　页共　页

序号	材料(工程设备)名称、规格、型号	单位	数量	单价/元	交货方式	送达地点	备注
1							
2							
3							
4							
5						•	
6							
7							
8							
9							

2. 承包人提供主要材料和工程设备一览表

表 2-14、表 2-15 由招标人填写除"投标单价"栏的内容,投标人在投标时自主确定投标单价,招标人应优先采用工程造价管理机构发布的单价作为基准单价,未发布的,通过市场调查确定其基准单价。

表 2-14 承包人提供主要材料和工程设备一览表
(适用于造价信息差额调整法)

工程名称:某住宅楼采暖及给排水安装工程　　　标段:　　　　　　第　页共　页

序号	名称、规格、型号	单位	数量	风险系数/%	基准单价/元	投标单价/元	发承包人确认单价/元	备注

注:1. 此表由招标人填写除"投标单价"栏的内容,投标人在投标时自主确定投标单价。
　　2. 招标人应优先采用工程造价管理机构发布的单价作为基准单价,未发布的,通过市场调查确定其基准单价。

表 2-15　　　　　　　　　**承包人提供主要材料和工程设备一览表**
（适用于价格指数差额调整法）

工程名称：某住宅楼采暖及给排水安装工程　　　标段：　　　　　　　第　页共　页

序号	名称、规格、型号	变值权重 B	基本价格指数 F_0	现行价格指数 F_t	备注
	定值权重 A		—	—	
	合　计	1	—	—	

注：1. "名称、规格、型号"、"基本价格指数"栏由招标人填写，基本价格指数应首先采用工程造价管理机构发布的价格指数，没有时，可采用发布的价格代替。如人工、机械费也采用本法调整，由招标人在名称"名称"栏填写。

　　2. "变值权重"栏由投标人根据该项人工、机械费和材料、工程设备价值在投标总报价中所占比例填写，1减去其比例为定值权重。

　　3. "现行价格指数"按约定付款证书相关周期最后一天的前 42 天的各项价格指数填写，该指数应首先采用工程造价管理机构发布的价格指数，没有时，可采用发布的价格代替。

第三节　工程招标控制价编制

一、招标控制价的概念

招标控制价是招标人根据国家或省级、行业建设主管部门颁发的有关计价依据和办法，按设计施工图纸计算的，对招标工程限定的最高工程造价。国有资金投资的工程建设项目必须实行工程量清单招标，并必须编制招标控制价。

二、招标控制价的作用

（1）我国对国有资金投资项目的投资控制实行的是投资概算审批制度，国有资金投资的工程原则上不能超过批准的投资概算。因此，在工程招标发包时，当编制的招标控制价超过批准的概算，招标人应当将其报原概算审批部门重新审核。

（2）国有资金投资的工程进行招标，根据《中华人民共和国招标投标法》的规定，招标人可以设标底。当招标人不设标底时,为有利于客观、合理地评审投标报价和避免哄抬标价,造成国有资产流失,招标人必须编制招标控制价。

(3)国有资金投资的工程,招标人编制并公布的招标控制价相当于招标人的采购预算,同时要求其不能超过批准的概算。因此,招标控制价是招标人在工程招标时能接受投标人报价的最高限价。

三、招标控制价的编制人员

招标控制价应由具有编制能力的招标人编制,当招标人不具有编制招标控制价的能力时,可委托具有相应资质的工程造价咨询人编制。工程造价咨询人接受招标人委托编制招标控制价,不得再就同一工程接受投标人委托编制投标报价。

所谓具有相应工程造价咨询资质的工程造价咨询人是指根据《工程造价咨询企业管理办法》(建设部令第 149 号)的规定,依法取得工程造价咨询企业资质,并在其资质许可的范围内接受招标人的委托,编制招标控制价的工程造价咨询企业。即取得甲级工程造价咨询资质的咨询人可承担各类建设项目的招标控制价编制,取得乙级(包括乙级暂定)工程造价咨询资质的咨询人,则只能承担 5000 万元以下的招标控制价的编制。

四、关于招标人的有关规定

(1)招标控制价的作用决定了招标控制价不同于标底,无须保密。为体现招标的公平、公正,防止招标人有意抬高或压低工程造价,招标人应在招标文件中如实公布招标控制价,不得对所编制的招标控制价进行上浮或下调。招标人在招标文件中公布招标控制价时,应公布招标控制价各组成部分的详细内容,不得只公布招标控制价总价。

(2)招标人应将招标控制价及有关资料报送工程所在地或有该工程管辖权的行业管理部门工程造价管理机构备查。

五、招标控制价编制依据

招标控制价的编制应根据下列依据进行:

(1)《13 计价规范》。

(2)国家或省级、行业建设主管部门颁发的计价定额和计价办法。

(3)建设工程设计文件及相关资料。

(4)拟定的招标文件及招标工程量清单。

(5)与建设项目相关的标准、规范、技术资料。

(6)施工现场情况、工程特点及常规施工方案。

(7)工程造价管理机构发布的工程造价信息,当工程造价信息没有发布时,参照市场价。

(8)其他的相关资料。

按上述依据进行招标控制价编制,应注意以下事项:

(1)使用的计价标准、计价政策应是国家或省、自治区、直辖市建设行政主管部门或行业建设主管部门颁布的计价定额和计价方法。

(2)采用的材料价格应是工程造价管理机构通过工程造价信息发布的材料单价,工程造价信息未发布材料单价的材料,其材料价格应通过市场调查确定。

(3)国家或省、自治区、直辖市建设行政主管部门或行业建设主管部门对工程造价计价中费用或费用标准有规定的,应按规定执行。

六、招标控制价编制复核

(1)综合单价中应包括招标文件中划分的应由投标人承担的风险范围及其费用。招标文件中没有明确的,如是工程造价咨询人编制,应提请招标人明确;如是招标人编制,应予明确。

(2)分部分项工程和措施项目中的单价项目,应根据拟定的招标文件和招标工程量清单项目中的特征描述及有关要求确定综合单价计算。招标文件中提供了暂估单价的材料,按暂估的单价计入综合单价。

(3)措施项目中的总价项目应根据拟定的招标文件和常规施工方案采用综合单价计价。措施项目中的安全文明施工费必须按国家或省级、行业建设主管部门的规定计算,不得作为竞争性费用。

(4)其他项目费应按下列规定计价:

1)暂列金额。暂列金额应按招标工程量清单中列出的金额填写。

2)暂估价。暂估价包括材料暂估单价、工程设备暂估单价和专业工程暂估价。暂估价中的材料、工程设备单价应根据招标工程量清单列出的单价计入综合单价。

3)计日工。计日工包括计日工人工、材料和施工机械。在编制招标控制价时,对计日工中的人工单价和施工机械台班单价应按省级、行业建设主管部门或其授权的工程造价管理机构公布的单价计算;材料应按工程造价管理机构发布的工程造价信息中的材料单价计算,工程造价信息未发布材料单价的材料,其价格应按市场调查确定的单价计算。

4)总承包服务费。招标人编制招标控制价时,总承包服务费应根据招标文件中列出的内容和向总承包人提出的要求,按照省级或行业建设主管部门的规定或参照下列标准计算:

①招标人仅要求对分包的专业工程进行总承包管理和协调时,按分包的专业工程估算造价的1.5%计算。

②招标人要求对分包的专业工程进行总承包管理和协调,并同时要求提供配合服务时,根据招标文件中列出的配合服务内容和提出的要求,按分包的专业工程估算造价的3%~5%计算。

③招标人自行供应材料的,按招标人供应材料价值的1%计算。

(5)招标控制价的规费和税金必须按国家或省级、行业建设主管部门的规定计算。

七、招标控制价投诉与处理

(1)投标人经复核认为招标人公布的招标控制价未按照《13 计价规范》的规定进行编制的,应在招标控制价公布后 5 天内向招投标监督机构和工程造价管理机构投诉。

(2)投诉人投诉时,应当提交由单位盖章和法定代表人或其委托人签名或盖章的书面投诉书。投诉书应包括下列内容:

1)投诉人与被投诉人的名称、地址及有效联系方式。

2)投诉的招标工程名称、具体事项及理由。

3)投诉依据及有关证明材料。

4)相关的请求及主张。

(3)投诉人不得进行虚假、恶意投诉,阻碍招投标活动的正常进行。

(4)工程造价管理机构在接到投诉书后应在 2 个工作日内进行审查,对有下列情况之一的,不予受理:

1)投诉人不是所投诉招标工程招标文件的收受人。

2)投诉书提交的时间不符合上述第(1)条规定的。

3)投诉书不符合上述第(2)条规定的。

4)投诉事项已进入行政复议或行政诉讼程序的。

(5)工程造价管理机构应在不迟于结束审查的次日将是否受理投诉的决定书面通知投诉人、被投诉人以及负责该工程招投标监督的招投标管理机构。

(6)工程造价管理机构受理投诉后,应立即对招标控制价进行复查,组织投诉人、被投诉人或其委托的招标控制价编制人等单位人员对投诉问题逐一核对。有关当事人应当予以配合,并应保证所提供资料的真实性。

(7)工程造价管理机构应当在受理投诉的 10 天内完成复查,特殊情况下可适当延长,并做出书面结论通知投诉人、被投诉人及负责该工程招投标监督的招投标管理机构。

(8)当招标控制价复查结论与原公布的招标控制价误差大于±3%时,应当责成招标人改正。

(9)招标人根据招标控制价复查结论需要重新公布招标控制价的,其最终公布的时间至招标文件要求提交投标文件截止时间不足 15 天的,应相应延长投标文件的截止时间。

第四节　　招标控制价编制示例

招标控制价编制示例参见表 2-16～表 2-31。

表 2-16　　　　　　　　　　　　　　招标控制价封面

　　　　　　　_____某住宅楼采暖及给排水安装_____工程

招标控制价

招　标　人：_____×××_____
　　　　　　　　　　　（单位盖章）

造价咨询人：_____×××_____
　　　　　　　　　　　（单位盖章）

××××年××月××日

表 2-17　　　　　　　　　　　　招标控制价扉页

某住宅楼采暖及给排水安装　　　工程

招标控制价

招标控制价(小写)：_____553810.57 元_____
　　　　(大写)：_____伍拾伍万叁仟捌佰壹拾元伍角柒分_____

招　标　人：_____×××_____　　　　造价咨询人：_____×××_____
　　　　　　　(单位盖章)　　　　　　　　　　　　(单位资质专用章)

法定代表人　　　　　　　　　　　　法定代表人
或其授权人：_____×××_____　　　　或其授权人：_____×××_____
　　　　　　(签字或盖章)　　　　　　　　　　　(签字或盖章)

编　制　人：_____×××_____　　　　复　核　人：_____×××_____
　　　　　(造价人员签字盖专用章)　　　　　　　(造价工程师签字盖专用章)

编制时间：××××年××月××日　　　　复核时间：××××年××月××日

表 2-18 　　　　　　　　　　　　**总说明**

工程名称:某住宅楼采暖及给排水安装工程 　　　　　　　第　页　共　页

1. 采用的计价依据;
2. 采用的施工组织设计;
3. 采用的材料价格来源;
4. 综合单价中风险因素、风险范围(幅度);
5. 其他等。

表 2-19 　　　　　　　**建设项目招标控制价汇总表**

工程名称:某住宅楼采暖及给排水安装工程 　　　　　　　第　页　共　页

序号	单项工程名称	金额/元	其中:/元		
			暂估价	安全文明施工费	规费
1	某住宅楼采暖及给水排水安装工程	553810.57	121250.00	18497.26	21086.87
	合　计	553810.57	121250.00	18497.26	21086.87

注:本表适用于建设项目招标控制价的汇总。

表 2-20　　　　　　　　　　单项工程招标控制价汇总表

工程名称:某住宅楼采暖及给排水安装工程　　　　　　　　　　第　页共　页

序号	单位工程名称	金额/元	其中:/元		
			暂估价	安全文明施工费	规费
1	某住宅楼采暖及给水排水安装工程	553810.57	121250.00	18497.26	21086.87
	合　计	553810.57	121250.00	18497.26	21086.87

注:本表适用于单项工程招标控制价或投标报价的汇总。暂估价包括分部分项工程中的暂估价和专业工程暂估价。

表 2-21　　　　　　　　　　单位工程招标控制价汇总表

工程名称:某住宅楼采暖及给排水安装工程　　　标段:　　　　　　第　页共　页

序号	汇总内容	金额/元	其中:暂估价/元
1	分部分项工程	362515.12	121250.00
1.1	给排水、采暖、燃气管道	362515.12	121250.00
			—
			—
			—
2	措施项目	34586.41	
2.1	其中:安全文明施工费	18497.26	
3	其他项目	117775.46	
3.1	其中:暂列金额	10000.00	
3.2	其中:专业工程暂估价	50000.00	
3.3	其中:计日工	54062.96	
3.4	其中:总承包服务费	3172.50	
4	规费	21086.87	—
5	税金	17846.71	—
	招标控制价合计=1+2+3+4+5	553810.57	121250.00

注:本表适用于单位工程招标控制价或投标报价的汇总,如无单位工程划分,单项工程也使用本表汇总。

表 2-22　　　　　　　**分部分项工程和单价措施项目清单与计价表**

工程名称:某住宅楼采暖及给排水安装工程　　　标段:　　　　　　　第　页共　页

序号	项目编码	项目名称	项目特征描述	计量单位	工程量	综合单价	合价	暂估价
			031001 给排水、采暖、燃气管道					
1	031001001001	镀锌钢管	DN80,室内给水,螺纹连接	m	4.30	56.23	241.79	
2	031001001002	镀锌钢管	DN70,室内给水,螺纹连接	m	20.90	50.45	1054.41	
3	031001002001	钢管	DN15,室内焊接钢管安装,螺纹连接	m	1325.00	21.45	28421.25	19875.00
4	031001002002	钢管	DN20,室内焊接钢管安装,螺纹连接	m	1855	24.51	45466.05	33390.00
5	031001002003	钢管	DN25,室内焊接钢管安装,螺纹连接	m	1030.00	39.44	40623.20	25750.00
6	031001002004	钢管	DN32,室内焊接钢管安装,螺纹连接	m	95.00	46.24	4392.80	2660.00
7	031001002005	钢管	DN40,室内焊接钢管安装,手工电弧焊	m	120.00	68.24	8188.80	4800.00
8	031001002006	钢管	DN50,室内焊接钢管安装,手工电弧焊	m	230.00	70.88	16302.40	10350.00
9	031001002007	钢管	DN70,室内焊接钢管安装,手工电弧焊	m	180.00	90.28	16250.40	11700.00
10	031001002008	钢管	DN80,室内焊接钢管安装,手工电弧焊	m	95.00	102.56	9743.20	7125.00
11	031001002009	钢管	DN100,室内焊接钢管安装,手工电弧焊	m	70.00	105.13	7359.10	5600.00
12	031001006001	塑料管	DN110,室内排水,零件粘接	m	45.70	69.25	3164.73	—
13	031001006002	塑料管	DN75,室内排水,零件粘接	m	0.50	50.48	25.24	—
14	031001007001	复合管	DN40,室内给水,螺纹连接	m	23.60	52.48	1238.53	—
15	031001007002	复合管	DN20,室内给水,螺纹连接	m	14.60	31.37	458.00	—

续一

序号	项目编码	项目名称	项目特征描述	计量单位	工程量	金额/元		其中
						综合单价	合价	暂估价
16	031001007003	复合管	DN15,室内给水,螺纹连接	m	4.60	24.56	112.98	—
			分部小计				183042.88	121250.00
			031002 支架及其他					
17	031002001001	管道支架	单管吊支架φ20,∟40×4	kg	1200.00	18.56	22272.00	—
18	031002001002	管道支架	单管托架,φ25,∟25×4	kg	4.94	15.88	78.45	—
			分部小计				22350.45	
			031003 管道附件					
19	031003001001	螺纹阀门	阀门安装,螺纹连接 J11T-16-15	个	84	24.26	2037.84	—
20	031003001002	螺纹阀门	阀门安装,螺纹连接 J11T-16-20	个	76	26.25	1995.00	—
21	031003001003	螺纹阀门	阀门安装,螺纹连接 J11T-16-25	个	52	35.29	1835.08	—
22	031003003001	焊接法兰阀门	法兰阀门安装,J11T-100	个	6	243.90	1463.40	—
23	031003013001	水表	室内水表安装,DN20	组	1	67.14	67.14	—
			分部小计				7398.46	
			031004 卫生器具					
24	031004003001	洗脸盆	陶瓷,PT-8,冷热水	组	3	258.46	775.38	—
25	031004006001	大便器	陶瓷	组	5	168.26	841.30	—
26	031004010001	淋浴器	金属	套	1	48.49	48.49	—
27	031004014001	排水栓	排水栓安装,DN5	组	1	32.09	32.09	—
28	031004014002	水龙头	铜,DN15	个	4	14.26	57.04	—
29	031004014003	地漏	铸铁,DN10	个	3	50.15	150.45	—
			分部小计				1904.75	
			031005 供暖器具					
30	031005001001	铸铁散热器	铸铁暖气片安装,柱形813,手工除锈,刷1次锈漆,2次银粉漆	片	5385	25.62	137963.70	
			分部小计				137963.70	

续二

序号	项目编码	项目名称	项目特征描述	计量单位	工程量	金额/元		
						综合单价	合价	其中 暂估价
		031009 采暖、空调水工程系统调试						
31	031009001001	采暖工程系统调试	热水采暖系统	系统	1	9854.88	9854.88	—
			分部小计				9854.88	
		031301 专业措施项目						
32	031301017001	脚手架搭拆	综合脚手架安装	m²	357.39	20.79	7430.14	—
			分部小计				7430.14	
			本页小计				369945.26	121250.00
			合　计				369945.26	121250.00

注:为计取规费等使用,可在表中增设"其中:定额人工费"。

表 2-23　　　　　　　　　　**综合单价分析表**

工程名称:某住宅楼采暖及给排水安装工程　　　标段:　　　　　　　第　页 共　页

项目编码	031003003001	项目名称	焊接法兰阀门	计量单位	个	工程量	6

				清单综合单价组成明细							

定额编号	定额项目名称	定额单位	数量	单价				合价			
				人工费	材料费	机械费	管理费和利润	人工费	材料费	机械费	管理费和利润
CH8261	阀门安装	个	1	30.59	147.48	21.88	43.95	30.59	147.48	21.88	43.95
人工单价			小计					30.59	147.48	21.88	43.95
50 元/工日			未计价材料费								
清单项目综合单价								243.90			

	主要材料名称、规格、型号	单位	数量	单价/元	合价/元	暂估单价/元	暂估合价/元
材料费明细	××牌阀门 T41T-16-100	个	1	142.60	142.60		
	垫圈	个	8	0.02	0.16		
	电焊条	kg	0.9	4.90	4.41		
	乙炔气	m³	0.002	15.00	0.03		
	氧气	m⁴	0.003	3	0.009		
	其他材料费			—	0.271	—	
	材料费小计			—	147.48	—	

表 2-24　　　　　　　　　　**总价措施项目清单与计价表**

工程名称:某住宅楼采暖及给排水安装工程　　　　标段:　　　　　　　　第　页 共　页

序号	项目编码	项目名称	计算基础	费率/%	金额/元	调整费率/%	调整后金额/元	备注
1	031302001001	安全文明施工费	定额人工费	25	18497.26			
2	031302002001	夜间施工增加费	定额人工费	3	2219.67			
3	031302004001	二次搬运费	定额人工费	5	3699.45			
4	031302005001	冬雨季施工增加费	定额人工费	1	739.89			
5	031302006001	已完工程及设备保护费			2000.00			
	合　计				27156.27			

编制人(造价人员):×××　　　　　　　　　　　复核人(造价工程师):×××

表 2-25　　　　　　　　　　**其他项目清单与计价汇总表**

工程名称:某住宅楼采暖及给排水安装工程　　　　标段:　　　　　　　　第　页 共　页

序号	项目名称	金额/元	结算金额/元	备　注
1	暂列金额	10000.00		明细详见表 2-26
2	暂估价	50000.00		
2.1	材料(工程设备)暂估价	—		明细详见表 2-27
2.2	专业工程暂估价	50000.00		明细详见表 2-28
3	计日工	54062.96		明细详见表 2-29
4	总承包服务费	3712.50		明细详见表 2-30
	合　计	117775.46		

注:材料(工程设备)暂估单价计入清单项目综合单价,此处不汇总。

表 2-26　　　　　　　　　　　　**暂列金额明细表**

工程名称:某住宅楼采暖及给水排水安装工程　　　标段:　　　　　　　第　页共　页

序号	项目名称	计量单位	暂定金额/元	备注
1	政策性调整和材料价格风险	项	7500.00	
2	其他	项	2500.00	
3				
4				
5				
6				
7				
8				
9				
10				
11				
	合　计		10000.00	—

表 2-27　　　　　　　　　**材料(工程设备)暂估单价及调整表**

工程名称:某住宅楼采暖及给排水安装工程　　　标段:　　　　　　　第　页共　页

序号	材料(工程设备)、名称、规格、型号	计量单位	数量		暂估/元		确认/元		差额±/元		备注
			暂估	确认	单价	合价	单价	合价	单价	合价	
1	DN15 钢管	m	1325.00		15.00	19875.00					主要用于室内给水管道项目
2	DN20 钢管	m	1855.00		18.00	33390.00					主要用于室内给水管道项目
3	DN25 钢管	m	1030.00		25.00	25750.00					主要用于室内给水管道项目
4	DN32 钢管	m	95.00		28.00	2660.00					主要用于室内给水管道项目
5	DN40 钢管	m	120.00		40.00	4800.00					主要用于室内给水管道项目
6	DN50 钢管	m	230.00		45.00	10350.00					主要用于室内给水管道项目

续表

序号	材料(工程设备)、名称、规格、型号	计量单位	数量 暂估	数量 确认	暂估/元 单价	暂估/元 合价	确认/元 单价	确认/元 合价	差额±/元 单价	差额±/元 合价	备注
7	DN70 钢管	m	180.00		65.00	11700.00					主要用于室内给水管道项目
8	DN80 钢管	m	95.00		75.00	7125.00					主要用于室内给水管道项目
9	DN100 钢管	m	70.00		80.00	5600.00					主要用于室内给水管道项目
	(以下略)										
	合计					121250.00					

表 2-28　　　　　　　　　　　**专业工程暂估价及结算价表**

工程名称:某住宅楼采暖及给排水安装工程　　　　标段:　　　　　　　第　页　共　页

序号	工程名称	工程内容	暂估金额/元	结算金额/元	差额±/元	备注
1	远程抄表系统	给水排水工程远程抄表系统设备、线缆等的供应、安装、调试工作	50000.00			
	合　计		50000.00			

表 2-29　　　　　　　　　　　　　　　**计日工表**

工程名称:某住宅楼采暖及给排水安装工程　　　　标段:　　　　　　　第　页　共　页

编号	项目名称	单位	暂定数量	实际数量	综合单价/元	合价/元 暂定	合价/元 实际
一	人工						
1	管道工	工时	100		150.00	15000.00	
2	电焊工	工时	45		120.00	5400.00	
3	其他工种	工时	45		80.00	3600.00	
4							
	人工小计					24000.00	

编号	项目名称	单位	暂定数量	实际数量	综合单价/元	合价/元 暂定	实际
二	材料						
1	电焊条	kg	12.00		6.05	72.60	
2	氧气	m³	18.00		2.50	45.00	
3	乙炔条	kg	92.00		16.58	1525.36	
4							
5							
	材料小计					1642.96	
三	施工机械						
1	直流电焊机 90kW	台班	40		200.00	8000.00	
2	汽车起重机	台班	35		240.00	8400.00	
3	载重汽车 8t	台班	35		220.00	7700.00	
4							
	施工机械小计					24100.00	
四、企业管理费和利润　（按人工费的18%计算）						4320.00	
	总　计					54062.96	

表 2-30　　　总承包服务费计价表

工程名称：某住宅楼采暖及给排水安装工程　　标段：　　　　第　页共　页

序号	项目名称	项目价值/元	服务内容	计算基础	费率/%	金额/元
1	发包人发包专业工程	50000.00	1. 按专业工程承包人的要求提供施工工作面并对施工现场进行统一管理，对竣工资料统一汇总整理 2. 为专业工程承包人提供垂直运输和焊接电源接入点，并承担垂直运输费和电费	项目价值	5	2500.00
2	发包人提供材料	121250.00	对发包人供应的材料进行验收及保管和使用	项目价值	1	1212.50
	合　计	—	—		—	3712.50

表 2-31　　　　　　　　　　规费、税金项目计价表

工程名称:某办公楼通风空调安装工程　　　标段:　　　　　　　　第　页共　页

序号	项目名称	计算基础	计算基数	计算费率/%	金额/元
1	规费	定额人工费			21086.87
1.1	社会保险费	定额人工费	(1)+…+(5)		16647.53
(1)	养老保险费	定额人工费		14	10358.47
(2)	失业保险费	定额人工费		2	1479.78
(3)	医疗保险费	定额人工费		6	4439.34
(4)	工伤保险费	定额人工费		0.25	184.97
(5)	生育保险费	定额人工费		0.25	184.97
1.2	住房公积金	定额人工费		6	4439.34
1.3	工程排污费	按工程所在地环境保护部门收取标准,按实计入			
2	税金	分部分项工程费+措施项目费+其他项目费+规费-按规定不计税的工程设备金额		3.41	17846.71
	合　计				38933.58

编制人(造价人员):×××　　　　　　　　　复核人(造价工程师):×××

第三章　电气设备安装工程

第一节　电气设备安装工程概述

一、变配电设备

变配电设备主要是用来改变电压和分配电能的电气设备,主要分为室内和室外两种,一般的变配电设备大多数安装在室内,有些 6~10kV 的小功率终端式变配电设备安装在室外。

1. 变压器

变压器是利用电磁感应的原理来改变交流电压的装置,主要构件是初级线圈、次级线圈和铁芯(磁芯)。主要功能有:电压变换、电流变换、阻抗变换、隔离、稳压(磁饱和变压器)等。按用途可以分为:配电变压器、电力变压器、全密封变压器、组合式变压器、干式变压器、油浸式变压器、单相变压器、电炉变压器、整流变压器等。

2. 互感器

互感器又称为仪用变压器,是电流互感器和电压互感器的统称。其功能主要是将高电压或大电流按比例变换成标准低电压(100V)或标准小电流(5A 或 1A,均指额定值),以便实现测量仪表、保护设备及自动控制设备的标准化、小型化。同时互感器还可用来隔开高电压系统,以保证人身和设备的安全。

3. 开关设备

开关设备是电力系统中对高压配电柜、发电机、变压器、电力线路、断路器、低压开关柜、配电盘、开关箱、控制箱等配电设备的统称。

4. 熔断器

熔断器是指当电流超过规定值时,以本身产生的热量使熔体熔断,断开电路的一种电流保护器。熔断器广泛应用于高低压配电系统和控制系统以及用电设备中,作为短路和过电流的保护器,是应用最普遍的保护器件之一。

5. 避雷器

避雷器是指能释放雷电或兼能释放电力系统操作过电压能量,保护电工设备免受瞬时过电压危害,又能截断续流,不致引起系统接地短路的电气装置。避雷器通常接于带电导线与地之间,与被保护设备并联。当过电压值达到规定的动作电压时,避雷器立即动作,流过电荷,限制过电压幅值,保护设备绝缘;电压值正常后,避雷器又迅速恢复原状,以保证系统正常供电。

6. 高压开关柜

高压开关柜具有架空进出线、电缆进出线、母线联络等功能。开关柜应满足《3.6kV～40.5kV 交流金属封闭开关设备和控制设备》(GB 3906—2006)的有关要求,由柜体和断路器两大部分组成,柜体由壳体、电气元件(包括绝缘件)、各种机构、二次端子及连线等组成。

7. 低压配电屏

配电屏的作用主要是进行电力分配。配电屏内有多个开关柜,每个开关柜控制相应的配电箱,电力通过配电屏输出到各个楼层的配电箱,再由各个配电箱分送到各个房间和具体的用户。因此,电力是先经配电屏分配后,由配电屏内的开关送到各个配电箱。

低压配电屏是按一定的接线方案将有关低压一、二次设备组装起来,用于低压配电系统中动力、照明配电之用。

8. 电容器

电容器通常简称为电容,用字母 C 表示,是一种容纳电荷的器件,是电子设备中大量使用的电子元件之一,广泛应用于电路中的隔直通交、耦合、旁路、滤波、调谐回路、能量转换、控制等方面。

二、电机及动力、照明控制设备

电机及动力、照明控制设备是指安装在控制室、车间内的配电控制设备,主要有动力配电箱以及各类开关、测量仪表、继电器、电缆等。

1. 动力配电箱

配电箱是按电气接线要求将开关设备、测量仪表、保护电器和辅助设备组装在封闭或半封闭金属柜中或屏幅上,构成低压配电装置。配电箱分动力配电箱和照明配电箱,是配电系统的末级设备。

2. 各类开关

开关是指可以使电路开路、使电流中断或使其流到其他电路的电子元件。

(1)按照用途分类:波动开关、波段开关、录放开关、电源开关、预选开关、限位开关、控制开关、转换开关、隔离开关、行程开关、墙壁开关、智能防火开关等。

(2)按照结构分类:微动开关、船形开关、钮子开关、拨动开关、按钮开关、按键开关、薄膜开关、点开关。

(3)按照接触类型分类:a 型触点、b 型触点和 c 型触点。接触类型是指"操作(按下)开关后,触点闭合"这种操作状况和触点状态的关系。需要根据用途选择适合接触类型的开关。

(4)按照开关数分类:单控开关、双控开关、多控开关。

3. 测量仪表

测量仪表是间接或直接地测量各种自然量的(仪表)设备。根据用途可分为温度计、压力计、流量计、液面计、气体分析器等。常用的有比较仪表、指示仪表、记录仪表、积算仪表和调节仪表。

4. 继电器

继电器是一种电控制器件,是当输入量(激励量)的变化达到规定要求时,在电气输出电路中使被控量发生预定的阶跃变化的一种电器。它具有控制系统(又称输入回路)和被控制系统(又称输出回路)之间的互动关系。通常应用于自动化的控制电路中,实际上是用小电流去控制大电流运作的一种"自动开关"。故在电路中起着自动调节、安全保护、转换电路等作用。

5. 电缆

电缆通常是由几根或几组导线(每组至少两根)绞合而成,电缆的每组导线之间相互绝缘,并常围绕着一根中心扭成,外面包有高度绝缘的覆盖层。

(1)按绝缘性能分类:纸绝缘电缆、塑料绝缘电缆、橡胶绝缘电缆。

(2)按导电材料分类:铜芯电缆、铝芯电缆、铁芯电缆。

(3)按敷设方式分类:直埋电缆、不可直埋电缆。

(4)按用途分类:电力电缆、控制电缆、通信电缆。

三、配管配线

配管配线是指由配电箱接到用电器的供电线路和控制线路的安装方式,分明配和暗配两种。导线沿着墙壁、天棚、梁、柱等明敷称为明配线;导线在天棚内,用夹子或绝缘子配线称为暗配线。明配管是指将管子固定在墙壁、天棚、梁、柱、钢结构及支架上;暗配管是指配合土建施工,将管子预埋在墙壁、楼板或天棚内。

四、照明灯具

照明灯具一般采用的电压为220V,在特殊情况下如地下室、汽车修理处及特别潮湿的地方采用安全照明电压36V。照明灯具分类方法繁多,常用的有以下几种。

(1)按系统分类:一般照明、局部照明、混合照明系统。

(2)按用途分类:工作照明、事故照明。

(3)按电光源分类:热辐射光源照明、气体放电光源照明。

(4)按安装形式分类:吸顶灯、壁灯、弯脖灯、吊灯等。

五、防雷接地系统

防雷接地系统是指建筑物、构筑物及电气设备等为了防止雷击的危害并保证可靠运行所设置的系统。

防雷接地系统主要由接地体、接地母线、避雷针、避雷网及避雷针引下线等构成。

(1)接地体。接地体又称接地极,是与土壤直接接触的金属导体或导体群。分为人工接地体与自然接地体。接地体作为与大地土壤密切接触并提供与大地之间电气连接的导体,安全散流雷能量使其泄入大地。

(2)接地母线。接地母线也称层接地端子,是专门用于楼层内的公用接地端子。它的一端直接与接地干线连接,另一端与本楼层配线架、配线柜、钢管或金属线槽等设施所连接的接地线连接。

(3)避雷针。避雷针又名防雷针,是用来保护建筑物等避免雷击的装置。在高大建筑物顶端安装一根金属棒,用金属线与埋在地下的一块金属板连接起来,利用金属棒的尖端放电,使云层所带的电和地上的电逐渐中和,从而防止雷击事故。避雷针规格必须符合国家标准,每一个级别的防雷所需要的避雷针规格都不相同。

(4)避雷网。避雷网是指利用钢筋混凝土结构中的钢筋网作为雷电保护的方法(必要时还可以安装辅助避雷网),也叫作暗装避雷网。

(5)避雷针引下线。避雷针引下线是将避雷针接收的雷电流引向接地装置的导体,按照材料可以分为:镀锌接地引下线、镀铜接地引下线、铜材引下线、超绝缘引下线。

六、10kV 以下架空线路

远距离输电往往采用架空线路。10kV 以下架空线路一般是指从区域性变电站至厂内专用变电站(总降压站)的配电线路及厂区内的高低压架空线路。

10kV 以下架空线路一般由电杆、金具、绝缘子、横担、拉线和导线组成。

(1)电杆。按材质不同分为木电杆、混凝土电杆和铁塔三种。

(2)横担。横担有木横担、角钢横担、瓷横担三种。

(3)绝缘子。绝缘子有针式绝缘子、蝶式绝缘子、悬式绝缘子三种。

(4)拉线。拉线有普通拉线、水平拉线、弓形拉线、V(Y)形拉线四种。

(5)导线。架空用的导线分为绝缘导线和裸导线两种。

七、电气调试

电气系统调试包括以下系统及装置的调试:

(1)发电机及调相机系统。

(2)电力变压器系统。

(3)送配电系统。

(4)特殊保护装置与自动投入装置。

(5)事故照明切换及中央信号装置。

(6)母线系统与接地系统。

(7)避雷器与静电电容器。

(8)硅整流设备与起重机电气设备。

(9)电动机与电梯。

第二节　变压器安装

一、变压器安装工程量清单项目设置

变压器安装工程共包括 7 个清单项目,其清单项目设置及工程量计算规则见表 3-1。

表 3-1　　　　　　　　　变压器安装(编码:030401)

项目编码	项目名称	项目特征	计量单位	工程量计算规则	工作内容
030401001	油浸电力变压器	1. 名称 2. 型号 3. 容量(kV·A) 4. 电压(kV) 5. 油过滤要求	台	按设计图示数量计算	1. 本体安装 2. 基础型钢制作、安装 3. 油过滤 4. 干燥 5. 接地 6. 网门、保护门制作、安装 7. 补刷(喷)油漆
030401002	干式变压器	6. 干燥要求 7. 基础型钢形式、规格 8. 网门、保护门材质、规格 9. 温控箱型号、规格			1. 本体安装 2. 基础型钢制作、安装 3. 温控箱安装 4. 接地 5. 网门、保护门制作、安装 6. 补刷(喷)油漆
030401003	整流变压器	1. 名称 2. 型号 3. 容量(kV·A) 4. 电压(kV) 5. 油过滤要求 6. 干燥要求 7. 基础型钢形式、规格 8. 网门、保护门材质、规格			1. 本体安装 2. 基础型钢制作、安装 3. 油过滤 4. 干燥 5. 网门、保护门制作、安装 6. 补刷(喷)油漆
030401004	自耦变压器				
030401005	有载调压变压器				
030401006	电炉变压器	1. 名称 2. 型号 3. 容量(kV·A) 4. 电压(kV) 5. 基础型钢形式、规格 6. 网门、保护门材质、规格	台	按设计图示数量计算	1. 本体安装 2. 基础型钢制作、安装 3. 网门、保护门制作、安装 4. 补刷(喷)油漆

续表

项目编码	项目名称	项目特征	计量单位	工程量计算规则	工作内容
030401007	消弧线圈	1. 名称 2. 型号 3. 容量(kV·A) 4. 电压(kV) 5. 油过滤要求 6. 干燥要求 7. 基础型钢形式、规格	台	按设计图示数量计算	1. 本体安装 2. 基础型钢制作、安装 3. 油过滤 4. 干燥 5. 补刷(喷)油漆

注:变压器油如需试验、化验、色谱分析,应按《通用安装工程工程量计算规范》(GB 50856—2013)附录 N 措施项目相关项目编码列项。

二、变压器安装工程项目特征描述

1. 油浸电力变压器、干式变压器

(1)应说明其设备名称。

1)油浸电力变压器。油浸电力变压器是将绕组和铁芯浸泡在油中,用油做介质散热。由于容量和工作环境不同,油浸电力变压器可以分为自然风冷式、强迫风冷式和强迫油循环风冷式等。

2)干式变压器。干式变压器是把绕组和铁芯置于气体中,依靠空气对流进行冷却。简单地说,干式变压器就是指铁芯和绕组不浸渍在绝缘油中的变压器。

(2)应说明其型号。变压器的型号表示如下:

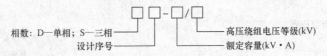

相数:D—单相;S—三相　　设计序号　　高压绕组电压等级(kV)　　额定容量(kV·A)

(3)应说明其容量。如 250kV·A、1000kV·A 或 2500kV·A。

(4)应说明其电压。如电压等级 35kV。

(5)应说明其油过滤要求。

1)注油前打开气体继电器、套管、散热器等上的所有放气塞,排出油箱内部气体。

2)温度计座内注入变压器油,以便测量油面温度。

(6)应说明其干燥要求。

1)绝缘电阻在连续 6h 保持稳定的情况下,干燥即可结束。

2)在无油干燥时,器身温度不得超过 95℃;在带油干燥时,油温不得高于 80℃,以免油质老化,如带油干燥不能改善绝缘效果,应换无油干燥。

3)在带油干燥时应每小时测一次绕组的绝缘电阻,当连续 6h 保持稳定,即可停止干燥。

4)任何加热法都可在油箱外采用保温层,保温层可用石棉布、玻璃布等绝缘材料,但不得使用可燃材料。

(7)应说明基础型钢形式、规格。如 H 型钢 Q235、SS400 200×200×8×12 表示为高 200mm、宽 200mm、腹板厚度 8mm、翼板厚度 12mm 的宽翼缘 H 型钢,其牌号为 Q235 或 SS400。

(8)应说明网门、保护门材质、规格。

(9)应说明温控箱型号、规格。如 HOTWIN-MD18。

2. 整流变压器、自耦式变压器、有载调压变压器

(1)应说明其名称。

1)整流变压器。整流变压器是整流设备的电源变压器,是用于电解装置的变压器。除具有供给整流系统适当电压的功能外,还具有减小因整流系统造成的波形畸变对电网污染的功能。

2)自耦式变压器。自耦式变压器是指它的绕组一部分为高压边和低压边共用,另一部分只属于高压边,其根据结构一般有可调压式和固定式两种。

(2)应说明其型号、容量。如整流变压器 ZDG-30/0.4 型、自耦变压器 OSG 型。

(3)应说明其电压。如自耦式变压器,输入电压:$1\phi220V$,$3\phi380V$(可按客户的要求定做);输出电压:按客户要求的电压。

(4)应说明其油过滤要求。

1)注油前打开气体继电器、套管、散热器等的所有放气塞,排出油箱内部气体。

2)温度计座内注入变压器油,以便测量油面温度。

(5)应说明干燥要求。

1)干燥处理场所严禁烟火,周围应有防火措施及消防设备。

2)干燥中如不抽真空,则在箱盖上开通气孔或利用套管孔将防爆筒(安全气道)上的玻璃板取下。如有可能,在油箱下部通入热风,则干燥更快。

(6)应说明基础型钢形式、规格。

(7)应说明网门、保护门材质、规格。

3. 电炉变压器

(1)应说明其名称。电炉变压器是专为各种电炉提供电源的变压器。通常,电炉变压器为户内装置,具有损耗低、噪声小、维护简便、节能效果显著等特点。电炉变压器按不同用途,可分为电弧炉变压器、工频感应器、工频感应炉变压器、电阻炉变压器、矿热炉变压器、盐浴炉变压器等。

(2)应说明其型号,如 ZUSOG 系列、XD2-100/10 系列或其他系列。

(3)应说明容量,如 100kV·A、1000kV·A。

(4)应说明其电压,如 35kV。

(5)应说明基础型钢形式、规格

(6)应说明网门、保护门材质、规格。

4. 消弧线圈

(1)应说明其名称。消弧线圈是一种绕组带有多个分接头、铁芯带有气隙的电抗器。消弧线圈用于60kV及以下电压的中性点不接地电力网络中,供补偿电容电流用。

(2)应说明其型号、容量、电压。消弧线圈技术参数见表3-2。

表 3-2　　　　　　　　　　　　消弧线圈技术参数

型号	线路额定电压/kV	额定电流/A	油质量/t	总质量/t
XDJ-175/6	6	25～50	235	645
XDJ-350/6	6	50～100	—	—
XDJ-300/10	10	25～50	539	1252
XDJ-600/10	10	50～100	815	2320
XDJ-1200/10	10	100～200	—	—
XDJ-275/35	35	6.25～12.5	655	1640
XDJ-550/35	35	17.5～25	900	2360
XDJ-1100/35	35	25～50	2040	4870
XDJ-2200/35	35	50～100	2620	6920
XDJ-950/60	60	12.5～25	3520	8570
XDJ-1900/60	60	25～50	4040	10250
XDJ-3800/60	60	50～100	5080	13380

(3)应说明其油过滤、干燥要求。

1)在滤油过程中应每隔一定时间取出油样做耐压试验,以检查、了解油的质量好坏和滤油效果。

2)油过滤一般按每过滤合格1t油用滤油纸52张考虑。

3)变压器是否需要进行干燥,应根据"新装电力变压器不需要干燥的条件"进行综合分析判断后确定。

(4)应说明其基础型钢形式、规格。

三、变压器安装工程量计算实例解析

【例3-1】安装油浸电力变压器SL1-1000kV·A/10kV一台,变压器需作干燥处理,绝缘油需过滤,制作、安装铁梯扶手构件,试计算其工程量。

解:变压器安装工程量计算规则:按设计图示数量计算。

油浸变压器安装工程量:1台。

【例3-2】如图3-1所示,安装干式电力变压器3台,

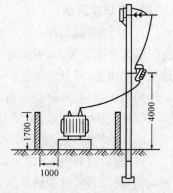

图 3-1　室外变压器安装示意图

型号为 SG-100kV·A/10-0.4,制作、安装铁构件,试求其工程量。

解:变压器安装工程量计算规则:按设计图示数量计算。

干式电力变压器工程量:3 台。

第三节　配电装置安装

一、配电装置安装工程量清单项目设置

配电装置安装工程共包括 18 个清单项目,其清单项目设置及工程量计算规则见表 3-3。

表 3-3　　　　　　　　　　**配电装置安装(编码:030402)**

项目编码	项目名称	项目特征	计量单位	工程量计算规则	工作内容
030402001	油断路器	1. 名称 2. 型号 3. 容量(A) 4. 电压等级(kV) 5. 安装条件 6. 操作机构名称及型号 7. 基础型钢规格 8. 接线材质、规格 9. 安装部位 10. 油过滤要求	台	按设计图示数量计算	1. 本体安装、调试 2. 基础型钢制作、安装 3. 油过滤 4. 补刷(喷)油漆 5. 接地
030402002	真空断路器				1. 本体安装、调试 2. 基础型钢制作、安装 3. 补刷(喷)油漆 4. 接地
030402003	SF$_6$ 断路器				
030402004	空气断路器	1. 名称 2. 型号 3. 容量(A) 4. 电压等级(kV) 5. 安装条件 6. 操作机构名称及型号 7. 接线材质、规格 8. 安装部位			1. 本体安装、调试 2. 基础型钢制作、安装 3. 补刷(喷)油漆 4. 接地
030402005	真空接触器		组		1. 本体安装、调试 2. 补刷(喷)油漆 3. 接地
030402006	隔离开关				
030402007	负荷开关				
030402008	互感器	1. 名称 2. 型号 3. 规格 4. 类型 5. 油过滤要求	台		1. 本体安装、调试 2. 干燥 3. 油过滤 4. 接地

续一

项目编码	项目名称	项目特征	计量单位	工程量计算规则	工作内容
030402009	高压熔断器	1. 名称 2. 型号 3. 规格 4. 安装部位	组	按设计图示数量计算	1. 本体安装、调试 2. 接地
030402010	避雷器	1. 名称 2. 型号 3. 规格 4. 电压等级 5. 安装部位			1. 本体安装 2. 接地
030402011	干式电抗器	1. 名称 2. 型号 3. 规格 4. 质量 5. 安装部位 6. 干燥要求			1. 本体安装 2. 干燥
030402012	油浸电抗器	1. 名称 2. 型号 3. 规格 4. 容量(kV·A) 5. 油过滤要求 6. 干燥要求	台		1. 本体安装 2. 油过滤 3. 干燥
030402013	移相及串联电容器	1. 名称 2. 型号 3. 规格 4. 质量 5. 安装部位	个		1. 本体安装 2. 接地
030402014	集合式并联电容器				
030402015	并联补偿电容器组架	1. 名称 2. 型号 3. 规格 4. 结构形式	台		1. 本体安装 2. 接地
030402016	交流滤波装置组架	1. 名称 2. 型号 3. 规格			

续二

项目编码	项目名称	项目特征	计量单位	工程量计算规则	工作内容
030402017	高压成套配电柜	1. 名称 2. 型号 3. 规格 4. 母线配置方式 5. 种类 6. 基础型钢形式、规格	台	按设计图示数量计算	1. 本体安装 2. 基础型钢制作、安装 3. 补刷(喷)油漆 4. 接地
030402018	组合型成套箱式变电站	1. 名称 2. 型号 3. 容量(kV・A) 4. 电压(kV) 5. 组合形式 6. 基础规格、浇筑材质			1. 本体安装 2. 基础浇筑 3. 进箱母线安装 4. 补刷(喷)油漆 5. 接地

注:1. 空气断路器的储气罐及储气罐至断路器的管路应按《通用安装工程工程量计算规范》(GB 50856—2013)附录 H 工业管道工程相关项目编码列项。

　　2. 干式电抗器项目适用于混凝土电抗器、铁芯干式电抗器、空心干式电抗器等。

　　3. 设备安装未包括地脚螺栓、浇注(二次灌浆、抹面),如需安装应按现行国家标准《房屋建筑与装饰工程工程量计算规范》(GB 50854—2013)相关项目编码列项。

二、配电装置安装工程项目特征描述

1. 油断路器、真空断路器、SF_6 断路器

(1)应说明其名称。

1)油断路器。油断路器分为多油断路器和少油断路器两类。多油断路器油量多,油有灭弧、绝缘的作用。多油断路器是早期设计产品,由于体积大,用油量多而难以维护,目前基本不再使用。少油断路器用油量少,并且具有体积小、结构简单、防爆防火、使用安全等特点,但油只做灭弧介质,不做绝缘介质。在 10kV 供电系统中使用较多的是少油断路器。

2)真空断路器。真空断路器是指触头在高度真空灭弧室中切断电路的断路器。真空断路器采用的绝缘介质和灭弧介质是高度真空空气。真空断路器在电路中能接通、分断和承载额定工作电流和短路、过载等故障电流,进行可靠的保护。

真空断路器有触点开距小,动作快;燃弧时间短,灭弧快;体积小,重量轻,防火防爆;操作噪声小,适用于频繁操作等优点。

3)SF_6 断路器。SF_6 断路器是利用 SF_6 气体作灭弧和绝缘介质的断路器。具有开断能力强、动作快、体积小等优点,但金属消耗多,价格较贵。

(2)应说明其型号、容量、电压等级(kV)。其中,油断路器技术参数见表 3-4。

表 3-4 油断路器技术参数

电压等级/kV	型号	电流/A	质量/kg		断口数/个	操作机构
			本体	油		
多油式断路器						
10	DN1,DN3	200~125	84~125	14~15	1	1
少油式断路器						
10	SN1	600~1000	100~120	5~8	1	1
10	SN3	2000~3000	770~790	20	2	1
10	SN4	5000~6000	2100~2900	55	2	1

(3)应说明其安装条件与安装部位。SF_6 断路器的安装,应在无风沙、无雨雪的天气下进行。灭弧室检查组装时,空气相对湿度应小于 80%,并采取防尘、防潮措施。

(4)应说明其操作机构名称及型号。断路器的操作机构分类如下:

1)手动操作机构。用于就地操作合闸,就地或近距离操作分闸。

2)电动操作机构。用于远距离控制操作断路器。

3)压缩空气操作机构。用于控制操作 KW 型高压空气断路器。

(5)应说明基础型钢规格。

(6)应说明接线材质、规格。

(7)应说明其油过滤要求。

1)在滤油过程中应每隔一定时间取出油样做耐压试验,以便检查、了解油的质量好坏和滤油效果。

2)油过滤一般按每过滤合格 1t 油用滤油纸 52 张考虑。

2. 空气断路器、真空接触器、隔离开关、负荷开关

(1)应说明其名称。

1)空气断路器。空气断路器属于蓄能式断路器,靠压缩空气吹动电弧使之冷却,在电弧达到零值时,迅速将弧道中的离子吹走或使之复合而实现灭弧。空气断路器开断能力强,开断时间短,但结构复杂,工艺要求高,有色金属消耗多,因此,空气断路器一般应用在 110kV 及以上的电力系统中。

2)真空接触器。真空接触器是一种用来频繁地远距离自动接通或断开交、直流主电路的控制电器。

3)隔离开关。隔离开关是将电气设备与电源进行电气隔离或连接的设备。隔离开关中设有专门的灭弧装置,在分闸状态下具有明显的断口(包括直接和间接可见)。在配电装置中,它的容量通常是断路器的 2~4 倍。

4)负荷开关。负荷开关是一种介于隔离开关与断路器之间的电气设备,负荷开关比普通隔离开关多了一套灭弧装置和快速分断机构。

(2)应说明其型号、容量、电压等级(kV)。

1)空气断路器。DZ10-100 系列塑壳式空气断路器技术参数见表 3-5。

表 3-5　　　　　　　DZ10-100 系列塑壳式空气断路器技术参数

型号	额定电压 /V	额定电流 /A	极数	脱扣器类别	复式脱扣器		电磁脱扣器	
					额定电流 /A	瞬时动作整定电流/A	额定电流 /A	瞬时动作整定电流/A
DZ10-100/200			2	无脱扣器	15		15	
DZ10-100/300			3		20 25		20 25	脱扣器额定电流的 10 倍
DZ10-100/210	交流 380 直流 220	100	2	热脱扣器	30 40	脱扣器额定电流的 10 倍	30 40	
DZ10-100/310			3		50		50	
DZ10-100/230			2	复式脱扣	60 80		100	脱扣器额定电流的(6~10)倍
DZ10-100/330			3		100			

2)隔离开关。常用隔离开关技术参数见表 3-6。

表 3-6　　　　　　　常用隔离开关技术参数

型号	产品名称	额定电压/kV	额定电流/A	三极质量/kg
GW1-10	户外高压隔离开关(三级)	10	200	60
			400	60
			600	63
GW4-10	户外高压隔离开关(三级)	10	200	28.5
			400	29.4
			600	30
GW9-10	户外高压隔离开关(三级)	10	200	26.3
			400	26.3
			600	26.3
GW9-10G	户外高压隔离开关(三级)	10	200	39.8
			400	39.8
			600	39.8

续表

型号	产品名称	额定电压/kV	额定电流/A	三极质量/kg
GW1-6	户内高压隔离开关(三级)	6	200	27
			400	27
			600	27
GW1-10	户内高压隔离开关(三级)	10	200	28.5
			400	28.5
			600	30
			2000	—

3)负荷开关。常用负荷开关技术参数见表 3-7。

表 3-7   常用负荷开关技术参数

型号	产品名称	额定电压/kV	额定电流/A	参考质量/kg	
				油质量	总质量
FW1-10	户外高压柱上负荷开关	10	400	—	80
FW2-10G	户外高压柱上负荷开关	10	100、200、400	40	164
FW4-10	户外高压柱上负荷开关	10	200、400	60	174
FN1-10	户内高压负荷开关	10	200	—	80
FN2-10	户内高压压气式负荷开关	10	400		44
FN2-10R	户内高压压气式负荷开关	10	400		—
FN3-10	户内高压压气式负荷开关	10	400		—
FN3-10R	户内高压压气式负荷开关	10	400		—

(3)应说明其操作机构名称及型号。负荷开关有户内与户外两种类型,配用手动操作机构工作。

1)FN 型户内高压负荷开关。目前,此类型产品主要有 FN2、FN3、FN4 等型号。FN2 型和 FN3 型负荷开关利用分闸动作带动汽缸中的活塞去压缩空气,使空气从喷嘴中喷向电弧,有较好灭弧能力。FN4 型为真空式负荷开关。

2)FW 型户外产气式负荷开关。FW 型负荷开关主要用于 10kV 配电线路中,可安装在电杆上,用绝缘棒或绳索操作。分断时,有明显断路间隙,可起隔离作用。

(4)应说明其安装部位与安装条件。负荷开关安装方法与隔离开关相同,可直接安装在墙上,也可安装在墙上的支架上。

(5)应说明其接线材质、规格。

3. 互感器

(1)应说明其名称。

(2)应说明其型号、规格。电流互感器常用型号及技术参数见表 3-8。

表 3-8　　　　　　　　　　电流互感器常用型号及技术参数

型号	额定电流/A		一次电流变化范围	额定二次负荷/Ω				质量/kg	备注
	一次	二次		0.5 级	1 级	3 级	10 级		
LR LRD -35DW2	75	5	75～200				0.8	13.0	配用于多油断路器
LR LRD -35DW2	100	5	75～200			0.8		13.0	配用于多油断路器
LR LRD -35DW2	150	5	100～300			0.8		13.0	配用于多油断路器
LR LRD -35DW2	200	5	75～600			0.8		13.0	配用于多油断路器
LR LRD -35DW2	300	5	100～600		0.4	0.8		13.7	配用于多油断路器
LR LRD -35DW2	400	5	200～600		0.8			13.0	配用于多油断路器
LR LRD -35DW2	600	5	200～1500	0.4	1.2			14.5	配用于多油断路器
LR LRD -35DW2	750	5	600～1500	1.2				14.5	配用于多油断路器
LR-35SW1	100	5	100～300			0.4		21.5	配用于少油断路器
LR-35SW1	150	5	100～300			0.8		21.5	配用于少油断路器
LR-35SW1	200	5	100～300			0.16		21.5	配用于少油断路器
LR-35SW1	300	5	100～300		0.6			21.5	配用于少油断路器
LR-35SW1	300	5	200～600		0.4			22.0	配用于少油断路器
LR-35SW1	400	5	200～600		0.8			22.0	配用于少油断路器
LR-35SW1	600	5	200～600	1.2				22.0	配用于少油断路器
LRD-35SW1	150	5	100～300			0.4		21.5	配用于少油断路器
LRD-35SW1	200	5	100～300			0.2		21.5	配用于少油断路器
LRD-35SW1	300	5	100～200		0.4			21.5	配用于少油断路器
LRD-35SW1	300	5	200～600		0.2			22.0	配用于少油断路器
LRD-35SW1	400	5	200～600		0.4			22.0	配用于少油断路器
LRD-35SW1	600	5	200～600	0.8				22.0	配用于少油断路器

（3）应说明互感器类型。互感器可分为电流互感器和电压互感器两种类型。

1）电流互感器。电流互感器能将大电流变换成小电流（一般为 5A），供计量检测仪表和继电保护装置使用。

2）电压互感器。电压互感器能将高电压变换成低电压（一般为 100V），供计算检测仪表和继电保护装置使用。

（4）应说明其油过滤要求。

4. 高压熔断器

（1）应说明其名称。熔断器是最简单的保护电器，主要由熔体和安装熔体用的绝缘体组成。它串联在电路中，利用热熔断原理在低压电网中起短路保护的作用，有时也用于过载保护。

（2）应说明其型号、规格。RN1 型、RN2 型户内管型熔断器技术参数见表 3-9，RW3 型、RW4 型跌落式熔断器技术参数见表 3-10。

表 3-9　　　　　　　　　　　　RN1 型、RN2 型户内管型熔断器技术参数

产品型号	额定电压/kV	额定电流范围/A	最大切断电流/kA	最大切断容量（三相）不小于/kV·A	切断极限短路电流时电流最大峰值（限流）/kA	单极不带底板质量/kg		熔管质量/kg	
						抚瓷	西瓷	抚瓷	西瓷
RN1-3	3	2、3、5、7、7.5、10、15、20	40	200	6.5	4.7	2.5	0.9	0.9
		30、40、50、75、100			24.5	5.7	3.5	2.2	2.2
		150、200			35	8.0	5.8	4.5	4.5
		300			—	12.5	10.3	9.0	8.5
		400			50	13.0	10.8	9.0	9.0
RN1-6	6	2、3、5、7.5、10、15、20	20	200	5.2	6.0	3.8	1.5	1.5
		30、40、50、75			14	7.3	5.2	2.6	2.6
		100			19	8.5	6.3	6.0	3.0
		150、200			25	11.0	8.8	6.0	6.0
		300			—	13.5	11.3	9.2	9.2
RN1-10	10	2、3、5、7、7.5、10、15、20	12	200	4.5	7.4	5.4	2	2
		30、40、50			8.6	8.5	6.5	3	3
		75、100			15.5	11.5	9.5	6	6
		150			—	12.5	10.5	10	7
		200			16.5	14.5	10	9.5	
RN2-10	3		100	500	100				
	6	0.5	85	1000	300	3.64			
	10		50	1000	1000				
RN2-20	15	0.5	40	1000	350	10			

表 3-10　　　　　　　　　　　　**RW3 型、RW4 型跌落式熔断器技术参数**

型　号	额定电压/kV	额定电流/A	极限断流容量(三相)/MV·A		单极质量/kg
			上限	下限	
RW3-10 RW3-10Z	10	3、5、7.5、10、15、20、25、30、40、50、60、75、100、150、200	100	30	6.4～9.5
RW3-15	15				
RW4-10/50	10	3～50	100	5	6.5
RW4-10/100	10	30～100	200	10	7.2

注:RW3-15 额定电流最大为 100A,RW3-10Z 带自动重合闸。

(3)应说明其安装部位。

1)一种方式是高压熔断器安装在一个三相封闭的箱体中。

2)另一种方式是高压熔断器单支封闭在一个绝缘树脂浇注的筒内。

5. 避雷器

(1)应说明其名称。

(2)应说明其型号、规格、电压等级。FCD 型磁吹阀式避雷器技术参数见表 3-11。

表 3-11　　　　　　　　　　　　**FCD 型磁吹阀式避雷器技术参数**

型号	额定电压(有效值)/kV	最大允许电压(有效值)/kV	灭弧电压(有效值)/kV	工频放电电压(有效值)/kV		冲击放电电压(预放电时间为 1.5～20μs)/kV	波形为 10/20μs 的冲击电流下残压(幅值)不大于/kV		泄漏电流		重量/kg
				不小于	不大于		3kA	5kA	整流电压/kV	电流/mA	
FCD-2	2		2.3	4.5	5.7	6	6	6.5			
FCD-3	3	3.5	3.8	7.5	9.5	9.5	9.5	10	4	400～600	48
FCD-4	4		4.6	9	11.4	12	12	13			48
FCD-6	6	6.9	7.7	15	18	19	19	20	6	400～600	55
FCD-10	10	11.5	12.7	25	30	31	31	33	10	400～600	74
FCD-13.2	13.2	15.2	16.7	33	39	40	40	43			101
FCD-15	15	17.3	19	37	44	45	45	49			103

(3)应说明其安装部位。在实际安装避雷器时,有安装在跌落保险上侧和跌落保险下侧两种方法。防雷装置应尽量靠近变压器安装。

6. 干式电抗器

(1)应说明其名称。干式电抗器是指不浸于绝缘液体中的电抗器,由外壳和芯子组成。外壳用薄钢板密封焊接而成,外壳盖上装有出线瓷套,在两侧壁上焊有供安装的吊耳,一侧吊耳上装有接地螺栓。

(2)应说明其型号、规格、质量。常用并联电抗器技术参数见表3-12。

表 3-12　　　　　　　　　常用并联电抗器技术参数

型　　号	额定容量 /kV·A	额定电压/kV			质量/t	
		高压	中压	低压	油质量	总质量
BKDJ-50000/500	50000	—	—	—	17.5	56.5
BKDFP-40000/500	40000	550/$\sqrt{3}$	—	—	40.0	135.0
BKDFP-20000/330	20000	363/$\sqrt{3}$	—	—	19.9	67.23
BKSJ-30000/15	30000	15	—	—	9.39	35.1

(3)应说明其安装部位。

1)串联电抗器无论装在电容器的电源侧或中性点侧,从限制合闸涌流和抑制谐波来说,作用都相同。

2)当把电抗器装在电源侧时,运行条件苛刻。因它承受短路电流的冲击,电抗器对地电压也高(相对于中性点侧)。因此对动、热稳定要求高。根据这些要求,宜采用环氧玻璃纤维包封的空心电抗器,而铁芯电抗器有铁芯饱和之虑。

3)当把电抗器装在中性点侧时,对电抗器的要求相对低些,一般不受短路电流的冲击。故动、热稳定没有特殊要求,而且电抗器承受的对地电压低,所以采用空芯、铁芯干式,铁芯油浸式均可以。

(4)应说明其干燥要求。电抗器在干燥时易绝缘老化或破坏,故对各部温度必须进行控制。根据《电力工业技术管理法规》中规定:油温不得超过 85℃。

7. 油浸电抗器

(1)应说明其名称。油浸电抗器主要由铁芯、绕组及其绝缘、油箱、套管、冷却装置和保护装置等组成。常用于降低电力网络工频电压和操作电压。

(2)应说明其型号、规格、容量。

(3)应说明其油过滤要求。

(4)应说明其干燥要求。

8. 移相及串联电容器、集合式并联电容器

(1)应说明其名称。

1)移相及串联电容器。串联电容器是电子设备的基本元件,由两个金属电极中间夹一层绝缘(又称电介质)构成。它具有充放电特性,当在两个金属电极上施加电压时,电极上就会贮存电荷,所以它是一种储能元件。

2)并联电容器。并联电容器指的是并联连接于工频交流电力系统中,补偿感性负载无功功率,提高功率因数,改善电压质量,降低线路损耗的一种电容器。

(2)应说明其型号、规格、质量。常用并联电容器主要技术参数见表3-13。

表 3-13 常用并联电容器主要技术参数

型号	额定电压/kV	额定容量/kvar	额定电容/μF	相数
BW0.23 BKMJ0.23 BCMJ0.23	0.23	2、3.2、5、10、15、20	40、64、100、200、300、400	1、3
BW0.4 BKCMJ0.4 BCMJ0.4	0.4	3、4、5、6、8、10、15、20、25、30、40、50、60、80、100、120	60、80、100、120、160、200、300、400、500、600、800、1000、1200、1600、2000、2400	3
BW3.15	3.15	12、15、18、20、21、30、40、50、60、80、100、200	3.86、5.1、78、6、42、8、9.6、12.8、16、19.2、25.6、32.1、64.2	—

(3)应说明其安装部位。

1)1000V 以上的高压电容器应装在单独的电容器室内,不得与变压器、配电装置等共用一室。

2)电容器分层安装时,一般不应超过三层,层间不应加设隔离板,上、中、下三层位置应一致。

3)电容器母线与上层构架的垂直距离不应小于 0.2m;下层电容器底部距地面不应低于 0.3m;上层电容器底部距地面不应高于 2.5m,带电部分距地面不应低于 3m,否则,应加设网状遮拦。

9. 并联补偿电容器组架

(1)应说明其名称。并联补偿电容器组架一般是以金属薄膜为电极,绝缘纸或其他绝缘材料制成的薄膜为介质,再由多个电容元件串联和并联组成的电容部件。

(2)应说明其型号、规格。

(3)应说明其结构形式。电力电容器的补偿方式通常分为个别补偿、分组补偿和集中补偿三种,见表 3-14。

表 3-14 电力电容器补偿方式

方式	内 容	优 点	缺 点
个别补偿	个别补偿就是将电力电容器装设在需要补偿的电气设备附近,使用中与电气设备同时运行和退出	个别补偿处于供电的末端负荷处,它可以补偿安装地点前所有高、低压输电线缆及变压器的无功功率,能最大限度地减少系统的无功输送量,使得整个线路和变压器的有功损耗减少及导线的截面、变压器的容量、开关设备等的规格尺寸降低,它有最好的补偿效果,个别补偿器适用于长期平稳运行的、无功需求量大的设备装置	1)设置地点分散,不便于统一管理。 2)普遍采用时总投资费用大。 3)由于设备退出运行时会同时切除电容器,因此利用率低。 4)易受周围不良环境的影响

续表

方　式	内　容	优　点	缺　点
分组补偿	即对用电设备组,每组采用电容器进行补偿	其利用功率比个别补偿大,所以电容器总容量也比个别补偿小,投资比个别补偿小	对从补偿点引用电设备这段配电线路中的无功是不能进行补偿的
集中补偿	集中补偿的电力电容器通常设置在变配电所的高、低压母线上	将集中补偿的电力电容器设置在用户总降压变电所的高压母线上,这种方式投资少,便于集中管理,同时能补偿用户高压侧的无功能量以满足供电部门对用户功率因数的要求	对母线后的内部线路没有补偿

10. 交流滤波装置组架

(1)应说明其名称。交流滤波装置组架由电感、电容和电阻等组合而成。交流滤波装置组架用来滤除电源里除50Hz交流电之外其他频率的杂波、尖峰、浪涌干扰,使下游设备得到较纯净的50Hz交流电。

(2)应说明其型号、规格。交流滤波装置分为户内式和户外式。交流滤波装置型号表示方法如下:

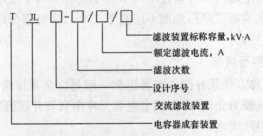

11. 高压成套配电柜

(1)应说明其名称。成套配电柜分为高压和低压两种。高压成套配电柜是指按电气主要接线的要求,按一定顺序将电气设备成套布置在一个或多个金属柜内的配电装置。高压配电柜(俗称高压开关柜)主要用于工矿企业变配电站作为接受和分配电能之用。

(2)应说明其型号、规格。高压成套配电柜主要技术参数:额定电压12kV;额定电流630A;额定短路开断电流25kA;额定频率50Hz;额定关合电流峰值63kA;额定短路耐受电流25kA/4s;交流220V操作。

(3)应说明其母线配置方式。

1)按垂直或水平"一"字形:如GG1A-12F型、GBC-40.5型配电柜中的柜顶主母线。

2)按"品"字形:如KYN28A-12型、KYN10-40.5型配电柜中的主母线。

(4)应说明其种类。

(5)应说明其基础型钢形式、规格。

12. 组合型成套箱式变电站

(1)应说明其名称。变电站即变电所,是指将引入电源经过电力变压器变换成另一级电压后,再由配电线路送至各变电所或供给各用户负荷的电能供配场所。组合型成套箱式变电站是一种新型设备,它的特点是可以使变配系统一体化,而且体积小,安装方便,维修也方便,经济效益比较高。

(2)应说明其型号、容量。组合型成套箱式变电站型号表示如下:

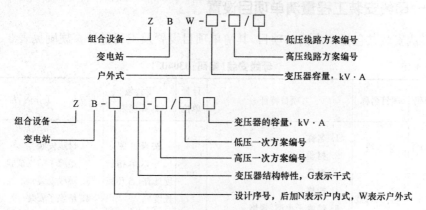

(3)应说明其电压。常用电压:高压为 4～35kV,低压为 0.23～0.4kV。

(4)应说明其组合形式。按主开关容量和结构划分为以下三种:

1)150kV・A 以下袖珍式成套配电站,高压室有负荷开关和高压熔断器。

2)300kV・A 以下组合形式,高压室有隔离开关、真空断路器或少油断路器。

3)500kV・A 以下组合形式,由多种高压配电屏组成的中型变电站,以智能控制器断路器柜或少油断路器柜为主要元件。

(5)应说明其基础规格、浇筑材质。

三、配电装置工程量计算实例解析

【例 3-3】某工程安装一台 ZBW-315-630kV・A 组合型箱式变电站,图 3-2 为其安装原理示意图,试计算其工程量。

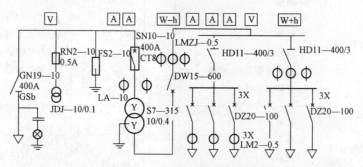

图 3-2　ZBW-315-630kV・A 组合型箱式变电站安装原理示意图

解:组合型成套箱式变电站工程量计算规则:按设计图示数量计算。

组合型成套箱式变电站工程量:1 台。

第四节　母线安装

一、母线安装工程量清单项目设置

母线安装共包括 8 个清单项目,其清单项目设置及工程量计算规则见表 3-15。

表 3-15　　　　　　　　　母线安装(编码:030403)

项目编码	项目名称	项目特征	计量单位	工程量计算规则	工作内容
030403001	软母线	1. 名称 2. 材质 3. 型号 4. 规格 5. 绝缘子类型、规格	m	按设计图示尺寸以单相长度计算(含预留长度)	1. 母线安装 2. 绝缘子耐压试验 3. 跳线安装 4. 绝缘子安装
030403002	组合软母线				
030403003	带形母线	1. 名称 2. 型号 3. 规格 4. 材质 5. 绝缘子类型、规格 6. 穿墙套管材质、规格 7. 穿通板材质、规格 8. 母线桥材质、规格 9. 引下线材质、规格 10. 伸缩节、过滤板材质、规格 11. 分相漆品种	m	按设计图示尺寸以单相长度计算(含预留长度)	1. 母线安装 2. 穿通板制作、安装 3. 支持绝缘子、穿墙套管的耐压试验、安装 4. 引下线安装 5. 伸缩节安装 6. 过渡板安装 7. 刷分相漆
030403004	槽形母线	1. 名称 2. 型号 3. 规格 4. 材质 5. 连接设备名称、规格 6. 分相漆品种			1. 母线制作、安装 2. 与发电机、变压器连接 3. 与断路器、隔离开关连接 4. 刷分相漆
030403005	共箱母线	1. 名称 2. 型号 3. 规格 4. 材质		按设计图示尺寸以中心线长度计算	1. 母线安装 2. 补刷(喷)油漆

续表

项目编码	项目名称	项目特征	计量单位	工程量计算规则	工作内容
030403006	低压封闭式插接母线槽	1. 名称 2. 型号 3. 规格 4. 容量(A) 5. 线制 6. 安装部位	m	按设计图示尺寸以中心线长度计算	1. 母线安装 2. 补刷(喷)油漆
030403007	始端箱、分线箱	1. 名称 2. 型号 3. 规格 4. 容量(A)	台	按设计图示数量计算	1. 本体安装 2. 补刷(喷)油漆
030403008	重型母线	1. 名称 2. 型号 3. 规格 4. 容量(A) 5. 材质 6. 绝缘子类型、规格 7. 伸缩器及导板规格	t	按设计图示尺寸以质量计算	1. 母线制作、安装 2. 伸缩器及导板制作、安装 3. 支持绝缘子安装 4. 补刷(喷)油漆

注：1. 软母线安装预留长度见表 3-16。

　　2. 硬母线配置安装预留长度见表 3-17。

表 3-16　　　　　　　　　**软母线安装预留长度**　　　　　　　　　m/根

项目	耐张	跳线	引下线、设备连接线
预留长度	2.5	0.8	0.6

表 3-17　　　　　　　　**硬母线配置安装预留长度**　　　　　　　　m/根

序号	项目	预留长度	说明
1	带形、槽形母线终端	0.3	从最后一个支持点算起
2	带形、槽形母线与分支线连接	0.5	分支线预留
3	带形母线与设备连接	0.5	从设备端子接口算起
4	多片重型母线与设备连接	1.0	从设备端子接口算起
5	槽形母线与设备连接	0.5	从设备端子接口算起

二、母线安装工程项目特征描述

1. 软母线、组合软母线

(1)应说明其名称。

　　1)软母线是母线的一种,即软型母线。

　　2)组合软母线有 2 根、3 根、10 根、14 根、18 根和 36 根等。

　　(2)应说明其材质。软母线材质常用的有铝绞线、铜绞线、钢芯铝绞线三种。

　　(3)应说明其型号、规格、数量。

　　1)软母线型号有 TJ 系列或其他系列;规格有 150mm^2、1400mm^2 等。

　　2)组合软母线型号描述时,应说明是 LGJ 系列或其他系列;数量应说明是 2 根(组/三相)或是 26 根(组/三相)。

　　(4)应说明其绝缘子类型、规格。

2. 带形母线

　　(1)应说明其名称。带形母线在大型车间中作为配电干线以及在电镀车间作为低压再留母线之用,有铝质带形母线和钢质带形母线两种;铝质带形母线具有较好的抵抗大气腐蚀的性能,价格适中,使用比较广泛;钢质带形母线不宜做零母线和接地母线。

　　(2)应说明其型号,如 TMY 系列或其他系列。

　　(3)应说明其规格,如每相一片,截面 360mm^2;每相四片,截面 1250mm^2。

　　(4)应说明其材质,如铜母线、铝母线。

　　(5)应说明其绝缘子类型、规格。

　　(6)应说明其穿墙套管材质、规格。

　　(7)应说明其穿通板材质、规格。

　　(8)应说明其母线桥材质、规格。

　　(9)应说明其引下线材质、规格。

　　(10)应说明其伸缩节、过渡板材质、规格。

　　(11)应说明其分相漆品种。

3. 槽形母线

　　(1)应说明其名称。槽形母线机械强度较好,载流量较大,集肤效应系数也较小。槽形母线一般用于 4000～8000A 的配电装置中。

　　(2)应说明其型号、规格。

　　1)型号,如 KFM-TD 系列或其他系列。

　　2)规格,如 2(100×45×5)、2(250×115×12.5)。

　　(3)应说明其材质。材质常用的有铝绞线、铜绞线两种。

　　(4)应说明其连接设备名称、规格。

　　(5)应说明其分相漆品种。

4. 共箱母线

　　(1)应说明其名称。共箱母线是指将多片标准型铝母线(铜母线)装设在支柱式绝缘子上,外用金属(一般为铝)薄板制成罩箱用于保护多相导体的一种电力传输装置。

　　(2)应说明其型号、规格、材质。GXFM 型共箱母线和 GGFM 型共箱隔相母线的型号、规格及其技术参数如下。

1)GXFM 型共箱母线。GXFM 型共箱母线主要用于发电厂的厂用变压器(启动变压器)至开关柜及配套设备柜电气回路的连接。其型号具体表示如下:

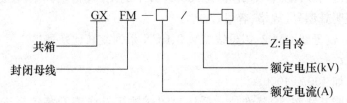

GXFM 型共箱母线常用型号、规格及其技术参数见表 3-18。

表 3-18 　　　　　GXFM 型共箱母线常用型号、规格及其技术参数

产品型号	外形尺寸/mm		质量/(kg/m)	技术参数	
	外壳	导体		额定电压/kV	额定电流/A
GXFM-1000/10-Z	870	550	86	6.3～10	1000
GXFM-1600/10-Z	870	550	95	6.3～10	1600
GXFM-2000/10-Z	870	550	100	6.3～10	2000
GXFM-2500/10-Z	950	650	118	6.3～10	2500
GXFM-3150/10-Z	950	650	132	6.3～10	3150

2)GGFM 型共箱隔相母线。GGFM 型共箱隔相母线主要用于发电厂的厂用变压器(启动变压器)至开关柜及配套设备柜电气回路的连接。其型号具体表示如下:

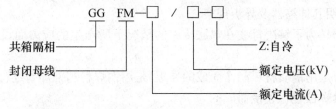

GGFM 型共箱隔相母线常用型号规格及技术参数,见表 3-19。

表 3-19 　　　　GGFM 型共箱隔相母线常用型号规格及其技术参数

产品型号	外形尺寸/mm		质量/(kg/m)	技术参数	
	外壳	导体		额定电压/kV	额定电流/A
GGFM-2000/15.75-Z	1200	600	148	10～15.75	2000
GGFM-2500/15.75-Z	1200	600	152	10～15.75	2500

5. 低压封闭式插接母线槽

(1)应说明其名称。低压封闭式插接母线槽由金属外壳、绝缘瓷插座及金属母线组成,用于电压 500V 以下,额定电流 1000A 以下的工厂、企业、车间等场所作配电用。

(2)应说明其型号、规格、容量(A)。

1)型号。铜母线 CM-2、铝母线 CM-2、CCX 系列或其他系列。

2)规格。

3)容量,如 400A、4000A。

(3)应说明其线制、安装部位。低压封闭式插接母线槽安装包括进、出分线箱安装,刷(喷)油漆。

6. 始端箱、分线箱

(1)应说明其名称。

1)母线始端箱即插接母线的进线箱,就是在插接母线的始端(电源进线起点安装的母线插接进线箱)。

2)母线分线箱就是插接母线的中间或者末端进行分线出线的母线分支插接箱。

二者的区别在于:始端箱是电源总进箱,负荷功率比较大;分线箱属于分支箱,负荷功率比较小。

(2)应说明其型号、规格、容量(A)。

7. 重型母线

(1)应说明其名称。重型母线是指单位长度质量较大的母线,主要包括铜母线和铝母线。重型铝母线是用铝材料制作而成的重型母线。

(2)应说明其型号、规格、容量(A)。如 T2 系列或其他系列。

(3)应说明其材质,绝缘子类型、规格。

(4)应说明其伸缩器及导板规格。

1)伸缩器是为了解决母线在热胀冷缩的情况下所产生的应力而设置的一种伸缩机构。

2)铜导板是用铜质材料制作而成的导板,是用铜焊粉和铜焊条进行焊接以及用镀锌精制带螺母螺栓进行连接而成的。

三、母线安装工程量计算实例解析

【例 3-4】某母线安装工程采用低压封闭式插接母线槽 CFW-2-400,长度为 300m,进出分线箱 400A,2 台,试计算其工程量。

解: (1)低压封闭式插接母线槽工程量计算规则:按设计图示尺寸以中心线长度计算。

低压封闭式插接母线槽工程量:300m。

(2)分线箱工程量计算规则:按设计图示数量计算。

分线箱工程量:2 台。

第五节　控制设备及低压电器安装

一、控制设备及低压电器安装工程量清单项目设置

控制设备及低压电器安装工程共包括 36 个清单项目,其清单项目设置及工程量计算规则见表 3-20。

表 3-20　　　　　　　控制设备及低压电器安装(编码:030404)

项目编码	项目名称	项目特征	计量单位	工程量计算规则	工作内容
030404001	控制屏				1. 本体安装 2. 基础型钢制作、安装 3. 端子板安装 4. 焊、压接线端子 5. 盘柜配线、端子接线 6. 小母线安装 7. 屏边安装 8. 补刷(喷)油漆 9. 接地
030404002	继电、信号屏				
030404003	模拟屏				
030404004	低压开关柜(屏)	1. 名称 2. 型号 3. 规格 4. 种类 5. 基础型钢形式、规格 6. 接线端子材质、规格 7. 端子板外部接线材质、规格 8. 小母线材质、规格 9. 屏边规格	台	按设计图示数量计算	1. 本体安装 2. 基础型钢制作、安装 3. 端子板安装 4. 焊、压接线端子 5. 盘柜配线、端子接线 6. 屏边安装 7. 补刷(喷)油漆 8. 接地
030404005	弱电控制返回屏				1. 本体安装 2. 基础型钢制作、安装 3. 端子板安装 4. 焊、压接线端子 5. 盘柜配线、端子接线 6. 小母线安装 7. 屏边安装 8. 补刷(喷)油漆 9. 接地

续一

项目编码	项目名称	项目特征	计量单位	工程量计算规则	工作内容
030404006	箱式配电室	1. 名称 2. 型号 3. 规格 4. 质量 5. 基础规格、浇筑材质 6. 基础型钢形式、规格	套	按设计图示数量计算	1. 本体安装 2. 基础型钢制作、安装 3. 基础浇筑 4. 补刷（喷）油漆 5. 接地
030404007	硅整流柜	1. 名称 2. 型号 3. 规格 4. 容量(A) 5. 基础型钢形式、规格			1. 本体安装 2. 基础型钢制作、安装 3. 补刷（喷）油漆 4. 接地
030404008	可控硅柜	1. 名称 2. 型号 3. 规格 4. 容量(kW) 5. 基础型钢形式、规格			
030404009	低压电容器柜	1. 名称 2. 型号 3. 规格 4. 基础型钢形式、规格 5. 接线端子材质、规格 6. 端子板外部接线材质、规格 7. 小母线材质、规格 8. 屏边规格	台	按设计图示数量计算	1. 本体安装 2. 基础型钢制作、安装 3. 端子板安装 4. 焊、压接线端子 5. 盘柜配线、端子接线 6. 小母线安装 7. 屏边安装 8. 补刷（喷）油漆 9. 接地
030404010	自动调节励磁屏				
030404011	励磁灭磁屏				
030404012	蓄电池屏（柜）				
030404013	直流馈电屏				
030404014	事故照明切换屏				
030404015	控制台	1. 名称 2. 型号 3. 规格 4. 基础型钢形式、规格 5. 接线端子材质、规格 6. 端子板外部接线材质、规格 7. 小母线材质、规格			1. 本体安装 2. 基础型钢制作、安装 3. 端子板安装 4. 焊、压接线端子 5. 盘柜配线、端子接线 6. 小母线安装 7. 补刷（喷）油漆 8. 接地

续二

项目编码	项目名称	项目特征	计量单位	工程量计算规则	工作内容
030404016	控制箱	1. 名称 2. 型号 3. 规格 4. 基础形式、材质、规格 5. 接线端子材质、规格 6. 端子板外部接线材质、规格 7. 安装方式	台	按设计图示数量计算	1. 本体安装 2. 基础型钢制作、安装 3. 焊、压接线端子 4. 补刷(喷)油漆 5. 接地
030404017	配电箱				
030404018	插座箱	1. 名称 2. 型号 3. 规格 4. 安装方式			1. 本体安装 2. 接地
030404019	控制开关	1. 名称 2. 型号 3. 规格 4. 接线端子材质、规格 5. 额定电流(A)	个		
030404020	低压熔断器				
030404021	限位开关				
030404022	控制器		台		1. 本体安装 2. 焊、压接线端子 3. 接线
030404023	接触器				
030404024	磁力启动器	1. 名称 2. 型号 3. 规格 4. 接线端子材质、规格			
030404025	Y—△自耦减压启动器				
030404026	电磁铁(电磁制动器)				
030404027	快速自动开关				
03040428	电阻器		箱		
030404029	油浸频敏变阻器		台		

续三

项目编码	项目名称	项目特征	计量单位	工程量计算规则	工作内容
030404030	分流器	1. 名称 2. 型号 3. 规格 4. 容量(A) 5. 接线端子材质、规格	个	按设计图示数量计算	1. 本体安装 2. 焊、压接线端子 3. 接线
030404031	小电器	1. 名称 2. 型号 3. 规格 4. 接线端子材质、规格	个 (套、 台)		
030404032	端子箱	1. 名称 2. 型号 3. 规格 4. 安装部位	台		1. 本体安装 2. 接线
030404033	风扇	1. 名称 2. 型号 3. 规格 4. 安装方式			1. 本体安装 2. 调速开关安装
030404034	照明开关	1. 名称 2. 型号 3. 规格 4. 安装方式	个		1. 本体安装 2. 接线
030404035	插座				
030404036	其他电器	1. 名称 2. 规格 3. 安装方式	个 (套、 台)		1. 安装 2. 接线

注:盘、箱、柜的外部进出电线预留长度见表 3-21。

表 3-21　　　　　　　盘、箱、柜的外部进出线预留长度　　　　　　　m/根

序号	项 目	预留长度	说 明
1	各种箱、柜、盘、板、盒	高+宽	盘面尺寸
2	单独安装的铁壳开关、自动开关、刀开关、 启动器、箱式电阻器、变阻器	0.5	从安装对象中心算起
3	继电器、控制开关、信号灯、按钮、熔断器 等小电器	0.3	从安装对象中心算起
4	分支接头	0.2	分支线预留

二、控制设备及低压电气安装工程项目特征描述

1. 控制屏，继电、信号屏，模拟屏、低压开关柜（屏）、弱电控制返回屏

(1)应描述其名称、型号。名称可用图纸中的编号代表。

(2)描述其规格时只需说明其外形尺寸，若为边屏应说明。

(3)应说明其种类。

1)信号屏。信号屏分事故信号和预告信号两种，都具有灯光、音响报警功能，有事故信号、预告信号的试验按钮和解除按钮。信号屏有带冲击继电器和不带冲击继电器两种类型。

2)低压开关柜。它是一种低压开关配电控制屏，内配低压开关组、电路保护系统等。按结构形式分类，低压开关柜可分为固定式低压开关柜和抽屉组合式低压开关柜。

①固定式低压开关柜。它能满足各电器元件可靠地固定于柜体中确定的位置。柜体外形一般为立方体，如屏式、箱式等；也有棱台体，如台式等。

②抽屉组合式低压开关柜。它是由固定的柜体和装有开关等主要电器元件的可移装置部分组成，可移部分移换时要轻便，移入后定位要可靠，并且相同类型和规格的抽屉能可靠互换，抽屉组合式中的柜体部分加工方法基本和固定式中柜体相似。

(4)应说明其型钢形式、规格。

(5)应说明其接线端子材质、规格。

(6)应说明其端子板外部接线材质、规格。

(7)应说明其小母线材质、规格。

(8)应说明其屏边规格。

2. 箱式配电室

(1)应说明其名称。配电室是指交换电能的场所。它装备有各种受、配电设备，但不装备变压器等变电设备。

(2)应说明其型号、规格。

(3)应说明其质量。

(4)应说明其基础规格、浇筑材质。

(5)应说明其基础型钢形式、规格。

3. 硅整流柜、可控硅柜

(1)应说明其名称。

1)整流柜是将支流电转化为直流电的装置，整流器装置的种类很多，现在较为先进的为硅整流装置和可控硅整流装置。

2)可控硅整流柜是一种大功率直流输出装置，可以用于给发电机的转子提供励磁电压和电流，其输出的直流电压和直流电流是可以调节的。其内部基本原理是将输入的交流电源经过由可控硅组成的全波桥式整流电路，通过移相触发改变可控硅导通角大小的方式控制输出的直流电的大小。可控硅柜内的可控硅整流器已由厂家安装好，

可控硅柜的安装为整体吊装,可控硅柜的名字由其内装设备而得名。

(2)应说明其型号、规格、容量。如可控硅柜,其型号命名如下:

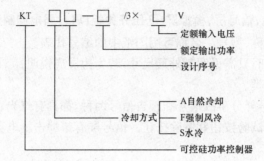

常用可控硅柜技术参数见表 3-22。

表 3-22　　　　　　　　　　　常用可控硅柜技术参数

型号规格	额定电流/A	额定容量/kV·A	冷却方式	结构形式
KTA1-17KVA/3×380V	25	17	自冷	
KTF2-17KVA/3×380V				
KTA1-30KVA/3×380V	45	30		
KTF2-30KVA/3×380V				
KTF1-39KVA/3×380V	60	39		
KTF2-38KVA/3×380V				
KTF1-52KVA/3×380V	80	52		
KTF2-52KVA/3×380V				
KTF1-62KVA/3×380V	100	62		
KTF2-62KVA/3×380V				
KTF1-75KVA/3×380V	113	75		单元结构式
KTF2-75KVA/3×380V				
KTF1-85KVA/3×380V	130	85	强制风冷	
KTF2-85KVA/3×380V				
KTF1-105KVA/3×380V	160	105		
KTF2-105KVA/3×380V				
KTF1-120KVA/3×380V	180	120		
KTF2-120KVA/3×380V				
KTF1-131KVA/3×380V	200	131		
KTF1-164KVA/3×380V	250	164		
KTF1-197KVA/3×380V	300	197		
KTF1-217KVA/3×380V	330	217		
KTF1-262KVA/3×380V	400	262		
KTF1-328KVA/3×380V	500	328		
KTF1-328KVA/3×380V 以上	500A	328KVA	风冷 水冷	—

（3）应说明其基础型钢形式、规格。

4. 低压电容器柜、自动调节励磁屏、励磁灭磁屏、蓄电池屏（柜）、直流馈电屏、事故照明切换屏

（1）应说明其名称。

1）低压电容器柜是在变压器的低压侧运行，一般受功率因数控制而自动运行。因所带负载的种类不同而确定电容的容量及电容组的数量，当供用电系统正常时，由控制器捕捉功率因数来控制投入的电容组的数量。

2）自动调节励磁屏主要用于励磁机励磁回路中，用于对励磁调节器的控制。励磁调节器其实就是一个滑动变阻器，用来改变回路中电阻的大小，从而改变回路的电流大小。

3）励磁装置是指同步发电机的励磁系统中除励磁电源以外的对励磁电流能起控制和调节作用的电气调控装置。励磁系统包括励磁电源和励磁装置，是电站设备中不可缺少的部分。其中，励磁电源的主体是励磁机或励磁变压器；励磁装置则根据不同的规格、型号和使用要求，分别由调节屏、控制屏、灭磁屏和整流屏等几部分组合而成。

4）蓄电池屏（柜）采用反电势充电法实现其整流电功能。蓄电池屏（柜）的主要特性为：额定容量 50kV·A，输入三相交流，输出脉动直流，最大充电电流 100A，充电电压 250～350V、可调，具有缺相保护、输出短路保护、蓄电池充满转浮充限流等保护功能。

5）直流馈电屏作为操作电源和信号显示报警，为较大较复杂的高低压（高压更常用）配电系统的自动或电动操作提供电能源，也可以与中央信号屏综合设计在一起。直流馈电屏由交流电源、整流装置、充电（稳流＋稳压）机、蓄电池组、直流配电系统组成。

6）事故照明切换屏是指当正常照明电源出现故障时，由事故照明电源来继续供电，以保证发电厂、变电所和配电室等重要部门的照明。因正常照明电源转换与事故照明电源的切换装置安装在一个屏内，故该屏叫事故照明切换屏。

（2）应说明其型号、规格。其中，低压电容器柜型号含义如下：

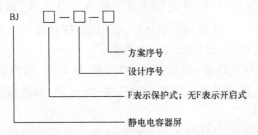

常用低压电容器柜型号及其适用场所见表 3-23。

表 3-23　　　　　　　　　　常用低压电容器柜型号及其适用场所

序号	型号	适用场所
1	BJ□—3 型电容器屏	适用于工矿企业的配电室或车间，作交流 50Hz、电压 380V 以下线路改善功率因数之用
2	BJ□—32 型无功功率自动补偿屏	适用于工矿企业的配电室或车间，其交流频率为 50Hz、电压 380V 的三相电力系统中

(3)应说明其基础型钢形式、规格。

(4)应说明其接线端子材质、规格。

(5)应说明其端子板外部接线材质、规格。

(6)应说明其小母线材质、规格,屏边规格。

5. 控制台

(1)应说明其名称。控制台是指向调光器输出控制信号,进行调光控制的工作台。

(2)应说明其型号、规格。

(3)应说明其基础型钢形式、规格;接线端子材质、规格;端子板外部接线材质、规格;小母线材质、规格。

6. 控制箱、配电箱

(1)应说明其名称。

1)控制箱是指包含电源开关、保险装置、继电器(或者接触器)等装置,可以用于指定设备控制的装置。

2)配电箱是指专为供电用的箱,内装断路器、隔离开关、空气开关或刀开关、保险器以及检测仪表等设备元件。

(2)应说明其型号、规格以及安装方式。其中,电动阀门控制箱有两种型号,分别为 DKX-G1(墙挂式)、DKX-G2(户外墙挂式)。

(3)应说明其基础型钢形式、材质、规格;接线端子材质、规格;端子板外部接线材质、规格。

7. 插座箱

(1)应说明其名称。插座箱是用于检修电源箱的配电箱。非标准插座箱主要由工程塑料箱体、工业插头、工业插座、防水保护窗口、电器元件组成。

(2)应说明其型号、规格以及安装方式。插座安装方式:暗装插座与面板连成一体,在接线柱上接好线后,将面板安装在预先埋好的插座盒上。接好线后,把插座芯安装在插座盒内的安装板上,最后安装插座盖板。

8. 控制开关、低压熔断器、限位开关、控制器、接触器、磁力启动器、Y一△自耦减压启动器、电磁铁(电磁制动器)、快速自动开关、电阻器、油浸频敏变阻器

(1)应说明其名称。

1)控制电路闭合和断开的开关称为控制开关。控制开关包括自动空气开关、刀型开关、铁壳开关、胶盖刀闸开关、组合控制开关、万能转换开关、风机盘管三速开关、漏电保护开关等。

2)当电流超过一定限度时,熔断器中的熔丝(又名保险丝)就会熔压甚至烧断,将电路切断以保护电器装置的安全。熔断器大致可分为插入式熔断器、螺旋式熔断器、封闭式熔断器、快速熔断器、管式熔断器、高分断力熔断器和限流线等几类。

3)限位开关上装有一弹簧"碰臂",当机械碰到它时,开关就会断开,主要用于刨床的台面行走极限和桥式起重机的大车行走极限。当机械运动到一定位置时开关就会

断开,使机器停下来,故限位开关又名极限开关。

4)电阻器是一个限流元件,是一种电能转换成热能的耗能电气装置。将电阻接在电路中后,它可限制通过与其所连支路的电流大小。

5)油浸频敏变阻器是一种静止的无触点的电磁启动元件,接在电路中能调整电流的大小。一般的油浸频敏变阻器用电阻较大的导线和可以改变接触点以调节电阻线有效长度的装置构成。

(2)应说明其型号。低压熔断器型号含义如下:

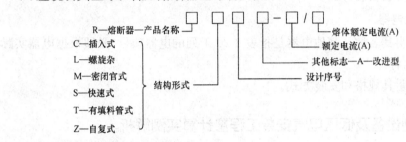

(3)应说明其规格。描述规格应完整、全面。

(4)应说明其接线端子材质、规格。

(5)控制开关还应说明其额定电流。

9. 分流器

(1)应说明其名称。分流器根据直流电流通过电阻时在电阻两端产生电压的原理制成。

(2)应说明其型号、规格、容量。

(3)应说明其接线端子材质、规格。

10. 小电器

(1)应说明其名称、型号、规格。小电器包括按钮、电笛、电铃、水位电气信号装置、测量表计、继电器、电磁锁、屏上辅助设备、辅助电压互感器、小型安全变压器等。

(2)应说明其接线端子材质、规格。

11. 端子箱

(1)应说明其名称。端子箱是转接施工线路,对分支线路进行标注,为布线和查线提供方便的一种接口装置。

(2)应说明其型号、规格。

(3)应说明端子箱安装部位。

12. 风扇

(1)应说明风扇的名称。风扇是一种用于散热的电器,主要由定子、转子和控制电路构成。

(2)应说明风扇的型号、规格。

(3)应说明风扇的安装方式。

13. 照明开关、插座

(1)应说明其名称。

1)照明开关是为家庭、办公室、公共娱乐场所等设计的,用来隔离电源或按规定能在电路中接通或断开电流或改变电路接法的一种装置。

2)插座又称电源插座、开关插座,是指有一个或一个以上电路接线可插入的座,通过它可插入各种接线,便于与其他电路接通。插座是为家用电器提供电源接口的电气设备,也是住宅电气设计中使用较多的电气附件。

(2)应说明其材质、规格。

(3)应说明其安装方式。

14. 其他电器

(1)应说明其名称。其他电器是指表 3-20 未列的电器项目,必须根据电器实际名称确定项目名称。

(2)应说明其规格和安装方式。

三、控制设备及低压电气安装工程量计算实例解析

【例 3-5】某贵宾室照明系统平面图如图 3-3 所示。照明配电箱 XM7-3/0 尺寸为 400mm×350mm×280mm(宽×高×厚),电源由本层总配电箱引来,单联、三联单控开关均为 10A、250V,均暗装,安装高度为 1.4m,两排风扇为 280mm×280mm,1×40W,吸顶安装。试计算其工程量。

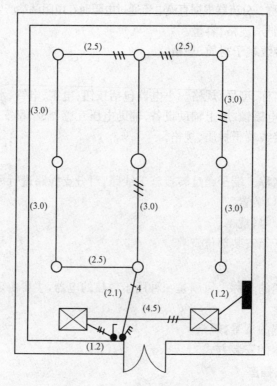

图 3-3　某贵宾室照明系统平面图

解：控制设备及低压电器安装工程量计算规则：按设计图示数量计算。

(1)照明配电箱：1台。

(2)单联控制开关：1个。

(3)三联单控开关：1个。

(4)小电器：1套。

第六节　蓄电池安装、电机检查接线及调试

一、蓄电池安装、电机检查接线及调试工程量清单项目设置

1. 电机检查接线及调试工程量清单项目设置

电机检查接线及调试工程共包括12个清单项目，其清单项目设置及工程量计算规则见表3-24。

表 3-24　　　　　　　　电机检查接线及调试(编码：030406)

项目编码	项目名称	项目特征	计量单位	工程量计算规则	工作内容
030406001	发电机	1. 名称 2. 型号 3. 容量(kW) 4. 接线端子材质、规格 5. 干燥要求	台	按设计图示数量计算	1. 检查接线 2. 接地 3. 干燥 4. 调试
030406002	调相机				
030406003	普通小型直流电动机				
030406004	可控硅调速直流电动机	1. 名称 2. 型号 3. 容量(kW) 4. 类型 5. 接线端子材质、规格 6. 干燥要求			
030406005	普通交流同步电动机	1. 名称 2. 型号 3. 容量(kW) 4. 启动方式 5. 电压等级(kV) 6. 接线端子材质、规格 7. 干燥要求			

续表

项目编码	项目名称	项目特征	计量单位	工程量计算规则	工作内容
030406006	低压交流异步电动机	1. 名称 2. 型号 3. 容量(kW) 4. 控制保护方式 5. 接线端子材质、规格 6. 干燥要求	台	按设计图示数量计算	1. 检查接线 2. 接地 3. 干燥 4. 调试
030406007	高压交流异步电动机	1. 名称 2. 型号 3. 容量(kW) 4. 保护类别 5. 接线端子材质、规格 6. 干燥要求			
030406008	交流变频调速电动机	1. 名称 2. 型号 3. 容量(kW) 4. 类别 5. 接线端子材质、规格 6. 干燥要求			
030406009	微型电机、电加热器	1. 名称 2. 型号 3. 规格 4. 接线端子材质、规格 5. 干燥要求			
030406010	电动机组	1. 名称 2. 型号 3. 电动机台数 4. 联锁台数 5. 接线端子材质、规格 6. 干燥要求	组		
030406011	备用励磁机组	1. 名称 2. 型号 3. 接线端子材质、规格 4. 干燥要求			
0304060012	励磁电阻器	1. 名称 2. 型号 3. 规格 4. 接线端子材质、规格 5. 干燥要求	台		1. 本体安装 2. 检查接线 3. 干燥

2. 蓄电池安装工程量清单项目设置

蓄电池安装工程共包括 2 个清单项目,其清单项目设置及工程量计算规则见表 3-25。

表 3-25　　　　　　　　　蓄电池安装(编码:030405)

项目编码	项目名称	项目特征	计量单位	工程量计算规则	工作内容
030405001	蓄电池	1. 名称 2. 型号 3. 容量(A·h) 4. 防震支架形式、材质 5. 充放电要求	个 (组件)	按设计图示数量计算	1. 本体安装 2. 防震支架安装 3. 充放电
030405002	太阳能电池	1. 名称 2. 型号 3. 规格 4. 容量 5. 安装方式	组		1. 安装 2. 电池方阵铁架安装 3. 联调

二、蓄电池安装、电机检查接线及调试项目特征描述

1. 发电机、调相机、普通小型直流电动机、可控硅调速直流电动机

(1)应说明其名称。

1)发电机是指将机械能转变成电能的电机。通常由汽轮机、水轮机或内燃机驱动组成。小型发电机也有用风车或其他机械经齿轮或皮带驱动的。发电机有直流发电机和交流发电机两大类。因直流发电机的结构决定了它满足不了现代工程建设的要求而逐渐被淘汰。交流发电机的优点包括单机输出功率大,体积小,质量轻,节省材料;由于传动比大,又采用他激式建立电动势。

2)调相机是一种能够改变电路中接入线路的装置。它的作用是改变接入电路的相数。常用的同步调相机运行于电动机状态,但不带机械负载,只向电力系统提供无功功率的同步电机,又称同步补偿机,它作无功功率发电机运行,供改善电网功率因数及调整电网电压之用。

3)发动机是一种能够把其他形式的能转化为另一种能的机器,通常是将化学能转化为机械能。发动机可指动力发生装置,也可指包括动力装置的整个机器。电动机按其质量划分为大、中、小型:3t 以下为小型;3t~30t 为中型;30t 以上为大型。

(2)应说明其型号,容量(kW)。

(3)应说明其接线端子材质、规格。

(4)应说明其干燥要求。电机经过运输和保管,容易受潮,安装前应检查绝缘情

况。电机干燥的目的是将线圈中含有的潮气去除,提高其绝缘性能,保证电机的安全运行。电机常用的干燥方法有磁铁感应干燥法、直流干燥法、外壳铁损干燥法、交流干燥法四种。

(5)应说明电动机类型,如全数字式控制可控硅调速直流电动机。

2. 普通交流同步电动机

(1)应说明其名称。

(2)应说明其型号、容量。

(3)应说明其启动方式,电压等级(kV),接线端子材质、规格,干燥要求。

3. 低压交流异步电动机、高压交流异步电动机

(1)应说明其名称、型号、容量。

(2)应说明其控制保护方式,保护类别。

(3)应说明其接线端子材质、规格。

(4)应说明其干燥要求。

4. 交流变频调速电动机

(1)应说明其名称、型号、容量。

(2)应说明电动机类别,如交流同步变频电动机、交流异步变频电动机。

(3)应说明其接线端子材质、规格。

(4)应说明其干燥要求。

5. 微型电机,电加热器,备用励磁机组,励磁电阻器

(1)应说明其名称。

(2)应说明其型号。

(3)应说明其规格。

(4)应说明接线端子材质、规格,干燥要求。

6. 电动机组

(1)应说明其名称。

(2)应说明其型号。

(3)应说明其电动机台数及联锁台数。

(4)应说明接线端子材质、规格,干燥要求。

7. 蓄电池

(1)名称应描述完整、全面。

(2)型号应描述具体。

(3)容量只需说明可持续供电的安时数。

(4)应说明防震支架形式、材质。

(5)应说明其充放电要求。蓄电池的绝缘要求是:110V 蓄电池组不应小于 $0.1M\Omega$;220V 蓄电池组不应小于 $0.2M\Omega$。在检查绝缘合格后,补充合格的电解液进行充电,使充电容量达到或接近产品技术要求后,才能进行首次放电。

8. 太阳能电池

(1)应说明太阳能电池名称、型号、规格、容量。

(2)应说明其安装方式。

第七节　滑触线装置、电缆安装

一、滑触线装置、电缆安装工程量清单项目设置

1. 滑触线装置安装工程量清单项目设置

滑触线装置安装工程共包括1个清单项目,其清单项目设置及工程量计算规则见表 3-26。

表 3-26　　　　　　　　　　滑触线装置安装(编码:030407)

项目编码	项目名称	项目特征	计量单位	工程量计算规则	工作内容
030407001	滑触线	1. 名称 2. 型号 3. 规格 4. 材质 5. 支架形式、材质 6. 移动软电缆材质、规格、安装部位 7. 拉紧装置类型 8. 伸缩接头材质、规格	m	按设计图示尺寸以单相长度计算(含预留长度)	1. 滑触线安装 2. 滑触线支架制作、安装 3. 拉紧装置及挂式支持器制作、安装 4. 移动软电缆安装 5. 伸缩接头制作、安装

注:1. 支架基础铁件及螺栓是否浇注需说明。

　　2. 滑触线安装预留长度见表 3-27。

表 3-27　　　　　　　　　　滑触线安装预留长度　　　　　　　　　　m/根

序号	项　　目	预留长度	说　　明
1	圆钢、铜母线与设备连接	0.2	从设备接线端子接口算起
2	圆钢、铜滑触线终端	0.5	从最后一个固定点算起
3	角钢滑触线终端	1.0	从最后一个支持点算起
4	扁钢滑触线终端	1.3	从最后一个固定点算起
5	扁钢母线分支	0.5	分支线预留
6	扁钢母线与设备连接	0.5	从设备接线端子接口算起
7	轻轨滑触线终端	0.8	从最后一个支持点算起
8	安全节能及其他滑触线终端	0.5	从最后一个固定点算起

2. 电缆安装工程量清单项目设置

电缆安装工程共包括 11 个清单项目,其清单项目设置及工程量计算规则见表 3-28。

表 3-28　　　　　　　　　　　　电缆安装(编码:030408)

项目编码	项目名称	项目特征	计量单位	工程量计算规则	工作内容
030408001	电力电缆	1. 名称 2. 型号 3. 规格 4. 材质 5. 敷设方式、部位 6. 电压等级(kV) 7. 地形	m	按设计图示尺寸以长度计算(含预留长度及附加长度)	1. 电缆敷设 2. 揭(盖)盖板
030408002	控制电缆				
030408003	电缆保护管	1. 名称 2. 材质 3. 规格 4. 敷设方式	m	按设计图示尺寸以长度计算	保护管敷设
030408004	电缆槽盒	1. 名称 2. 材质 3. 规格 4. 型号			槽盒安装
030408005	铺砂、盖保护板(砖)	1. 种类 2. 规格			1. 铺砂 2. 盖板(砖)
030408006	电力电缆头	1. 名称 2. 型号 3. 规格 4. 材质、类型 5. 安装部位 6. 电压等级(kV)	个	按设计图示数量计算	1. 电力电缆头制作 2. 电力电缆头安装 3. 接地
030408007	控制电缆头	1. 名称 2. 型号 3. 规格 4. 材质、类型 5. 安装方式			
030408008	防火堵洞	1. 名称 2. 材质 3. 方式 4. 部位	处	按设计图示数量计算	安装
030408009	防火隔板		m^2	按设计图示尺寸以面积计算	
030408010	防火涂料		kg	按设计图示尺寸以质量计算	

续表

项目编码	项目名称	项目特征	计量单位	工程量计算规则	工作内容
030408011	电缆分支箱	1. 名称 2. 型号 3. 规格 4. 基础形式、材质、规格	台	按设计图示数量计算	1. 本体安装 2. 基础制作、安装

注：1. 电缆穿刺线夹按电缆头编码列项。

2. 电缆井、电缆排管、顶管，应按现行国家标准《市政工程工程量计算规范》(GB 50857—2013)相关项目编码列项。

3. 电缆敷设预留长度及附加长度见表 3-29。

表 3-29　　　　　　　　　　电缆敷设预留及附加长度

序号	项目	预留附加长度	说明
1	电缆敷设弛度、波形弯度、交叉	2.5%	按电缆全长计算
2	电缆进入建筑物	2.0m	规范规定最小值
3	电缆进入沟内或吊架时引上(下)预留	1.5m	规范规定最小值
4	变电所进线、出线	1.5m	规范规定最小值
5	电力电缆终端头	1.5m	检修余量最小值
6	电缆中间接头盒	两端各留 2.0m	检修余量最小值
7	电缆进控制、保护屏及模拟盘、配电箱等	高+宽	按盘面尺寸
8	高压开关柜及低压配电盘、箱	2.0m	盘下进出线
9	电缆至电动机	0.5m	从电动机接线盒算起
10	厂用变压器	3.0m	从地坪算起
11	电缆绕过梁柱等增加长度	按实计算	按被绕物的断面情况计算增加长度
12	电梯电缆与电缆和架固定点	每处 0.5m	规范规定最小值

二、滑触线装置、电缆安装工程项目特征描述

1. 滑触线

(1)应说明其名称。滑触线是与起重机械配套用的供电设施。在厂房内往往安装并使用一些起重机械；在港口、码头、车站和货场仓储中转运行用的仓库中，也装有起重机械。常用的起重机械有桥式吊车、电动葫芦及单梁悬挂式吊车等。

(2)应说明其型号、规格、材质，并应描述全面。

(3)应说明其支架形式、材质。滑触线支架的形式很多，一般是根据设计要求或现场实际需要，选用现行国家标准图集中的某一种支架或自行加工。E 形支架是角钢滑

触线最常用的一种托架,用角钢焊接而成。支架的固定采用双头螺栓。

(4)应说明移动软电缆材质、规格、安装部位。

(5)应说明拉紧装置类型。

(6)应说明伸缩接头材质、规格。

2. 电力电缆、控制电缆

(1)应说明其名称。

1)电力电缆是用来输送和分配大功率电能的,通常都是由导电线芯、绝缘层及保护层三个主要部分组成。

2)控制电缆是自控仪表工程中应用较多的一种电缆,在配电装置中传输操作电流、连接电气仪表、继电保护和自动控制等回路用的,它属于低压电缆,运行电压一般在交流 500V 或直流 1000V 以下。控制电缆常用于液位开关信号、报警回路和控制电磁阀信号联锁系统回路中。

(2)应说明其型号、规格与质量。

1)橡胶绝缘电力电缆。橡胶绝缘电力电缆用于额定电压 6kV 及以下的输配电线路中做固定敷设之用,其型号、名称及主要用途见表 3-30。常用橡胶绝缘电力电缆型号、规格见表 3-31。

表 3-30　　　　　　　　橡胶绝缘电力电缆型号、名称及主要用途

型　　号		名　　称	主　要　用　途
铝	铜		
XLV	XV	橡胶绝缘聚氯乙烯护套电力电缆	敷设在室内、电缆沟内、管道中。电缆不能承受机械外力作用
XLF	XF	橡胶绝缘氯丁护套电力电缆	同 XLV 型
XLV$_{29}$	XV$_{29}$	橡胶绝缘聚氯乙烯护套内钢带铠装电力电缆	敷设在地下。电缆能承受一定机械外力作用,但不能承受大的拉力
XLQ	XQ	橡胶绝缘裸铅包电力电缆	敷设在室内、电缆沟内、管道中。电缆不能承受振动和机械外力作用,且对铅应有中性的环境
XLQ$_2$	XQ$_2$	橡胶绝缘铅包钢带铠装电力电缆	同 XLV$_{29}$ 型
XLQ$_{20}$	XQ$_{20}$	橡胶绝缘铅包裸钢带铠装电力电缆	敷设在室内、电缆沟内、管道中。电缆不能承受大的拉力

表 3-31　　　　　　　　橡胶绝缘电力电缆型号、规格　　　　　　　　kg/km

标称截面/mm^2	XLV(500V)				XV(500V)				XLF(500V)			
	一芯	二芯	三芯	四芯	一芯	二芯	三芯	四芯	一芯	二芯	三芯	四芯
1	—	—	—	—	51	98	126	154	—	—	—	—
1.5	—	—	—	—	58	113	148	179	—	—	—	—

型号 标称截面/mm²	XLV(500V)				XV(500V)				XLF(500V)			
	一芯	二芯	三芯	四芯	一芯	二芯	三芯	四芯	一芯	二芯	三芯	四芯
2.5	56	111	141	159	71	141	187	230	52	84	127	154
4	65	134	169	196	90	183	242	285	61	102	158	206
6	77	160	205	237	113	233	314	371	72	123	214	247
10	104	235	291	330	174	380	503	562	99	245	300	341
16	146	356	440	473	244	553	736	789	140	351	436	468
25	200	489	637	692	354	799	1102	1228	190	483	655	711
35	245	620	785	836	460	1052	1432	1554	266	640	806	856
50	324	849	1079	1152	636	1476	2020	2193	348	901	1135	1216
70	395	1024	1378	1509	820	1878	2659	2947	422	1083	1446	1581
95	535	1409	1801	1974	1118	2580	3558	3949	548	1482	1878	2054
120	628	1646	2119	2247	1344	3085	4278	4623	642	1725	2201	2329
150	764	1996	2664	2895	1676	3826	5406	5958	780	2084	2774	2996
185	948	2495	3208	3430	2083	4775	6631	7169	987	2687	3331	3562
240	1197	3240	4181	4474	2700	—	—	—	1251	3366	4314	4563
300	1475	—	—	—	—	—	—	—	1578	—	—	—
400	1904	—	—	—					2035	—	—	—
500	2314	—	—	—					2457	—	—	—
630	2841	—	—	—					2998	—	—	—

型号 标称截面/mm²	XF(500V)				XLV₂₀(500V)			XV₂₀(500V)			XLQ₂(500V)		
	一芯	二芯	三芯	四芯	二芯	三芯	四芯	二芯	三芯	四芯	二芯	三芯	四芯
1	48	76	114	141	—	—	—	—	—	—	—	—	—
1.5	54	90	135	166	—	—	—	—	—	—	—	—	—
2.5	67	115	173	205	—	—	—	—	—	—	—	—	—
4	86	151	231	295	379	419	456	428	493	545	822	861	933
6	109	196	323	281	423	483	537	496	593	671	880	1094	1178
10	169	391	514	573	549	761	824	852	1038	1078	1222	1333	1429
16	239	549	732	785	890	1000	1049	1087	1296	1365	1521	1674	1733
25	245	793	1121	1284	1089	1301	1380	1399	1767	2226	1852	2155	2249
35	481	1071	1453	1575	1304	1515	1571	1735	2162	2296	2192	2456	2590
50	660	1529	2077	2256	1675	1895	2048	2302	2836	3089	2759	3223	3334
70	847	1937	2727	3019	1926	2278	2436	2780	3560	3874	3171	3680	3888
95	1131	2652	3635	4028	2371	2954	3109	3541	4711	5084	3593	4632	5058
120	1359	3164	4360	4704	2765	3309	3434	4204	5468	5811	4535	5357	5494
150	1512	3914	5516	6019	3229	3899	4152	5059	6646	7215	5353	6369	6653
185	2133	4967	6753	7281	3761	4670	4899	6041	7092	8637	6291	7243	7580
240	2754	—	—	—	4664	5717	6243	—	—	—	7387	8636	8874

续二

型号	XLQ					XQ				
标称截面/mm²	一芯		二芯	三芯	四芯	一芯		二芯	三芯	四芯
	500V	6000V	500V	500V	500V	500V	6000V	500V	500V	500V
1	—	—	—	—	—	157	—	241	340	392
1.5	—	—	—	—	—	170	—	267	379	432
2.5	178	—	—	—	—	194	469	309	440	496
4	201	480	318	450	500	226	504	367	524	589
6	226	512	361	515	571	262	548	435	624	706
10	285	586	590	669	735	405	679	763	910	989
16	370	691	780	895	938	469	789	977	1191	1254
25	469	781	999	1246	1318	624	935	1310	1711	1868
35	546	866	1254	1464	1578	761	1081	1685	2110	2340
50	479	1033	1673	2166	2153	991	1345	2300	3007	3193
70	791	1154	1979	2416	2587	1217	1579	2833	3698	4025
95	975	1419	2532	3209	3565	1558	2010	3703	4966	5540
120	1108	1570	3045	3794	3932	1824	2286	4514	5953	6308
150	1298	1888	3741	4649	4890	2210	2797	5571	7391	7953
185	1603	2101	4511	5353	5623	2738	3236	6791	8775	3362
240	2036	2608	5430	6531	6749	3539	4111	—	—	—
300	2482	2903	—	—	—	—	1785	—	—	—
400	2977	3647	—	—	—	—	6080	—	—	—
500	3711	4323	—	—	—					
630	4543	—	—	—	—					

型号	XQ₂(500V)			XLQ₂₀(500V)			XQ₂₀(500V)		
标称截面/mm²	二芯	三芯	四芯	二芯	三芯	四芯	二芯	三芯	四芯
4	871	935	1022	628	755	822	677	829	909
6	953	1203	1312	719	977	1054	792	1086	1188
10	1427	1673	1762	1094	1210	1290	1291	1518	1567
16	1718	1970	2049	1377	1520	1575	1574	1816	1891
25	2162	2620	2807	1582	1976	2065	1892	2442	2621
35	2623	3104	3361	2006	2261	2393	2437	2908	3161
50	3386	4164	4375	2728	2997	3104	3175	3938	4145
70	4015	4962	5327	2934	3435	3636	3788	4717	5074
95	4763	6389	7032	3620	4344	4776	4791	6101	6744
120	5973	7515	7870	4254	5057	5194	5692	7216	7570
150	7183	9116	9716	5041	6040	6315	6871	8782	9198
185	8571	10665	11319	5771	6876	7164	8101	10298	11173
240	—	—	—	7012	8232	8467	—	—	—

2)聚氯乙烯绝缘电力电缆。聚氯乙烯绝缘电力电缆主要固定敷设在交流 50Hz、额定电压 10kV 及其以下的输配电线路上,用于输送电能,其型号和名称见表 3-32。聚氯乙烯绝缘电力电缆型号、规格和质量见表 3-33。

表 3-32 聚氯乙烯绝缘电力电缆型号和名称

型 号		名 称
铜 芯	铝 芯	
VV	VLV	聚氯乙烯绝缘聚氯乙烯护套电力电缆
VY	VLY	聚氯乙烯绝缘聚乙烯护套电力电缆
VV$_{22}$	VLV$_{22}$	聚氯乙烯绝缘钢带铠装聚氯乙烯护套电力电缆
VV$_{28}$	VLV$_{28}$	聚氯乙烯绝缘钢带铠装聚乙烯护套电力电缆
VV$_{32}$	VLV$_{32}$	聚氯乙烯绝缘细钢丝铠装聚氯乙烯护套电力电缆
VV$_{33}$	VLV$_{33}$	聚氯乙烯绝缘细钢丝铠装聚乙烯护套电力电缆
VV$_{42}$	VLV$_{42}$	聚氯乙烯绝缘粗钢丝铠装聚氯乙烯护套电力电缆
VV$_{48}$	VLV$_{43}$	聚氯乙烯绝缘粗钢丝铠装聚乙烯护套电力电缆

表 3-33 聚氯乙烯绝缘电力电缆型号、规格和质量　　　　　kg/km

型 号 芯数×截面/mm²	0.6kV/1kV					
	VV,单芯	VLV,单芯	VV22,单芯	VLV22,单芯	VY,单芯	VLY,单芯
1×1.5	50.7	43.1	—	—	—	—
1×2.5	63.5	47.9	—	—	—	—
1×4	87.7	63.0	—	—	—	—
1×6	111	75.9	—	—	—	—
1×10	166.6	93.0	347.6	265.4	—	—
1×16	233.3	132.2	432.4	331.3	—	—
1×25	344.9	185.4	574.3	414.8	333	175
1×35	449.5	228.7	698.9	477.8	438	218
1×50	590.5	289.8	870.1	569.4	599	284
1×70	807.3	374.2	1118	685.0	798	356
1×95	1102	501.4	1444	843.6	1072	472
1×120	1349	590.3	1719	959.8	1322	565
1×150	1654	721.3	2046	1113	1644	697
1×185	2060	891.6	2672	1503	2023	854
1×240	2651	1114	3353	1816	2597	1082
1×300	3323	1396	4072	2145	3223	1329
1×400	4205	1742	5033	2570	4533	1708
1×500	5359	2181	6277	3099	5243	2087
1×630	6367	2558	—	—	—	—

续一

型号	0.6kV/1kV			
芯数×截面/mm²	VV,2 芯	VLV,2 芯	VV22,2 芯	VLV22,2 芯
2×1.5	118.6	99.5	—	—
2×2.5	150.1	118.4	—	—
2×4	210.3	159.9	424.3	373.9
2×6	263.7	192.0	493.9	425.0
2×10	393.1	241.6	663.9	496.7
2×16	540.5	334.1	844.4	638.0
2×25	794.2	468.5	1154	827.2
2×35	1037	585.3	1431	979.9
2×50	1227	682	1589	945.0
2×70	1650	747	2243	1340
2×95	2213	988	2909	1684
2×120	2733	1186	3475	1928
2×150	3396	1462	4250	2316

型号	0.6kV/1kV			
芯数×截面/mm²	VV,3 芯	VLV,3 芯	VV22,3 芯	VLV22,3 芯
3×1.5	142.1	113.2	—	—
3×2.5	186.5	138.9	—	—
3×4	264.5	189.0	489.1	413.6
3×6	335.1	226.8	577.1	471.8
3×10	514.0	290.1	799.7	558.9
3×16	728.1	418.5	1050	739.9
3×25	1084	595.9	1465	976.3
3×35	1422	744.5	2149	1372
3×50	1801	834	2453	1486
3×70	2415	1061	3116	1763
3×95	3255	1418	4053	2216
3×120	4037	1716	4930	2609
3×150	5028	2127	6075	3174
3×185	6180	2602	7299	3721
3×240	7949	3308	9231	4590

型号	0.6kV/1kV			
芯数×截面/mm²	VV32,3 芯	VLV32,3 芯	VV42,3 芯	VLV42,3 芯
3×4	797.5	722.0	—	—
3×6	907.5	798.8	—	—
3×10	1186	964.6	—	—
3×16	1658	1349	—	—
3×25	2190	1701	—	—
3×35	2635	1957	—	—

续二

型　号 芯数× 截面/mm²	0.6kV/1kV			
	VV32,3芯	VLV32,3芯	VV42,3芯	VLV42,3芯
3×50	3050	2083	4544	3577
3×70	3755	2401	5338	3985
3×95	5162	3324	6585	4747
3×120	6143	3822	7646	5325
3×150	8025	5124	9045	6144
3×185	9428	5850	10520	6942
3×240	11612	6971	12777	8136

型　号 芯数× 截面/mm²	0.6kV/1kV			
	VV,3+1芯	VLV,3+1芯	VV22,3+1芯	VLV22,3+1芯
3×4+1×2.5	303.6	211.3	537.9	445.6
3×6+1×4	399.8	265.0	656.6	524.3
3×10+1×6	594.5	333.9	893.7	618.8
3×16+1×10	853.2	467.3	1194	804.1
3×25+1×16	1267	671.4	1668	1072
3×35+1×16	1591	806.2	2243	1458
3×50+1×25	2124	996.0	2852	1723
3×70+1×35	2851	1271	3657	2077
3×95+1×50	3844	1684	4796	2636
3×120+1×70	4833	2060	5912	3139
3×150+1×70	5841	2488	7025	3673
3×185+1×95	7246	3056	8598	4408
3×240+1×120	9216	3801	10631	5216

型　号 芯数× 截面/mm²	0.6kV/1kV			
	VV,4芯	VLV,4芯	VV22,4芯	VLV22,4芯
4×4	322.4	221.4	564.9	463.9
4×6	422.9	270.8	684.7	532.6
4×10	648.6	387.8	959.6	698.8
4×16	921.8	508.9	1273	859.6
4×25	1373	721.9	1998	1347
4×35	1802	899.1	2505	1602
4×50	2380	1091	3122	1832
4×70	3202	1398	4025	2220
4×95	4315	1866	5291	2842
4×120	5359	2265	6464	3370
4×150	6679	2811	7866	3998
4×185	8190	3420	9542	4772
4×240	10494	4305	11916	5727

（3）应说明其敷设方式、部位。

（4）应说明其电压等级（kV）。

（5）应说明其敷设地形。

3. 电缆保护管

（1）应说明其名称。电缆保护管是为了防止电缆受到损伤，敷设在电缆外层，具有一定机械强度的金属保护管。

（2）应说明其材质、规格、敷设方式。电缆保护管规格见表 3-34。

表 3-34　　　　　　　　　　　　　　　电缆保护管规格

序号	电缆编号	芯数	单芯				
		管子内径/mm	25	38	50	70	100
		弯曲半径/mm	500	800	800～1000	1200(1200～1400)	1270(1500～1600)
1	ZLQ20 (ZLL120)	1000V	4～16	25～95	120～185	240～500	625～800
		3000V	6～10	16～70	95～185	240～500	625
		6000V		10～35	50～150	100～185	500
		10000V		16	25～95	120～400	500
2	XLQ20	500V					
		3000V					
3	XLQ	500V	2.5～70	95～185	240		
		3000V	2.5～50	70～150	185～500		
4	XQ	500V	1～70	95～185	240		
		3000V	1.2～50	70～150	185～300	400～500	
		6000V	2.5～10	16～95	120～240	300～500	
5	ZQF20	20000V					
		35000V					
6	KXQ	芯数	4	5	6	7	8
		管子内径/mm　25　38　50	0.75～6　10	0.75～6	0.75～6　10	0.75～6　10	0.75～4　6　10
		芯数	双芯				
		管子内径/mm	25	38	50	70	100
序号 电缆编号		弯曲半径/mm	250～500	400～500(500～700)	500(700～800)	800(900～1000)	1000～1200
1	ZLQ20 (ZLL120)	1000V	2.5	4～35	50～95	120～150	
		3000V					
		6000V					
		10000V					

续一

序号	电缆编号	芯　数	双　芯				
		管子内径/mm	25	38	50	70	100
		弯曲半径/mm	250~500	400~500(500~700)	500(700~800)	800(900~1000)	1000~1200
2	XLQ20	500V	4	6~16	25~35	50~95	120~185
		3000V		4~10	16~25	35~70	
3	XLQ	500V	2.5~10	16~25	35~70	95~120	150~185
		3000V	2.5~4	6~16	25~50	70	
4	XQ	500V	1~6	10~28	35~70	95~150	185
		3000V					
		6000V					
5	ZQF20	20000V					
		35000V					
		芯数	10	14	19	24	30
6	KXQ	管子内径/mm 25	0.75~1.5	0.75~1			
		38	2.5~6	1.5~2.5	0.75~2.5	0.75~1.5	0.75~1.5
		50	10			2.5	2.5

序号	电缆编号	芯　数	三　芯					
		管子内径/mm	25	38	50	70	100	150
		弯曲半径/mm	250~500	400~500(600)	500(750)	800(900~1200)	1000~1200(1500)	1550
1	ZLQ20 (ZLL120)	1000V	2.5~4	6~25	35~70	95~150	185~240	
		3000V		4~16	25~50	70~150	185~240	
		6000V			10~35	50~120	150~240	
		10000V				16~70	95~240	
2	XLQ20	500V		4~10	16~25	35~70	95~185	
		3000V		4~6	10~16	25~70		
3	XLQ	500V	2.5~6	10~25	35~80	70~95	120~185	
		3000V	2.5	4~16	25~35	50~70		
4	XQ	500V	1~6	10~25	35~50	70~120	150~185	
		3000V	1.5~2.5	4~16	25~35	50~70		
		6000V						
5	ZQF20	20000V					25~35	50~185
		35000V						70~150
		芯数	37					
6	KXQ	管子内径/mm 25						
		38	0.75~1					
		50	1.5~2.5					

续二

序号	电缆编号	芯数	四芯				
		管子内径/mm	25	38	50	70	100
		弯曲半径/mm	250~500	400~500 (500~600)	500 (700~800)	800 (800~1200)	1000~1200 (1400)
1	ZLQ20 (ZLL120)	1000V 3000V 6000V 10000V		4~25	35~50	70~150	185
2	XLQ20	500V		4~10	16	25~50	70~185
		3000V		4	6~10	16~50	70
3	XLQ	500V	4~6	10~16	25~35	50~95	120~185
		3000V		4~10	16~25	35~70	
4	XQ	500V 3000V 6000V	1~6	10~16	25~35	50~95	120~185
				2.5~10	16~35	50~70	

注:1. 序号1、2、3若为铜芯电缆,则只需将截面缩小一级,查对应的保护管。

2. 用KXQ20管径应比用KXQ放大一级。

3. 弯曲半径一行括号内数字适用于纸绝缘铝包电缆。

三、滑触线装置、电缆安装工程量计算实例解析

【例 3-6】 某单层厂房滑触线平面布置图如图 3-4 所示。柱间距为 3.0m,共 6 跨,在柱高 7.5m 处安装滑触线支架(60mm×60mm×6mm,每米质量 4.12kg),如图 3-5 所示,采用螺栓固定,滑触线(50mm×50mm×5mm,每米质量 2.63kg)两端设置指示灯,试计算其工程量。

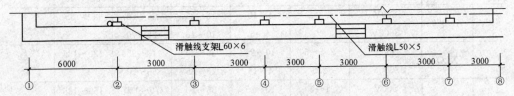

图 3-4　某单层厂房滑触线平面布置图

说明:室内外地坪标高相同(±0.01),图中尺寸标注均以 mm 计

解: 滑触线装置安装工程量计算规则:按设计图示尺寸以单相长度计算(含预留长度)。

滑触线安装工程量:[3×6+(1+1)]×4=80m

【例 3-7】 如图 3-6 所示,电缆自 N_1 电杆引下埋设至厂房 N_1 动力箱,动力箱为 XL(F)-15-0042,高 1.7m,宽 0.7m,箱距地面高为 0.45m。试计算电缆埋设与电缆沿杆敷设工程量。

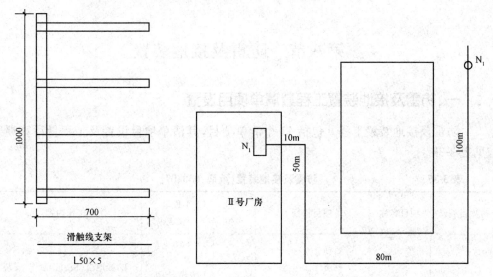

图 3-5　滑触线支架安装示意图　　　　　图 3-6　电缆敷设示意图

解： 电力电缆工程量计算规则：按设计图示尺寸以长度计算(含预留长度及附加长度)。

电缆埋设工程量：$10+50+80+100+0.45=240.45$m

电缆沿杆敷设工程量：$8+1$(杆上预留)$=9$m

【例 3-8】 某电缆敷设工程如图 3-7 所示，采用电缆沟铺砂盖砖直埋并列敷设 8 根 XV29($3\times35+1\times10$)电力电缆，变电所配电柜至室内部分电缆穿 $\phi40$ 钢管保护，共 8m 长，室外电缆敷设共 120m 长，在配电间有 13m 穿 $\phi40$ 钢管保护，试计算其工程量。

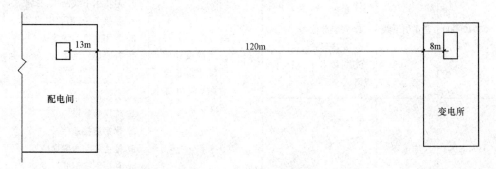

图 3-7　某电缆敷设工程

解： 电力电缆工程量计算规则：按设计图示尺寸以长度计算(含预留长度及附加长度)。

电缆保护管工程量计算规则：按设计图示尺寸以长度计算。

电缆敷设工程量：$(8+120+13)\times8=1128$m

电缆保护管工程量：$8+13=21$m

第八节　防雷及接地装置

一、防雷及接地装置工程量清单项目设置

防雷及接地装置工程共包括 11 个清单项目,其清单项目设置及工程量计算规则见表 3-35。

表 3-35　　　　　　　　防雷及接地装置(编码:030409)

项目编码	项目名称	项目特征	计量单位	工程量计算规则	工作内容
030409001	接地极	1. 名称 2. 材质 3. 规格 4. 土质 5. 基础接地形式	根(块)	按设计图示数量计算	1. 接地极(板、桩)制作、安装 2. 基础接地网安装 3. 补刷(喷)油漆
030409002	接地母线	1. 名称 2. 材质 3. 规格 4. 安装部位 5. 安装形式			1. 接地母线制作、安装 2. 补刷(喷)油漆
030409003	避雷引下线	1. 名称 2. 材质 3. 规格 4. 安装部位 5. 安装形式 6. 断接卡子、箱材质、规格	m	按设计图示尺寸以长度计算(含附加长度)	1. 避雷引下线制作、安装 2. 断接卡子、箱制作、安装 3. 利用主钢筋焊接 4. 补刷(喷)油漆
030409004	均压环	1. 名称 2. 材质 3. 规格 4. 安装形式			1. 均压环敷设 2. 钢铝窗接地 3. 柱主筋与圈梁焊接 4. 利用圈梁钢筋焊接 5. 补刷(喷)油漆
030409005	避雷网	1. 名称 2. 材质 3. 规格 4. 安装形式 5. 混凝土块标号			1. 避雷网制作、安装 2. 跨接 3. 混凝土块制作 4. 补刷(喷)油漆

续表

项目编码	项目名称	项目特征	计量单位	工程量计算规则	工作内容
030409006	避雷针	1. 名称 2. 材质 3. 规格 4. 安装形式、高度	根	按设计图示数量计算	1. 避雷针制作、安装 2. 跨接 3. 补刷(喷)油漆
030409007	半导体少长针消雷装置	1. 型号 2. 高度	套		本体安装
030409008	等电位端子箱、测试板	1. 名称 2. 材质 3. 规格	台(块)		本体安装
030409009	绝缘垫		m²	按设计图示尺寸以展开面积计算	1. 制作 2. 安装
030409010	浪涌保护器	1. 名称 2. 规格 3. 安装形式 4. 防雷等级	个	按设计图示数量计算	1. 本体安装 2. 接线 3. 接地
030409011	降阻剂	1. 名称 2. 类型	kg	按设计图示以质量计算	1. 挖土 2. 施放降阻剂 3. 回填土 4. 运输

注:1. 利用桩基础作接地极,应描述桩台下桩的根数,每桩台下需焊接柱筋根数,其工程量按柱引下线计算;利用基础钢筋作接地极按均压环项目编码列项。

2. 利用柱筋作引下线的,需描述柱筋焊接根数。

3. 利用圈梁筋作均压环的,需描述圈梁焊接根数。

4. 使用电缆、电缆作接地线,应相关项目编码列项。

5. 接地母线、引下线、避雷网附加长度见表3-36。

表 3-36 　　　　　　　　**接地母线、引下线、避雷网附加长度** 　　　　　　　　m

项　　目	附加长度	说　　明
接地母线、引下线、避雷网附加长度	3.9%	按接地母线、引下线、避雷网全长计算

二、防雷及接地装置工程项目特征描述

1. 接地极

(1)应说明其名称。接地极也称为接地体,是埋入大地以便与大地连接的导体或几个导体的组合。接地极是与大地充分接触,实现与大地连接的电极,在电气工程中接地极是用多条 2.5m 长,45mm×45mm 的镀锌角钢钉于 800mm 深的沟底,再用引出线引出。

(2)应说明其材质、规格、土质。在腐蚀性较强的场所,应采用热镀锌的钢接地体或适当加大截面。钢接地体和接地线的最小规格见表 3-37。

表 3-37　　　　　　　　　　　**钢接地体和接地线的最小规格**

项　　目		地上		地下
		室内	室外	
圆钢直径/mm		5	6	8 (10)
扁钢	截面/mm²	24	48	48
	厚度/mm	3	4	4 (6)
角钢厚度/mm		2	2.5	4 (6)
钢管管壁厚度/mm		2.5	2.5	3.5 (4.5)

注:1. 表中括号内的数值是指直流电力网中经常流过电流的接地线和接地体的最小规格。
　　2. 电力线路杆塔的接地体引出线的截面不应小于 50mm²,引出线应采用热镀锌。

(3)应说明其基础接地形式。基础接地形式有以下几种:

1)工作接地。根据电力系统正常运行的需要而设置的接地,例如三相系统中的中性点接地,双极直流输电系统的中点接地等。

2)保护接地。本来不设保护接地,电力系统也能正常运行,但为了人身安全而将电气设备的金属外壳加以接地,它在故障条件下才发挥作用。

3)防雷接地。用来将雷电流顺利泄入地下,以减少它所引起的过电压,它的性质似乎介于前面两种接地之间,是防雷保护装置不可或缺的组成部分,这与工作接地有相同之处;但它又是保障人身安全的有力措施,而且只有在故障条件下才发挥作用,这与保护接地有相似处。

2. 接地母线

(1)应说明其名称。接地母线是与主接地极连接,供井下主变电所、主水泵房等所用电气设备外壳连接的母线。接地母线也称层接地端子,是专门用于楼层内的公用接地端子。它的一端直接与接地干线连接,另一端与本楼层配线架、配线柜、钢管或金属线槽等设施所连接的接地线连接。接地母线属于中间层次,比接地线高一个层次,而比接地干线又要低一个层次。

(2)应说明其材质、规格、安装部位、安装形式。

1)一种是沿配电室内墙敷设,也称等电位母线,离地面 200mm 左右,一般遍围配电室内墙,以 40×4 热镀锌扁钢敷设,外表刷黄/绿相间条纹。

2)另一种是在配电柜内部,起工作接地及保护接地作用;安装在柜内部的接地母线,一般用铝母排或铜母排材质,工作接地的一般刷成黑色,保护接地的一般刷黄/绿相间条纹。

3. 避雷引下线

(1)应说明其名称。避雷引下线是将避雷针接收的雷电流引向接地装置的导体,按照材料可以分为:镀锌接地引下线、镀铜接地引下线、超绝缘引下线。

(2)应说明其材质、规格。

1)镀锌引下线常用的有镀锌圆钢(ϕ8mm 以上)、镀锌扁钢(3×30mm 或 4×40mm),建议采用镀锌圆钢。

2)镀铜引下线常用的有镀铜圆钢、镀铜钢绞线(也叫铜覆钢绞线),这种材料成本比镀锌的高,但导电性和抗腐蚀性都比镀锌材料好很多。

3)超绝缘引下线采用多层特殊材质的绝缘材料,绝缘性能比较好,但成本比铜材高。

(3)应说明其安装部位、安装形式。由于引下线的敷设方法不同,使用的固定支架也不相同。当确定引下线的位置后,明装引下线支持卡子应随着建筑物主体施工预埋。一般在距室外护坡 2m 高处预埋第一个支持卡子,然后将圆钢或扁钢固定在支持卡子上,作为引下线。随着主体工程施工,在距第一个卡子正上方 1.52m 处,用线坠吊直第一个卡子的中心点,埋设第二个卡子,依此向上逐个埋设,其间距应均匀相等。支持卡子露出长度应一致,突出建筑外墙装饰面 15mm 以上。

(4)应说明其断接卡子、箱材质、规格。

4. 均压环

(1)应说明其名称。均压环是改善绝缘子串上电压分布的圆环状金具。均压环按用处不同,可分为避雷器均压环、防雷均压环、绝缘子均压环、互感器均压环、高压试验设备均压环、输变电线路均压环等。

(2)应说明其材质、规格。均压环按材质不同,可分为铝制均压环、不锈钢均压环、铁制均压环等。

(3)应说明其安装形式。

5. 避雷网、避雷针

(1)应说明其名称。

1)避雷网是指利用钢筋混凝土结构中的钢筋网作为雷电保护的方法(必要时还可以辅助避雷网),也叫做暗装避雷网。

2)避雷针,又名防雷针,是用来保护建筑物等避免雷击的装置。在高大建筑物顶端安装一根金属棒,用金属线与埋在地下的一块金属板连接起来,利用金属棒的尖端放电,使云层所带的电和地上的电逐渐中和,从而防止雷击事故。

　　(2)应说明其材质、规格。

　　1)避雷网。避雷网采用圆钢或扁钢,其规格不应小于表 3-38 所列数值。

表 3-38　　　　　　　　　　　　避雷网材质与规格

材　质	规　格	材　质	规　格	材　质	规　格
圆　钢	直径 8mm	扁　钢	厚度 4mm	扁　钢	截面 48mm^2

　　2)避雷针。避雷针一般采用镀锌圆钢或镀锌钢管制成,其长度在 1.5m 以上时,圆钢直径不得小于 10mm,钢管直径不得小于 20mm,管壁厚度不得小于 2.75mm。当避雷针的长度在 3m 以上时,需用几节不同直径的钢管组合起来,尺寸关系如表 3-39 及图 3-8 所示。

表 3-39　　　　　　　　　　避雷针长度与组合节数尺寸关系

针高 H/m		1	2	3	4	5	6	7	8	9	10	11	12
各节尺寸 /mm	A	1000	2000	1500	1000	1500	1500	2000	1000	1500	2000	2000	2000
	B	—	—	1500	1500	1500	2000	2000	1000	1500	2000	2000	2000
	C	—	—	1500	2000	2500	3000	2000	2000	2000	2000	2000	2000
	D	—	—	—	—	—	—	—	4000	4000	4000	5000	6000

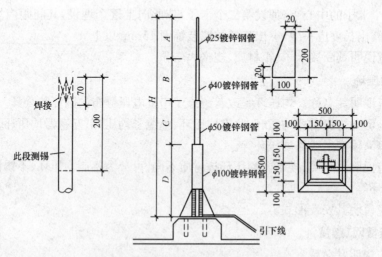

图 3-8　避雷针长度与各节尺寸组合图

　　(3)应说明避雷针安装形式,还应说明其安装高度。

　　(4)应说明避雷网基础混凝土块标号。

6. 半导体少长针消雷装置

应说明其型号、高度。半导体少长针消雷装置技术参数见表 3-40。

表 3-40　　　　　　　　　　SLE 半导体少长针消雷器技术参数

型号	规格	针数	质量/kg	适用范围
SLE-V-3	5000mm×3	3	45	输电线路
SLB-V-4	5000mm×4	4	50	输电线路
SLE-V-9	5000mm×9	9	95	中层民用建筑
SLE-V-13	5000mm×13	13	120	重要保护设施
SLE-V-13/8	5000mm×(13/8)①	13+8	120+80	60m 以上铁塔
SLE-V-13/16	5000mm×(13/16)②	13+16	120+160	80m 以上铁塔
SLE-V-19	5000mm×19	19	160	重要保护设施
SLE-V-19/8	5000mm×(19/8)①	19+8	160+80	60m 以上铁塔
SLE-V-19/16	5000mm×(19/16)②	19+16	160+160	80m 以上铁塔
SLE-V-25	5000mm×25	25	205	重要保护设施

① 铁塔高于 60m 时,铁塔中间增加的水平针数(距地 45～50m 处一层)。

② 铁塔高于 80m 时,铁塔中间增加的水平针数(距地 45～65m 处二层)。

7. 等电位端子箱、测试板、绝缘垫

(1)应说明其名称。

1)等电位端子箱是将建筑物内的保护干线与水煤气金属管道,采暖和冷冻、冷却系统,建筑物金属构件等部位进行联结,以满足规范要求的接触电压小于 50V 的防电击保护电器。它是现代建筑电器的一个重要组成部分,被广泛应用于高层建筑。

2)绝缘垫用于防雷接地工程中的台面或铺地绝缘材料。

(2)应说明其材质、规格。

1)绝缘垫材质。采用胶类绝缘材料制作,绝缘垫上下表面应不存在有害的不规则性。绝缘垫有害的不规则性是指下列特征之一,即破坏均匀性、损坏表面光滑轮廓的缺陷,如小孔、裂缝、局部隆起、切口、夹杂导电异物、折缝、空隙、凹凸波纹及铸造标志等。无害的不规则性是指生产过程中形成的表面不规则性。

2)绝缘垫规格。

①按照电压等级可分为:5kV、10kV、20kV、25kV、35kV。

②按颜色可分为:黑色胶垫、红色胶垫、绿色胶垫。

③按厚度可分为:0.15～130mm;长宽规格分别为:1020×1220、1220×1220、1000×2000、1244×2440、1500×3000(mm)。

8. 浪涌保护器

(1)应说明其名称。浪涌保护器,也叫防雷器,是一种为各种电子设备、仪器仪表、通信线路提供安全防护的电子装置。当电气回路或者通信线路中,因为外界的干扰突然产生尖峰电流或者电压时,浪涌保护器能在极短的时间内导通分流,从而避免浪涌对回路中其他设备的损害。

(2)应说明其规格、安装形式、防雷等级。对于固定式 SPD,常规安装应遵循下述步骤:

1)确定放电电流路径。

2)标记在设备终端引起的额外电压降的导线。

3)为避免不必要的感应回路,应标记每一设备的 PE 导体。

4)设备与 SPD 之间建立等电位连接。

5)要进行多级 SPD 的能量协调。

9. 降阻剂

(1)应说明其名称。降阻剂是人工配置的用于降低接地电阻的制剂。降阻剂用途十分广泛,可用于电力、电信、建筑、广播、电视、铁路、公路、航空、水运、国防军工、冶金矿山、煤炭、石油、化工、纺织、医药卫生、文化教育等行业中的电气接地装置中。

(2)应说明其类型。目前,降阻剂的种类很多,从物态可以分为液态降阻剂和固态降阻;从物类则可分为有机降阻剂和无机降阻剂,以化学降阻剂为多。化学降阻剂的特点是以电解质为导电主体,胶凝物对金属有较强的亲和力,凝固后形成立体网络结构,对储存电解液、减少初期流失有一定效果。

三、防雷及接地装置工程量计算实例解析

【例 3-9】某建筑物上设有避雷针防雷装置,主要设置了 1 根 $\phi25$ 避雷针,针长 2.5m,平屋面上安装;角钢接地极 $50\times50\times5$,每根长 2.5m,共 2 根。试计算其工程量。

解: 避雷针、接地极工程量计算规则:按设计图示数量计算。

避雷针工程量:1 根。

接地极工程量:2 根。

第九节　10kV 以下架空配电线路

一、10kV 以下架空配电线路工程量清单项目设置

10kV 以下架空配电线路工程共包括 4 个清单项目,其清单项目设置及工程量计算规则见表 3-41。

表 3-41　　　　　　　　10kV 以下架空配电线路(编码:030410)

项目编码	项目名称	项目特征	计量单位	工程量计算规则	工作内容
030410001	电杆组立	1. 名称 2. 材质 3. 规格 4. 类型 5. 地形 6. 土质 7. 底盘、拉盘、卡盘规格 8. 拉线材质、规格、类型 9. 现浇基础类型、钢筋类型、规格,基础垫层要求 10. 电杆防腐要求	根(基)	按设计图示数量计算	1. 施工定位 2. 电杆组立 3. 土(石)方挖填 4. 底盘、拉盘、卡盘安装 5. 电杆防腐 6. 拉线制作、安装 7. 现浇基础、基础垫层 8. 工地运输
030410002	横担组装	1. 名称 2. 材质 3. 规格 4. 类型 5. 电压等级(kV) 6. 瓷瓶型号、规格 7. 金具品种规格	组		1. 横担安装 2. 瓷瓶、金具组装
030410003	导线架设	1. 名称 2. 型号 3. 规格 4. 地形 5. 跨越类型	km	按设计图示尺寸以单线长度计算(含预留长度)	1. 导线架设 2. 导线跨越及进户线架设 3. 工地运输
030410004	杆上设备	1. 名称 2. 型号 3. 规格 4. 电压等级(kV) 5. 支撑架种类、规格 6. 接线端子材质、规格 7. 接地要求	台(组)	按设计图示数量计算	1. 支撑架安装 2. 本体安装 3. 焊压接线端子、接线 4. 补刷(喷)油漆 5. 接地

注:1. 杆上设备调试,应按电气调整试验相关项目编码列项。
　　2. 架空导线预留长度见表 3-42。

表 3-42　　　　　　　　架空导线预留长度　　　　　　　　m/根

项　　目		预留长度
高压	转角	2.5
	分支、终端	2.0

项　　目		预留长度
低压	分支、终端	0.5
	交叉跳线转角	1.5
与设备连线		0.5
进户线		2.5

二、10kV 以下架空配电线路工程项目特征描述

1. 电杆组立

(1)应说明其名称。电杆是架空配电线路的重要组成部分,是用来安装横担、绝缘子和架设导线的。电杆应具有足够的机械强度,同时还应具备造价低、寿命长的特点。

(2)应说明其材质、规格。如钢筋混凝土电杆、钢管杆。

(3)应说明其类型。电杆在线路中所处的位置不同,它的作用和受力情况就不同,杆顶的结构形式也就有所不同。一般按其在配电线路中的作用和所处位置不同可将电杆分为直线杆、耐张杆、转角杆、终端杆、分支杆和跨越杆等,具体内容见表 3-43。

表 3-43　　　　　　　　　　　　电杆分类

序号	项目	内　　　　容
1	直线杆	直线杆也称中间杆,即两个耐张杆之间的电杆,位于线路的直线段上,仅作支持导线、绝缘子及金具用。在正常情况下,电杆只承受导线的垂直荷重和风吹导线的水平荷重,而不承受顺线路方向的导线的拉力。 对直线杆的机械强度要求不高,杆顶结构也较简单,造价较低。 在架空配电线路中,大多数为直线杆,一般约占全部电杆数的 80% 左右
2	耐张杆	为了防止架空配电线路在运行时,因电杆两侧受力不平衡而导致倒杆、断线事故,应每隔一定距离装设一机械强度比较大,能够承受导线不平衡拉力的电杆,这种电杆俗称耐张杆。 在线路正常运行时,耐张杆所承受的荷重与直线杆相同,但在断线事故情况下则要承受一侧导线的拉力。所以耐张杆上的导线一般用悬式绝缘子串或蝶式绝缘子固定,其杆顶结构要比直线杆杆顶结构复杂得多
3	转角杆	架空配电线路所经路径,由于种种实际情况的限制,不可避免的会有一些改变方向的地点,即转角。设在转角处的电杆通常称为转角杆。 转角杆杆顶结构形式要视转角大小、档距长短、导线截面等具体情况决定,可以是直线型的,也可以是耐张型的
4	终端杆	设在线路的起点和终点的电杆统称为终端杆。由于终端杆上只在一侧有导线(接户线只有很短的一段,或用电缆接户),所以在正常情况下,电杆要承受线路方向全部导线的拉力。其杆顶结构和耐张杆相似,只是拉线有所不同

序号	项目	内 容
5	分支杆	分支杆位于分支线路与干线相连接处,有直线分支杆和转角分支杆。在主干线上多为直线型和耐张型,尽量避免在转角杆上分支;在分支线路上,相当于终端杆,能承受分支线路导线的全部拉力
6	跨越杆	当配电线路与公路、铁路、河流、架空管道、电力线路、通信线路交叉时,必须满足规范规定的交叉跨越要求。一般直线杆的导线悬挂较低,大多不能满足要求,这就要适当增加电杆的高度,同时适当加强导线的机械强度,这种电杆就称为跨越杆

(3)应说明其组立地形、土质。描述地形时,应注意区分平地、丘陵、一般山地及泥沼地带。

(4)应说明其底盘、拉盘、卡盘规格;拉线材质、规格,类型。

各种拉线如图 3-9 所示。拉线按用途和结构可分为以下几种:

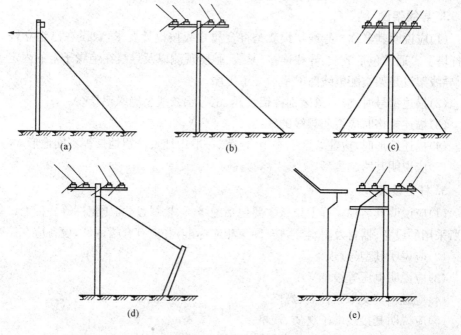

图 3-9 拉线的种类

(a)普通拉线;(b)转角拉线;(c)人字拉线;(d)高桩拉线;(e)自身拉线

1)普通拉线。又称尽头拉线,主要用于终端杆上,起平衡拉力作用。

2)转角拉线。用于转角杆,也起平衡拉力的作用。

3)人字拉线。又称二侧拉线,用于基础不牢固和交叉跨越高杆或较长的耐张杆中间的直线杆,保持电杆平衡,以免倒杆、断杆。

4)高桩拉线(水平拉线)用于跨越道路、河道和交通要道处,高桩拉线要保持一定高度,以免妨碍交通。

5)自身拉线(弓形拉线)。为了防止电杆受力不平衡或防止电杆弯曲,因地形限制不能安装普通拉线,可采用自身拉线。

(5)应说明其现浇基础类型,钢筋类型、规格,基础垫层要求。

(6)应说明电杆防腐要求。

2. 横担组装

(1)应说明其名称。横担指的是电线杆顶部横向固定的角铁,上面有瓷瓶,用来支撑架空电线。横担是杆塔中重要的组成部分,用来安装绝缘子及金具,以支承导线、避雷线,并使之按规定保持一定的安全距离。

(2)应说明其材质。横担一般有木质、铁质、瓷质三种。

(3)应说明其规格、类型。

(4)应说明其电压等级(kV)。

(5)应说明瓷瓶型号、规格,金具品种规格。

3. 导线架设

(1)应说明其名称。导线架设就是将金属导线按设计要求,敷设在已组立好的线路杆塔上。通常包括放线、导线连接、紧线、弛度观测以及导线在绝缘子上的固定等内容,导线架设是架空配电线路的最后一道工序。

(2)描述型号时,应注意区别裸铝绞线、钢芯铝绞线及绝缘铝绞线。

(3)描述规格时应说明导线的线径。

(4)描述地形时,应注意区别平地、丘陵、一般山地及泥沼地带等不同地形。

(5)应说明其跨越类型。

3. 杆上设备

(1)应说明其名称。杆上设备主要包括绝缘子、拉线盘、高压瓷件等。杆上设备安装所采用的设备、器材及材料应符合国家相应标准,并应有合格证件,设备应有铭牌。

(2)应说明其型号、规格。

(3)应说明电压等级(kV)。

(4)应说明其支撑架种类、规格。

(5)应说明其接线端子材质、规格。

(6)应说明其接地要求。

第十节　配管、配线工程

一、配管、配线工程量清单项目设置

配管、配线工程共包括 6 个清单项目,其清单项目设置及工程量计算规则见表 3-44。

表 3-44 配管、配线(编码:030411)

项目编码	项目名称	项目特征	计量单位	工程量计算规则	工作内容
030411001	配管	1. 名称 2. 材质 3. 规格 4. 配置形式 5. 接地要求 6. 钢索材质、规格	m	按设计图示尺寸以长度计算	1. 电线管路敷设 2. 钢索架设(拉紧装置安装) 3. 预留沟槽 4. 接地
030411002	线槽	1. 名称 1. 材质 3. 规格			1. 本体安装 2. 补刷(喷)油漆
030411003	桥架	1. 名称 2. 型号 3. 规格 4. 材质 5. 类型 6. 接地方式			1. 本体安装 2. 接地
030411004	配线	1. 名称 2. 配线形式 3. 型号 4. 规格 5. 材质 6. 配线部位 7. 配线线制 8. 钢索材质、规格		按设计图示尺寸以单线长度计算(含预留长度)	1. 配线 2. 钢索架设(拉紧装置安装) 3. 支持体(夹板、绝缘子、槽板等)安装
030411005	接线箱	1. 名称 2. 材质	个	按设计图示数量计算	本体安装
030411006	接线盒	3. 规格 4. 安装形式			

注:1. 配管、线槽安装不扣除管路中间的接线箱(盒)、灯头盒、开关盒所占长度。

2. (1)配线保护管遇到下列情况之一时,应增设管路接线盒和拉线盒:1)管长度每超过 30m,无弯曲。2)管长度每超过 20m,有 1 个弯曲。3)管长度每超过 15m,有 2 个弯曲。4)管长度每超过 8m,有 3 个弯曲。

(2)垂直敷设的电线保护管遇到下列情况之一时,应增设固定导线用的拉线盒:1)管内导线截面为 $50mm^2$ 及以下,长度每超过 30m。2)管内导线截面为 $70\sim95mm^2$,长度每超过 20m。3)管内导线截面为 $120\sim240mm^2$,长度每超过 18m。在配管清单项目计量时,设计无要求时上述规定可以作为计量接线盒的依据。

3. 配管安装中不包括凿槽、刨沟,应按附属工程相关项目编码列项。

4. 配线进入箱、柜、板的预留长度见表 3-45。

表 3-45 配线进入箱、柜、板的预留长度 m/根

序号	项　目	预留长度	说明
1	各种开关箱、柜、板	高+宽	盘面尺寸
2	单独安装(无箱、盘)的铁壳开关、闸刀开关、启动器、线槽进出线盒等	0.3	从安装对象中心算起
3	由地面管子出口引至动力接线箱	1.0	从管口计算
4	电源与管内导线连接(管内穿线与软、硬母线接点)	1.5	从管口计算
5	出户线	1.5	从管口计算

二、配管、配线工程项目特征描述

1. 配管

(1)应说明其名称、材质。配管名称如电线管、钢管、防爆管、塑料管、软管、波纹管等。

(2)应说明配置形式。配管配置形式是指明配、暗配、吊顶内、钢结构支架、钢索配管、埋地敷设、水下敷设、砌筑沟内敷设等。明配管是将线管显露地敷设在建筑物表面。明配管应排列整齐、固定点间距均匀,一般管路是沿着建筑物水平或垂直敷设,其允许偏差在 2m 以内均为 3mm,全长不应超过管子内径的 1/2。当管子是沿墙、柱或屋架处敷设时,应用管卡固定。暗配管是将线管敷设在现浇混凝土构件内,可用铁线将管子绑扎在钢筋上,也可以用钉子钉在模板上,但应将管子用垫块垫起,用铁线绑牢。

(3)应说明其种类、规格。常用穿线钢管种类及规格见表 3-46。常用塑料管管材种类及规格见表 3-47。

表 3-46 常用穿线钢管种类及规格

管材种类	公称直径/mm	外径/mm	壁厚/mm	内径/mm	内孔总截面积/mm²	参考质量/kg·m⁻¹
电线管(TC)	16	15.87	1.5	12.87	130	0.536
	20	19.05	1.5	16.05	202	0.647
	25	25.40	1.5	22.40	394	0.869
	32	31.75	1.5	28.75	649	1.13
	40	38.10	1.5	35.10	967	1.35
	50	50.80	1.5	47.80	1794	1.85
焊接钢管(SC)	15	20.75	2.5	15.75	194	1.21
	20	26.25	2.5	21.25	355	1.45
	25	32.00	2.5	27.00	573	1.51
	32	40.75	2.5	35.75	1003	2.37
	40	46.00	2.5	41.00	1320	2.68
	50	58.00	2.5	53.00	2206	2.99
	70	74.00	3.0	68.00	3631	5.40
	80	86.50	3.0	80.50	5089	6.36
	100	112.00	3.0	106.50	8824	8.21

续表

管材种类	公称直径/mm	外径/mm	壁厚/mm	内径/mm	内孔总截面积/mm²	参考质量/kg·m⁻¹
水煤气钢管 （RC）	15	21.25	2.75	15.75	195	1.25
	20	26.75	2.75	21.25	355	1.63
	25	33.50	3.25	27.00	573	2.42
	32	42.25	3.25	35.75	1003	3.13
	40	48.00	3.50	41.00	1320	3.84
	50	60.00	3.50	53.00	2206	4.88
	70	75.50	3.75	68.00	3631	6.64
	80	88.50	4.00	80.50	5089	8.34
	100	114.00	4.00	106.00	8824	10.85
	125	140.00	4.50	131.00	13478	15.04
	150	165.00	4.50	156.00	19113	17.81

表 3-47　　　　　　　　常用塑料管管材种类及规格

管材种类	公称直径/mm	外径/mm	壁厚/mm	内径/mm	内孔总截面积/mm²
聚氯乙烯半硬质 电线管（FPC）	16	16	2	12	113
	18	18	2	14	154
	20	20	2	16	201
	25	25	2.5	20	314
	32	32	3	26	531
	40	40	3	34	908
	50	50	3	44	1521
聚氯乙烯硬质电 线管（PC）	16	16	1.9	12.2	117
	20	20	2.1	15.8	196
	25	25	2.2	20.6	333
	32	32	2.7	26.6	556
	40	40	2.8	34.4	929
	50	50	3.2	43.2	1466
	63	63	3.4	56.2	2386
聚氯乙烯塑料波 纹电组管（KPC）	15	18.7	峰谷间 2.45	13.8	150
	20	21.2	2.60	16.0	201
	25	28.5	2.90	22.7	405
	32	34.5	3.05	28.4	633
	40	45.5	4.95	35.6	995
	50	54.5	3.80	46.9	1728

（4）应说明其接地要求，钢索材质、规格。

2. 线槽

（1）应说明其名称。线槽是指将绝缘导线敷设在槽板的线槽内的一种配线方式。

(2)应说明其材质。在建筑电气工程中,常用的线槽按材质分主要有木线槽、金属线槽和塑料线槽。

(3)应说明其规格。用 PVC 材料制成的线槽的编号与规格见表 3-48。

表 3-48   PVC 线槽的编号与规格

产品编号	规格(宽×高)/(mm×mm)
SA1001	15×10
SA1002	25×14
SA1003	40×18
SA1004	60×22
SA1005	100×27
SA1006	100×40
SA1007	40×18(双坑)
SA1008	40×18(三坑)

3. 桥架

(1)应说明其名称。桥架是指用于支撑和放电缆的支架。桥架在工程中用得很普遍,只要铺设电缆就要用桥架。电缆桥架作为布线工程的一个配套项目,具有品种全、应用广、强度大、结构轻、造价低、施工简单、配线灵活、安装标准、外形美观等特点。

(2)应说明其型号、规格、材质、类型、接地方式。

4. 配线

(1)应说明配线名称。配线名称如管内穿线、瓷夹板配线、塑料夹板配线、绝缘子配线、槽板配线、塑料护套配线、线槽配线、车间带形母线等。

(2)应说明配线形式。

(3)应说明其型号、规格、材质,配线部位,配线线制,钢索材质、规格。

5. 接线箱、接线盒

(1)应说明其名称。接线箱、接线盒都是电工辅料之一。电气工程中,电线需要穿过电线管,而在电线的接头部位(比如线路比较长,或者电线管要转角)就采用接线箱、接线盒作为过渡用。电线管与接线箱、接线盒连接,线管里面的电线在接线箱、接线盒中连起来,起到保护电线和连接电线的作用。

(2)应说明其材质、规格、安装形式。材质如硬塑料管、半硬塑料管。

三、配管、配线工程量计算实例解析

【例 3-10】某小区塔楼 21 层,层高 3.2m,配电箱高 0.8m,均暗装在平面同一位置。立管用 SC32,试计算配管工程量。

解： 配管工程量计算规则：以"m"为计量单位，按设计图示尺寸以长度计算。

SC32 立管工程量：$(21-1) \times 3.2 = 64$m

第十一节　照明器具安装

一、照明器具安装工程量清单项目设置

照明器具安装工程共包括 11 个清单项目，其清单项目设置及工程量计算规则见表 3-49。

表 3-49　　　　　　　　　照明器具安装（编码：030412）

项目编码	项目名称	项目特征	计量单位	工程量计算规则	工作内容
030412001	普通灯具	1. 名称 2. 型号 3. 规格 4. 类型	套	按设计图示数量计算	本体安装
030412002	工厂灯	1. 名称 2. 型号 3. 规格 4. 安装形式			
030412003	高度标志（障碍）灯	1. 名称 2. 型号 3. 规格 4. 安装部位 5. 安装高度			
030412004	装饰灯	1. 名称 2. 型号 3. 规格 4. 安装形式			
030412005	荧光灯				
030412006	医疗专用灯	1. 名称 2. 型号 3. 规格			

续一

项目编码	项目名称	项目特征	计量单位	工程量计算规则	工作内容
030412007	一般路灯	1. 名称 2. 型号 3. 规格 4. 灯杆材质、规格 5. 灯架形式及臂长 6. 附件配置要求 7. 灯杆形式(单、双) 8. 基础形式、砂浆配合比 9. 杆座材质、规格 10. 接线端子材质、规格 11. 编号 12. 接地要求			1. 基础制作、安装 2. 立灯杆 3. 杆座安装 4. 灯架及灯具附件安装 5. 焊、压接线端子 6. 补刷(喷)油漆 7. 灯杆编号 8. 接地
030412008	中杆灯	1. 名称 2. 灯杆的材质及高度 3. 灯架的型号、规格 4. 附件配置 5. 光源数量 6. 基础形式、浇筑材质 7. 杆座材质、规格 8. 接线端子材质、规格 9. 铁构件规格 10. 编号 11. 灌浆配合比 12. 接地要求	套	按设计图示数量计算	1. 基础浇筑 2. 立灯杆 3. 杆座安装 4. 灯架及灯具附件安装 5. 焊、压接线端子 6. 铁构件安装 7. 补刷(喷)油漆 8. 灯杆编号 9. 接地
030412009	高杆灯	1. 名称 2. 灯杆高度 3. 灯架形式(成套或组装、固定或升降) 4. 附件配置 5. 光源数量 6. 基础形式、浇筑材质 7. 杆座材质、规格 8. 接线端子材质、规格 9. 铁构件规格 10. 编号 11. 灌浆配合比 12. 接地要求			1. 基础浇筑 2. 立灯杆 3. 杆座安装 4. 灯架及灯具附件安装 5. 焊、压接线端子 6. 铁构件安装 7. 补刷(喷)油漆 8. 灯杆编号 9. 升降机构接线调试 10. 接地

项目编码	项目名称	项目特征	计量单位	工程量计算规则	工作内容
030412010	桥栏杆灯	1. 名称 2. 型号 3. 规格 4. 安装形式	套	按设计图示数量计算	1. 灯具安装 2. 补刷(喷)油漆
030412011	地道涵洞灯				

二、照明器具安装工程项目特征描述

1. 普通灯具

(1)应说明其名称。灯具是能透光、分配和改变光源分布的器具,是光源及控照器的总称。

普通灯具有以下几种:

1)圆球吸顶灯。材质为玻璃的螺口、卡口圆球独立吸顶灯。

2)半圆球吸顶灯。即外形为半圆球形,吸附在天棚上的灯具。

3)方形吸顶灯。即外形为方形,吸附在天棚上的灯具。

4)软线吊灯。利用软导线来吊装灯具的一种吊灯。安装软线吊灯通常需要吊线盒和木台两种配件。

5)防水吊灯。一般为密封型的灯具,将透光罩固定处加以密封,与外界可靠地隔离,内外空气不能流通。防水吊灯一般适用于浴室、厨房、厕所、潮湿或有水蒸气的车间、仓库及隧道、露天堆场等场所。

6)壁灯。直接安装在墙壁上或柱子上的灯。

(2)应说明其型号、规格、类型。

2. 工厂灯

(1)应说明其名称。工厂灯包括工厂罩灯、防水灯、防尘灯、碘钨灯、投光灯、泛光灯、混光灯、密闭灯等。

(2)应说明其型号、规格,安装形式。

3. 高度标志(障碍)灯

(1)应说明其名称。高度标志(障碍)灯是按国家标准,在顶部高出其地面 45m 以上的高层建筑设置的航标灯。包括烟囱标志灯、高塔标志灯、高层建筑屋顶障碍指示灯。

(2)应说明其型号、规格,安装部位、安装高度。

4. 装饰灯、荧光灯、医疗专用灯、桥栏杆灯、地道涵洞灯

(1)应说明其名称。

1)装饰灯。装饰灯是指为美化和装饰某一特定空间而设置的照明器,用于室内外的美化、装饰、点缀等。装饰灯包括吊式艺术装饰灯、吸顶式艺术装饰灯、荧光艺术装饰灯、几何形状组合艺术装饰灯、标志灯、诱导装饰灯、水下(上)艺术装饰灯、点光源艺术灯、歌舞厅灯具、草坪灯具等。

2)荧光灯。荧光灯是室内照明应用最广的光源,被称为第二代光源,又称日光灯,是由气体放电电源,由灯管、镇流器和起辉器三部分组成。

3)医疗专用灯。医疗专用灯包括紫外线杀菌灯与无影灯等。

4)桥栏杆灯属于区域照明装置,亮度高、覆盖面广,一般可代替路灯使用,能使应用场所的各个空间获得充分照明。桥栏杆灯占地面积小,可避免灯杆林立的杂乱现象,同时桥栏杆灯可节约成本,具有经济性。

5)地道涵洞灯是地道涵洞标的灯光设备。设在地道涵洞的通航桥孔迎车辆(船只)一面的上方中央和两侧桥柱上,夜间发出灯光信号,用于标示地道涵洞的通航孔位置,指引船舶驾驶员确认地道涵洞的通航孔位置,安全通过桥区航道,保障地道涵洞的安全和车辆(船只)的航行安全。

(2)应说明其型号、规格。

(3)装饰灯、荧光灯、桥栏杆灯、地道涵洞灯还应说明安装形式。如荧光灯安装,一般采用吸顶式安装、链吊式安装、钢管式安装、嵌入式安装等形式。

5. 一般路灯

(1)应说明其名称。路灯是为了使各种机动车辆的驾驶者在夜间行驶时,能辨认出道路上的各种情况且不感到过分疲劳,以保证行车安全而设置的灯具。

(2)应说明其型号、规格。

(3)应说明灯杆材质、规格。

(4)应说明灯架形式及臂长,附件配置要求。

(5)应说明灯杆形式(单、双),基础形式、砂浆配合比。

(6)应说明杆座材质、规格,接线端子材质、规格、编号。

(7)应说明接地要求。

6. 中杆灯

(1)应说明其名称。中杆灯是指安装在高度小于或等于19m的灯杆上的照明器具。

(2)应说明灯杆的材质及高度;灯架的型号、规格,附件配置,光源数量,基础形式、浇筑材质;杆座材质、规格;接线端子材质、规格;铁构件规格、编号;灌浆配合比;接地要求。

7. 高杆灯

(1)应说明其名称。高杆灯是指安装在高度大于19m的灯杆上的照明器具。高杆灯的适用场所包括市内广场、公园、站前广场、游泳、网球等体育设施、道路的主体交叉点、高速公路休息场、大型主体道路、停车场、市内街道交叉点、港口、码头、航空港、调车场、铁路枢纽等。

(2)应说明灯杆高度;灯架形式(成套或组装、固定或升降);附件配置;光源数量;基础形式;浇筑材质;杆座材质、规格;接线端子材质、规格;铁构件规格、编号;灌浆配合比;接地要求。

三、照明器具安装工程量计算实例解析

【例3-11】 某办公楼照明工程,按照设计图纸需要标注荧光灯支架 YG1-1×40W 吸顶安装 30 套,半圆形吸顶灯 XD27B-1×60W/ϕ305 20 套,试计算其工程量。

解: 照明器具安装工程量计算规则:按设计图示数量计算。

荧光灯 YG1-1×40W 吸顶安装工程量:30 套

半圆形吸顶灯 XD27B-1×60W/ϕ305 工程量:20 套。

第十二节　附属工程及电气调整试验

一、附属工程及电气调整试验工程量清单项目设置

1. 附属工程清单项目设置

(1)附属工程共包括 6 个清单项目,其清单项目设置及工程量计算规则见表 3-50。

表 3-50　　　　　　　　　　　附属工程(编码:030413)

项目编码	项目名称	项目特征	计量单位	工程量计算规则	工作内容
030413001	铁构件	1. 名称 2. 材质 3. 规格	kg	按设计图示尺寸以质量计算	1. 制作 2. 安装 3. 补刷(喷)油漆
030413002	凿(压)槽	1. 名称 2. 规格 3. 类型 4. 填充(恢复)方式 5. 混凝土标准	m	按设计图示尺寸以长度计算	1. 开槽 2. 恢复处理
030413003	打洞(孔)	1. 名称 2. 规格 3. 类型 4. 填充(恢复)方式 5. 混凝土标准	个	按设计图示数量计算	1. 开孔、洞 2. 恢复处理
030413004	管道包封	1. 名称 2. 规格 3. 混凝土强度等级	m	按设计图示长度计算	1. 灌注 2. 养护
030413005	人(手)孔砌筑	1. 名称 2. 规格 3. 类型	个	按设计图示数量计算	砌筑

项目编码	项目名称	项目特征	计量单位	工程量计算规则	工作内容
030413006	人(手)孔防水	1. 名称 2. 类型 3. 规格 4. 防水材质及做法	m²	按设计图示防水面积计算	防水

注:铁构件适用于电气工程的各种支架、铁构件的制作安装。

(2)电气调整试验共包括 15 个清单项目,其清单项目设置及工程量计算规则见表 3-51。

表 3-51　　　　　　　　　　**电气调整试验(编码:030414)**

项目编码	项目名称	项目特征	计量单位	工程量计算规则	工作内容
030414001	电力变压器系统	1. 名称 2. 型号 3. 容量(kV·A)	系统	按设计图示系统计算	系统调试
030414002	送配电装置系统	1. 名称 2. 型号 3. 电压等级(kV) 4. 类型			
030414003	特殊保护装置	1. 名称 2. 类型	台(套)	按设计图示数量计算	
030414004	自动投入装置		系统(台、套)		
030414005	中央信号装置		系统(台)		
030414006	事故照明切换装置	1. 名称 2. 类型	系统	按设计图示系统计算	调试
030414007	不间断电源	1. 名称 2. 类型 3. 容量			
030414008	母线	1. 名称 2. 电压等级(kV)	段	按设计图示数量计算	
030414009	避雷器		组		
030414010	电容器				
030414011	接地装置	1. 名称 2. 类别	1. 系统 2. 组	1. 以系统计量,按设计图示系统计算 2. 以组计量,按设计图示数量计算	接地电阻测试

续表

项目编码	项目名称	项目特征	计量单位	工程量计算规则	工作内容
040414012	电抗器、消弧线圈	1. 名称 2. 类别	台	按设计图示数量计算	调试
040414013	电除尘器	1. 名称 2. 型号 3. 规格	组		
040414014	硅整流设备、可控硅整流装置	1. 名称 2. 类别 3. 电压(V) 4. 电流(A)	系统	按设计图示系统计算	
030414015	电缆试验	1. 名称 2. 电压等级(kV)	次(根、点)	按设计图示数量计算	试验

注：1. 功率大于10kW的电动机及发电机的启动调试用的蒸汽、电力和其他动力能源消耗及变压器空载试运转的电力消耗及设备需烘干处理应说明。

2. 配合机械设备及其他工艺的单体试车，应按《通用安装工程工程量计算规范》(GB 50856—2013)附录N措施项目相关项目编码列项。

3. 计算机系统调试应按《通用安装工程工程量计算规范》(GB 50856—2013)附录F自动化控制仪表安装工程相关项目编码列项。

二、附属工程及电气调整试验工程项目特征描述

1. 铁构件

(1)应说明其名称。铁构件是指用钢铁或者不锈钢经过切割、焊接、除锈刷漆等工艺人工制作出来的加工件。如电气设备的架子等，也就是现场施工时用槽钢或者角钢、扁钢制作出来的各种构件。

(2)应说明其材质、规格。

2. 凿(压)槽、打洞(孔)

(1)应说明其名称。凿(压)槽与打洞(孔)一般是在装修过程中，地面已做好的情况下，在电气配管、配线所需工序施工完毕后需要对槽、洞(孔)进行恢复处理。

(2)应说明其规格、类型、填充(恢复)方式、混凝土标准。

3. 管道包封

(1)应说明其名称。管道包封即混凝土包封，就是将管道顶部和左右两侧用规定强度等级的混凝土全部密封。

(2)应说明其规格、混凝土强度等级。

4. 人(手)孔砌筑与人(手)孔防水

(1)应说明其名称。人(手)孔是组成通信管道的配套设施，按容量分为大、中、小

号人(手)孔;按用途分为直通、三通、四通。

(2)应说明其规格、类型。

(3)应说明人(手)孔防水材质及做法。

5. 电力变压器系统

(1)应说明其名称。电力变压系统一般包括变压器、断路器、互感器、隔离开关、风冷及油循环冷却系统电气装置、常规保护装置等一、二次回路调试及空投试验等。

(2)应说明其型号、容量。

6. 送配电装置系统

(1)应说明其名称。送配电装置系统调试一般包括自动开关或断路器、隔离开关、常规保护装置、电测量仪表、电力电缆等一、二次回路系统等调试。

(2)应说明其型号。

(3)应说明电压等级(kV)、类型。送配电装置系统调试主要的项目特征是电压等级,有10kV以下和1kV以下两级。

7. 特殊保护装置、自动投入装置、中央信号装置、事故照明切换装置、不间断电源

(1)应说明其名称。

1)特殊保护装置。为保证供配电线路及电气设备的安全运行,在供配电线路及电气设备上装设不同类型的保护装置。其主要作用是保证电气设备及线路正常运行。特殊保护装置调试一般包括保护装置本体及二次回路的调整试验。

2)自动投入装置。自动投入装置调试一般包括自动装置、继电器及拉制回路的调整试验。

3)中央信号装置。中央信号装置是变电站电气设备运行的一种信号装置,根据电器设备的故障特点发出音响和灯光信号,告知运行人员迅速查找,做出正确判断和处理,保证设备的安全运行。

4)事故照明切换装置。事故照明切换装置是指事故照明切换屏,所有的事故照明回路集中在这个切换装置上进行交直流切换。一般多用在工厂、变电站、电厂等中央控制系统。

5)不间断电源设备。不间断电源设备能保证设备安全、可靠地运行,并提供优质电源,确保各部门工作、各行业生产、生活的正常畅通运行。

(2)应说明其类型。

(3)应说明不间断电源容量。

8. 母线、避雷器、电容器、电缆试验

(1)应说明其名称。

1)母线。母线是指在变电所中各级电压配电装置的连接,以及变压器等电气设备和相应配电装置的连接,其大都采用矩形或圆形截面的裸导线或绞线,统称为母线。母线的作用是汇集、分配和传送电能。

2)避雷器。避雷器是指能释放雷电或兼能释放电力系统操作过电压能量,保护电工设备免受瞬时过电压危害,又能截断续流,不致引起系统接地短路的电器装置。

3)电容器。电容器是由两个电极及其间的介电材料构成的。介电材料是一种电介质,当被置于两块带有等量异性电荷的平行极板间的电场中时,由于极化而在介质表面产生极化电荷,遂使束缚在极板上的电荷相应增加,维持极板间的电位差不变。

4)电缆试验。电缆试验检测电缆质量、绝缘状况和对电缆线路所做的各种测试。

(2)应说明其电压等级。

9. 接地装置、电抗器、消弧线圈

(1)应说明其名称。

1)接地装置调试就是对接地装置用接地摇表进行测量,接地电阻是否满足要求。

2)电抗器。电抗器也叫电感器,导线绕成螺线管形式,称为空心电抗器。

3)消弧线圈。消弧线圈的作用是当电网发生单相接地故障后,故障点流过电容电流,消弧线圈提供电感电流进行补偿,使故障点电流降至 10A 以下,有利于防止弧光过零后重燃,达到灭弧的目的,减小高幅值过电压出现的概率。

(2)应说明其类别。如电抗器。

1)按接法:分为并联电抗器和串联电抗器。

2)按功能:分为限流电抗器和补偿电抗器。

3)按具体用途:细分为限流电抗器、滤波电抗器、平波电抗器、功率因数补偿电抗器、串联电抗器、平衡电抗器、接地电抗器、消弧线圈、进线电抗器、出线电抗器、饱和电抗器、自饱和电抗器、可变电抗器(可调电抗器、可控电抗器)、轭流电抗器、串联谐振电抗器、并联谐振电抗器等。

10. 电除尘器

(1)应说明其名称。电除尘器是火力发电厂必备的配套设备,它的功能是将燃灶或燃油锅炉排放烟气中的颗粒烟尘加以清除,从而大幅度降低排入大气层中的烟尘量。

(2)应说明其型号、规格。

11. 硅整流设备、可控硅整流装置

(1)应说明其名称。整流二极管是用硅材料制成的,采用二极整流的装置也称硅整流器或硅整流设备。

(2)应说明其类别、电压(V)、电流(A)。

第四章 给排水、采暖、燃气工程

第一节 给排水、采暖、燃气工程概述

一、给水工程系统

给排水系统由给水和排水两大系统组成。给水系统通常是由江河一级泵房取水，送至过滤池、沉淀池、消毒池、净水池，再经二级泵房、加压等一系列处理，通过城市公用管网向用户供水，主要分为室外给水系统和室内给水系统两部分。

1. 建筑物内部给水系统的分类

建筑物内部给水系统是指通过引入管，将室外给水管网或建筑小区给水管网的水输送到建筑内部的各种用水器具、生产机组和消防设备等各用水点，并能满足用户对水质、水量和水压要求的给水系统。

建筑物内部给水系统按供水对象可分为三类：

（1）生活给水系统。为人们提供生活中所需要的饮用、烹调、盥洗、洗涤、淋浴等用水。所供范围包括住宅、公共建筑和工业企业建筑的生活间。此系统水质必须符合国家规定的饮用水质标准。

（2）生产给水系统。为人们提供生产中所需要的设备冷却水、原材料和产品的洗涤用水、锅炉用水及某些工业原料用水等。供水范围主要在工业企业内部的各生产车间。对水质要求视生产类别及生产工艺不同而定，差异较大。

（3）消防给水系统。为多层民用建筑、大型公共建筑及某些生产车间提供消防设备用水。水质要求不高，但对水量和水压要求较高，必须满足建筑物防火规范的规定值。

2. 建筑物内部给水系统的组成

建筑物内部给水系统主要由引入管、水表节点、管道系统、用水设备、给水管道附件、增加和储水设备等部分组成。

（1）引入管。将建筑物内部给水系统与城市给水管网或建筑小区给水管网连接起来的联络管段称为引入管，也称进户管。将城市给水管网与建筑小区给水系统连接起来的联络管段称为总进水管。

（2）水表节点（水表井）。指引入管上装设的水表及其前后设置的阀门、泄水装置的总称。

（3）管道系统。指由水平干管、立管、支管等组成的一套建筑内部供水管网系统。干管是室内给水管道的主线；立管是指由干管通往各楼的管线；支管是指从立管（或干管）接往各用水点的管线。

（4）用水设备。对于生活给水系统是指各种生活用水设备，室内生活给水系统的基本组成如图 4-1 所示。对于生产给水系统是指各种生产用水设备；对于消防给水系统则是指各种消防设备。

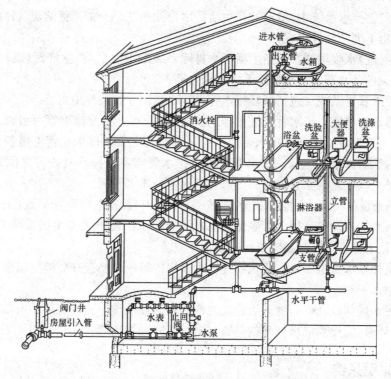

图 4-1　室内生活给水系统基本组成

（5）给水管道附件。给水管道附件是安装在管道及设备上的启闭和调节装置的总称。一般分为配水附件和控制附件两类。

（6）增压和储水设备。指当城市管网压力不足或建筑对安全供水、水压稳定有要求时，需设置的水箱、水泵、气压装置、水池等增压和储水设备。

二、排水工程系统

1. 建筑物内部排水系统的分类

建筑物内部排水系统，按其排除污水的性质，可分为三类：

（1）生活污（废）水排除系统。该系统主要排除人们日常生活中所产生的洗涤废水和粪便污水等，为最常见的室内排水系统。这类污废水的有机物和细菌含量较高，应进行局部处理后才允许排入管道，医院污水还应进行消毒处理。

（2）生产污（废）水排除系统。该系统用以排除工矿企业车间在生产过程中所产生的污水和废水。工业污（废）水因生产的产品、工艺流程的种类繁多，其水质极其复杂。因此，在排水中根据污（废）水的污染程度，有的可直接排放，或经简单处理后重复利用;有的则需经处理后才能排放。

(3)雨水排除系统。该系统用于排除建筑物屋面的雨水和融化的雪水。

2. 建筑物内部排水系统的组成

在建筑物排水系统中,最多的是生活污水排除系统。一个完整的建筑物内部污水排除系统由下列几部分组成:

(1)污(废)水收集器。包括生活污水排除系统的卫生器具、生产污(废)水排除系统的生产设备受水器及雨水排除系统的雨水斗。

(2)排水管道系统。包括器具排水管、排水横管、立管及排出管等。

(3)排水管系统。排水管系统由排水横支管、排水立管及排出管等组成。排水横支管的作用是把各卫生器具排水管流来的污水排至立管。排水立管汇集各楼层横支管的污水,然后排至排出管。排出管是室内排水管与室外排水检查井之间的连接管道,其接受一根或几根立管流来的污水并排入室外排水管网。

(4)清通设备。指设在排水管道中的检查口、清扫口及检查井等,用以疏通排水管道。

(5)污水抽升设备。用于某些建筑物内污(废)水不能自流排出的系统中,如民用建筑中的地下室、人防建筑物、高层建筑地下室等。

(6)室外排水管道。指从建筑物排出管接出的第一个检查井后端至城市下水道的一段排水管。

(7)污水局部处理构筑物。当建筑内部污水未经处理不允许直接排入城市下水道或污染水体时,需设置局部处理构筑物,如化粪池、隔油池等。

三、采暖系统

所有采暖系统都由热媒制备(热源)、热媒输送(管网)和热媒利用(散热设备)三个主要部分组成。以热水为热介质的采暖系统,称为热水采暖系统。热水采暖系统按系统循环动力的不同,可分为重力(自然)循环供暖系统和机械循环采暖系统。

1. 自然循环热水采暖系统

自然循环热水采暖系统是靠水的密度差进行循环的系统,无须水泵为热水循环提供动力,但它作用压力小(供水温度为 95℃,回水温度为 70℃,每米高差产生的作用压力为 156Pa),因此仅适用于一些较小规模的建筑物。

自然循环热水采暖系统主要分双管和单管两种形式。图 4-2(a)为双管上供下回式系统,图 4-2(b)为单管顺流式系统。

2. 机械循环热水采暖系统

机械循环热水采暖系统在系统中设置了循环水泵,靠水泵的机械能,使水在系统中强制循环。机械循环热水采暖系统不仅可用于单幢建筑物中,也可以用于多幢建筑物中。

机械循环热水采暖系统的主要形式有:

(1)机械循环上供下回式热水采暖系统。机械循环系统除膨胀水箱的连接位置与自然循环系统不同外,还增加了循环水泵和排气装置,如图 4-3(a)所示。

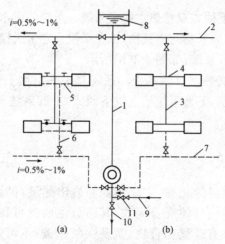

图 4-2　自然循环采暖系统

(a)双管上供下回式系统；(b)单管顺流式系统

1—总立管；2—供水干管；3—供水立管；4—散热器供水支管；5—散热器回水支管；6—回水立管；

7—回水干管；8—膨胀水箱；9—充水管(接上水管)；10—泄水管(接下水道)；11—止回阀

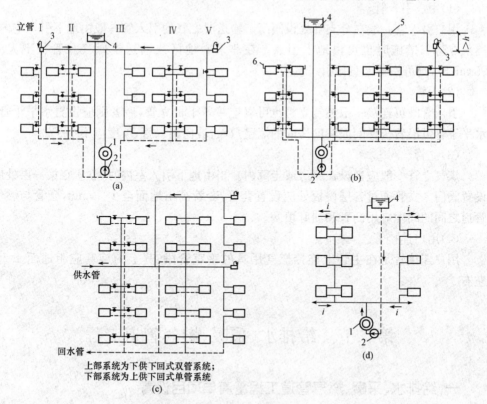

上部系统为下供下回式双管系统；
下部系统为上供下回式单管系统

(c)

图 4-3　机械循环热水采暖系统(一)

(a)机械循环上供下回式热水供暖系统；(b)机械循环下供下回式双管热水供暖系统；

(c)机械循环中供式热水供暖系统；(d)机械循环下供上回式热水供暖系统

1—热水锅炉；2—循环水泵；3—集气罐；4—膨胀水箱；5—空气管；6—冷风阀

（2）机械循环下供下回式双管热水供暖系统。系统的供水和回水干管都敷设在底层散热器下面。在设有地下室的建筑物，或在平屋顶建筑天棚下难以布置供水干管的场所，常采用下供下回式系统，如图 4-3(b)所示。

（3）机械循环中供式热水供暖系统。系统总水平供水干管水平敷设在系统的中部，如图 4-3(c)、(d)所示，下部系统呈上供下回式，上部系统可采用下供下回式，也可采用下供上回式。

四、燃气管道系统

燃气是各种气体燃料的总称，它能燃烧而放出热量，供城市居民和工业企业使用。燃气通常由一些单一气体混合而成，其组分主要是可燃气体，同时也含有一些不可燃气体。可燃气体有碳氢化合物、氢及一氧化碳；不可燃气体有氮、二氧化碳。此外，燃气中还含有水蒸气、氨、硫化氢、萘、焦油和灰尘等少量的混杂气体及其他杂质。

燃气管道系统主要由用户引入管、干管、立管、用户连接管等组成。

（1）用户引入管。

用户引入管一般在分支管处设阀门。输送湿燃气的引入管一般由地下引入室内，当采取防冻措施时也可由地上引入。在非采暖地区或输送干燃气且管径不大于75mm 时，则可由地上直接引入室内。

（2）干管。

引入管既可连接一根燃气立管也可以连接若干根立管，后者则应设置水平干管。水平干管可沿着楼梯间或辅助房间的墙壁敷设，坡向引入管，坡度应不小于 2‰。

（3）立管。

煤气立管一般应敷设在厨房或走廊内。当由地下引入室内时，立管在第一层处应设置阀门。立管通过各层楼板处应设置套管，套管高出地面至少 50mm，套管与燃气管道之间的间隙应用沥青和油麻填塞。

（4）用户连接管。

用户连接管是在主管上连接燃气用具的垂直管段，其上的旋塞应距地面 1.5m左右。

第二节　给排水、采暖、燃气管道工程

一、给排水、采暖、燃气管道工程量清单项目设置

给排水、采暖、燃气管道工程共包括 11 个清单项目，其清单项目设置及工程量计算规则见表 4-1。

表 4-1　　　　　　　　　　给排水、采暖、燃气管道(编码:031001)

项目编码	项目名称	项目特征	计量单位	工程量计算规则	工作内容
031001001	镀锌钢管	1. 安装部位 2. 介质 3. 规格、压力等级 4. 连接形式 5. 压力试验及吹、洗设计要求 6. 警示带形式	m	按设计图示管道中心线以长度计算	1. 管道安装 2. 管件制作、安装 3. 压力试验 4. 吹扫、冲洗 5. 警示带铺设
031001002	钢管				
031001003	不锈钢管				
031001004	铜管				
031001005	铸铁管	1. 安装部位 2. 介质 3. 材质、规格 4. 连接形式 5. 接口材料 6. 压力试验及吹、洗设计要求 7. 警示带形式			1. 管道安装 2. 管件安装 3. 压力试验 4. 吹扫、冲洗 5. 警示带铺设
031001006	塑料管	1. 安装部位 2. 介质 3. 材质、规格 4. 连接形式 5. 阻火圈设计要求 6. 压力试验及吹、洗设计要求 7. 警示带形式			1. 管道安装 2. 管件安装 3. 塑料卡固定 4. 阻火圈安装 5. 压力试验 6. 吹扫、冲洗 7. 警示带铺设
031001007	复合管	1. 安装部位 2. 介质 3. 材质、规格 4. 连接形式 5. 压力试验及吹、洗设计要求 6. 警示带形式			1. 管道安装 2. 管件安装 3. 塑料卡固定 4. 压力试验 5. 吹扫、冲洗 6. 警示带铺设
031001008	直埋式预制保温管	1. 埋设深度 2. 介质 3. 材质、规格 4. 连接形式 5. 接口保温材料 6. 压力试验及吹、洗设计要求 7. 警示带形式			1. 管道安装 2. 管件安装 3. 接口保温 4. 压力试验 5. 吹扫、冲洗 6. 警示带铺设
031001009	承插陶瓷缸瓦管	1. 埋设深度 2. 规格 3. 接口方式及材料 4. 压力试验及吹、洗设计要求 5. 警示带形式			1. 管道安装 2. 管件安装 3. 压力试验 4. 吹扫、冲洗 5. 警示带铺设
031001010	承插水泥管				

续表

项目编码	项目名称	项目特征	计量单位	工程量计算规则	工作内容
031001011	室外管道碰头	1. 介质 2. 碰头形式 3. 材质、规格 4. 连接形式 5. 防腐、绝热设计要求	处	按设计图示以处计算	1. 挖填工作坑或暖气沟拆除及修复 2. 碰头 3. 接口处防腐 4. 接口处绝热及保护层

注：1. 铸铁管安装适用于承插铸铁管、球墨铸铁管、柔性抗震铸铁管等。

2. 塑料管安装适用于 UPVC、PVC、PP-C、PP-R、PE、PB 管等塑料管材。

3. 复合管安装适用于钢塑复合管、铝塑复合管、钢骨架复合管等复合型管道安装。

4. 直埋保温管包括直埋保温管件安装及接口保温。

5. 室外管道碰头：

1) 适用于新建或扩建工程热源、水源、气源管道与原(旧)有管道碰头。

2) 室外管道碰头包括挖工作坑、土方回填或暖气沟局部拆除及修复。

3) 带介质管道碰头包括开头闸、临时放水管线敷设等费用。

4) 热源管道碰头每处包括供、回水两个接口。

5) 碰头形式指带介质碰头、不带介质碰头。

6. 管道工程量计算不扣除阀门、管件(包括减压器、疏水器、水表、伸缩器等组成安装)及附属构筑物所占长度。

二、给排水、采暖、燃气管道工程清单项目特征描述

1. 镀锌钢管、钢管、不锈钢管、铜管

(1) 应说明其安装部位。安装部位应说明是室内还是室外。

(2) 应说明其输送介质。如给水、排水、热媒体、燃气、雨水、中水、空调水等。

(3) 应说明管道规格及压力等级。

1) 焊接钢管。焊接钢管的直径规格用公称直径"DN"表示，单位为 mm，如 $DN20$、$DN50$，是管材和管件规格的主要参数。常用钢管规格见表 4-2。

表 4-2　　　　　　　　　常用钢管规格

公称直径 DN		钢管外径/mm	普通钢管		加厚钢管		每米钢管分配的管接头质量(以 6m 一个接头)/kg
mm	寸		壁厚/mm	质量/(kg/m)	壁厚/mm	质量/(kg/m)	
15	1/2	21.25	2.75	1.25	3.25	1.44	0.01
20	3/4	26.75	2.75	1.63	3.50	2.04	0.02
25	1	33.50	3.25	2.42	4.00	2.91	0.03

续表

公称直径		钢管外径/mm	普通钢管		加厚钢管		每米钢管分配的管接头质量(以6m一个接头)/kg
mm	寸		壁厚/mm	质量/(kg/m)	壁厚/mm	质量/(kg/m)	
32	11/4	42.25	3.25	3.13	4.00	3.77	0.04
40	11/2	48.00	3.50	3.84	4.25	4.58	0.06
50	2	60.00	3.50	4.88	4.50	6.16	0.08
70	21/2	75.50	3.75	6.64	4.50	7.88	0.13
80	3	88.50	4.00	8.34	4.75	9.81	0.20
100	4	114.00	4.00	10.85	5.00	13.44	0.40
125	5	140.00	4.50	15.04	5.50	18.24	0.60
150	6	165.60	4.50	17.81	5.50	21.63	0.80

2)无缝钢管。无缝钢管的规格用"管外径×壁厚"表示,符号为 $D×δ$,单位均为 mm(如 159×4.5)。无缝钢管常用于输送氧气、乙炔管道、室外供热管道和高压水管线。

(4)应说明管道连接形式。管道连接形式有焊接连接、螺纹连接、法兰连接,常用的是焊接连接与螺纹连接两种。如薄壁小直径紫铜管,一般采用钎焊焊接,也可以采用套箍焊接。套箍焊接的两个管端头应处于套管中部,并留有 0.05~0.15mm 的间距。

管螺纹连接又称丝扣连接,常用于 $DN≤100$,$PN≤1MPa$ 的冷、热水管道。它是指在管子端部按照规定的螺纹标准加工成外螺纹,与带有内螺纹的管件拧接在一起。螺纹的形式有圆柱管螺纹、圆锥管螺纹之分。由于管子和管件上加工的外螺纹和内螺纹是锥螺纹,或是柱螺纹的不同,决定了螺纹接口的形式不同,效果也不相同。

各种连接接口性能见表4-3。

表 4-3　　　　　　　　　　　　各种连接接口性能

接口形式	示意图	抗拉强度(MPa)ϕ25管	接口工艺与经济比较
焊接接口		30	需专用设备,工艺复杂,成本较高
承插热熔接口		50	工艺复杂,需专用设备,耐高压,接口制作成本低,质量好

续表

接口形式	示意图	抗拉强度(MPa)φ25管	接口工艺与经济比较
对接热熔接口		41.6	操作较承插热熔接口简便,需专用设备,接口成本低
电热熔接口		51.5	操作简便,质量稳定,耐高压,需较多设备,接口成本低
螺纹接口		27.5	需绞丝工具,操作较金属管复杂,成本较低但质量差
插接式接口		70.3	操作简单,耐低压,只能用于低压系统,成本较高

(5)应说明压力试验及吹、洗设计要求。压力试验按设计要求描述试验方法,如水压试验、气压试验、泄漏性试验、闭水试验、通球试验、真空试验等。吹、洗按设计要求描述吹扫、冲洗方法,如水冲洗、消毒冲洗、空气吹扫等。

(6)应说明警示带形式。如安全警示带、交通警示带。

2. 铸铁管

(1)应说明其安装部位,是室内还是室外。

(2)应说明其输送介质。如给水、排水、热媒体、燃气、雨水等。

(3)应说明管道材质、规格。如铸铁管直径规格均用公称直径"DN"表示。给水铸铁管外径壁厚、规格及质量见表4-4。

表 4-4　　　　　　　　　给水铸铁管外径壁厚、规格及质量

公称直径 DN /mm	承插直管				双盘直管			
	壁厚/mm	长度/m	质量/(kg/根)	质量/(kg/m)	壁厚/mm	长度/m	质量/(kg/根)	质量/(kg/m)
75	9.0	3	58.5	19.50	9.0	3	59.5	19.83
100	9.0	3	75.5	25.17	9.0	3	76.4	25.47
125	9.0	4	119.0	29.75	9.0	3	93.1	31.03
150	9.0	4	149.0	37.25	9.0	3	116.0	38.67
200	10.0	4	207.0	51.75	10.0	4	207.0	51.75

续表

公称直径 DN /mm	承插直管				双盘直管			
	壁厚 /mm	长度 /m	质量 /(kg/根)	质量 /(kg/m)	壁厚 /mm	长度 /m	质量 /(kg/根)	质量 /(kg/m)
250	10.8	4	277.0	69.25	10.8	4	280.0	70.00
300	11.4	4	348.0	87.00	11.4	4	353.0	88.25
350	12.0	4	426.0	106.50	12.0	4	434.0	108.50
400	12.8	4	519.0	129.75	12.8	4	525.0	131.25
450	13.4	4	610.0	152.50	13.4	4	622.0	155.50
500	14.0	4	706.0	176.50	14.0	4	721.0	180.25

(4)应说明其连接形式。连接形式应按接口形式不同,如螺纹连接、焊接(电弧焊、氧乙炔焊)、承插、卡接、热熔、粘接等不同特征分别列项。

(5)应说明其接口材料。

(6)应说明压力试验及吹、洗设计要求。

1)管道水压试验应符合以下要求:

①水压试验之前,管道应固定牢固,接头必须明露。支管不宜连通卫生器具配水件。

②加压宜用手压泵,泵和测量压力表应装设在管道系统的底部最低点(不在最低点时应折算几何高差的压力值),压力表精度为 0.01MPa,量程为试压值的 1.5 倍。

③管道注满水后,排出管内空气,封堵各排气出口,进行严密性检查。

④缓慢升压,升至规定试验压力,10min 内压力下降不得超过 0.02MPa,然后降至工作压力检查,压力应不降,且不渗不漏。

⑤直埋在地坪面层和墙体内的管道,分段进行水压试验,试验合格后土建方可继续施工。

2)管道冲洗、通水试验。

①管道系统在验收前必须进行冲洗,冲洗水应采用生活饮用水,流速不得小于 1.5m/s。应连续进行,保证充足的水量,出水水质和进水水质透明度一致为合格。

②系统冲洗完毕后应进行通水试验,按给水系统的 1/3 配水点同时开放,检查各排水点是否畅通,接口处有无渗漏。

(7)应说明警示带形式。如安全警示带、交通警示带。

3. 塑料管

(1)应说明其安装部位,是室内还是室外。

(2)应说明其输送介质。如给水、排水、热媒体、燃气、雨水等。

(3)应说明管道材质、规格。常用硬聚氯乙烯塑料管规格见表4-5。

表 4-5　　　　　　　　　　　　常用硬聚氯乙烯塑料管规格

外径/ mm	轻　型			重　型		
	壁厚/ mm	近似质量		壁厚/ mm	近似质量	
		kg/m	kg/根		kg/m	kg/根
10	—	—	—	1.5	0.06	0.24
12	—	—	—	1.5	0.07	0.28
16	—	—	—	2.0	0.13	0.53
20	—	—	—	2.0	0.17	0.68
25	1.5	0.17	0.68	2.5	0.27	1.07
32	1.5	0.22	0.88	2.5	0.35	1.40
40	2.0	0.36	1.44	2.5	0.52	2.10
51	2.0	0.45	1.80	3.5	0.77	3.09
65	2.5	0.71	2.84	4.0	1.11	4.47
76	2.5	0.85	3.40	4.0	1.34	5.38
90	3.0	1.23	4.92	4.0	1.82	7.30
110	3.5	1.75	7.00	5.5	2.71	10.90
125	4.0	2.29	9.16	6.0	3.35	13.50
140	4.5	2.88	11.50	7.0	4.38	17.60
160	5.0	3.65	14.60	8.0	5.72	23.00
180	5.5	4.52	18.10	9.0	7.26	29.20
200	6.0	5.48	21.90	10.0	9.00	36.00

(4)应说明其连接形式。连接形式有胶圈连接、粘接连接等。

1)胶圈连接。

①检查管材、管件及橡胶圈质量。承口内橡胶圈沟槽、插口工作面及橡胶圈应清理干净。

②将橡胶圈正确安装在承口的胶圈沟槽内,不得装反或扭曲,为安装方便可先用水浸湿胶圈,但不得涂润滑剂安装。

③橡胶圈连接的管材在施工中被切断时,须在插口端另行倒角,并应划出插入长度标线,然后再进行连接。最小插入长度应符合表 4-6 的规定。切断管材时,应保证断口平整且垂直管轴线。

④用毛刷将润滑剂均匀地涂在装嵌于承口处的橡胶圈和管插口端外表面上,但不得将润滑剂涂到承口的橡胶圈沟槽内;润滑剂可采用 V 型脂肪酸盐,禁止用黄油或其

他油类作润滑剂。

表 4-6　　　　　　　　　　　橡胶圈连接最小插入长度　　　　　　　　　　　mm

公称外径	63	75	90	110	125	140	160	180	200	225	280	315
插入长度	64	67	90	75	78	81	86	90	94	100	112	113

2)粘接连接。

①粘接连接的管道在施工中被切断时,须将插口处倒角,锉成坡口后再进行连接。切断管材时,应保证断口平整且垂直管轴线。

②管材或管件在粘合前,应用棉纱或干布将承口内侧和插口外侧擦拭干净,使被粘接面保持清洁,无尘砂与水迹。当表面沾有油污时,须用棉纱蘸丙酮等清洁剂擦净。

③粘接前应将两管试插一次,使插入深度及配合情况符合要求,并在插入端表面划出插入承口深度的标线。管端插入承口深度应不小于表 4-7 的规定。

表 4-7　　　　　　　　　　管道粘接管端插入承口深度　　　　　　　　　　mm

管材公称外径	20	25	32	40	50	63	75
管端插入承口深度	16.0	18.5	22.0	26.0	31.0	37.5	43.5
管材公称外径	90	110	125	140	160	—	—
管端插入承口深度	51.0	61.0	68.5	76.0	86.0	—	—

④用毛刷将粘接剂迅速涂刷在插口外侧及承口内侧结合面上时,宜先涂承口,后涂插口,宜轴向涂刷,涂刷均匀适量。每个接口粘接剂用量参见表 4-8。

表 4-8　　　　　　　　　　　每个接口粘接剂用量

公称外径/mm	20	25	32	40	50	63	76
粘接剂用量(g/个)	0.40	0.58	0.88	1.31	1.94	2.97	4.10
公称外径/mm	90	110	125	140	160	—	—
粘接剂用量(g/个)	5.73	8.43	10.75	13.37	17.28	—	—

注:1. 使用量按表面 200g/m² 计算。

　　2. 表中数值为插口和承口两表面的使用量。

(5)应说明阻火圈设计要求。阻火圈的主要作用是在火灾发生时,阻燃膨胀芯材受热迅速膨胀,挤压 PVC 管,在较短时间封堵管道贯穿的洞口,阻止火势沿洞口蔓延。因此,阻燃膨胀芯材起始膨胀温度、高温下膨胀体积和管道从火灾发生至被完全封堵的时间是相当重要的,有必要做出具体规定。另外,在施工安装阻火圈时,阻火圈有可能被水和水泥浆浸泡,阻燃膨胀芯材应具有较好的耐水、耐水泥浆等性能。

(6)应说明压力试验及吹、洗设计要求。

(7)应说明警示带形式。如安全警示带、交通警示带。

4. 复合管

(1)应说明其安装部位,是室内还是室外。

(2)应说明其输送介质。如给水、排水、燃气、雨水等。

(3)应说明管道材质、规格。如铝塑复合管材、衬塑铝合金管等。

1)铝塑复合管。铝塑复合管管材规格见表4-9。

表 4-9　　　　　　　　　　　　铝塑复合管管材规格

规格代号	外径/mm	壁厚/mm	卷长/m
1216	16	2	100～200
1418	18	2	100～200
1620	20	2	100～200
2025	25	2.5	50～100
2632	32	3	25～50

2)衬塑铝合金管。衬塑铝合金管由塑料与铝合金复合而成。表4-10为衬塑铝合金管规格。表4-11为铝塑复合管规格。

表 4-10　　　　　　　　　　　　衬塑铝合金管规格

型号	内径/mm	外径/mm	铝管壁厚/mm	塑料壁厚/mm	管材壁厚/mm	相当于镀锌管 DN
HW/CL1520	15	20	0.75	1.5	≥2.3	15
HW/CL2025	20	25	0.80	2.0	≥2.8	20
HW/CL2632	26	32	0.85	2.3	≥3.0	25
HW/CL3542	35	42	1.00	2.5	≥3.5	32
HW/CL4150	41	50	1.20	3.0	≥4.2	40
HW/CL5163	51	63	1.50	3.5	≥5	50

注:型号中的 HW 表示生产厂家代号,CL 表示衬塑铝合金代号。

表 4-11　　　　　　　　　　　　铝塑复合管规格

类型 A、B、C	外径/mm	内径/mm	壁厚/mm	卷长/m	相当于镀锌管/in
12 16	16	12	2	100、200	$\frac{1}{2}$
14 18	18	14	2	100、200	$\frac{5}{8}$
16 20	20	16	2	100、200	$\frac{3}{4}$
20 25	25	20	2.5	50、100	1
26 32	32	26	3	25、50	$1\frac{1}{4}$

注:1in≈25.4mm。

(4)应说明其连接形式。连接形式应按接口形式不同,如螺纹连接、焊接(电弧焊、氧乙炔焊)、承插、卡接、热熔、粘接等不同特征分别列项。

(5)应说明压力试验及吹、洗设计要求。

(6)应说明警示带形式。如安全警示带、交通警示带。

5. 直埋式预制保温管

(1)应说明其埋设深度。

(2)应说明其输送介质。如给水、排水、热媒体、燃气、雨水等。

(3)应说明管道材质、规格。

(4)应说明其连接形式。连接形式应按接口形式不同,如螺纹连接、焊接(电弧焊、氧乙炔焊)、承插、卡接、热熔、粘接等不同特征分别列项。

(5)应说明其接口保温材料。

(6)应说明压力试验及吹、洗设计要求。

(7)应说明警示带形式。如安全警示带、交通警示带。

6. 承插陶瓷缸瓦管、承插水泥管

(1)应说明其埋设深度。

(2)应说明管道规格。

(3)应说明接口方式及材料。

(4)应说明压力试验及吹、洗设计要求。

(5)应说明警示带形式。如安全警示带、交通警示带。

7. 室外管道碰头

(1)应说明其输送介质。如给水、排水、热媒体、燃气、雨水等。

(2)应说明其碰头形式。室外管道碰头急于通水的情况可采用铅接口。

(3)应说明其材质、规格。

(4)应说明其连接形式。连接形式应按接口形式不同,如螺纹连接、焊接(电弧焊、氧乙炔焊)、承插、卡接、热熔、粘接等不同特征分别列项。

(5)应说明其防腐、绝热设计要求。

三、给排水、采暖、燃气管道工程量计算实例解析

【例 4-1】某建筑的屋顶排水系统如图 4-4 所示,该建筑采用天沟外排水系统排水,排水管采用塑料管,试计算塑料管工程量。

解:塑料管工程量计算规则:按设计图示管道中心线以长度计算。

$$塑料管工程量=(9.50-9.00)+1.0+9+1.7+0.8=13m$$

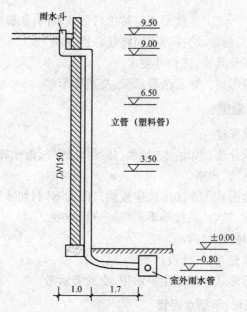

图 4-4　某建筑的屋顶排水系统图

第三节　支架及其他工程

一、支架及其他工程量清单项目设置

支架及其他工程共包括 3 个清单项目,其清单项目设置及工程量计算规则见表 4-12。

表 4-12　　　　　　　　　　支架及其他(编码:031002)

项目编码	项目名称	项目特征	计量单位	工程量计算规则	工作内容
031002001	管道支架	1. 材质 2. 管架形式	1. kg 2. 套	1. 以千克计量,按设计图示质量计算 2. 以套计量,按设计图示数量计算	1. 制作 2. 安装
031002002	设备支架	1. 材质 2. 形式			
031002003	套管	1. 名称、类型 2. 材质 3. 规格 4. 填料材质	个	按设计图示数量计算	1. 制作 2. 安装 3. 除锈、刷油

注:1. 单件支架质量 100kg 以上的管道支吊架执行设备支吊架制作安装。

2. 成品支架安装执行相应管道支架或设备支架项目,不再计取制作费,支架本身价值含在综合单价中。

3. 套管制作安装,适用于穿基础、墙、楼板等部位的防水套管、填料套管、无填料套管及防火套管等,应分别列项。

二、支架及其他工程项目特征描述

1. 管道支架

应说明管道支架材质及管架形式。管道工程中,管道支架有以下两种形式:

(1)架空敷设的水平管道支架。当水平管道沿柱或墙架空敷设时,可根据荷载的大小、管道的根数、所需管架的长度及安装方式等分别采用各种形式的生根在柱上的支架(简称柱架),或生根在墙上的支架(简称墙架),如图 4-5 所示。

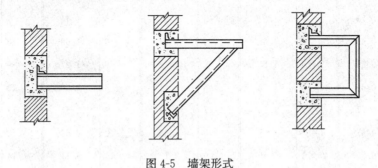

图 4-5 墙架形式

(2)地上平管和垂直弯管支架。一些管道离地面较近或离墙、柱、梁、楼板底等距离较大,不便于在上述结构上生根,则可采用生根在地上的平管支架,如图 4-6 所示。图 4-7 为地上垂直弯管支架。

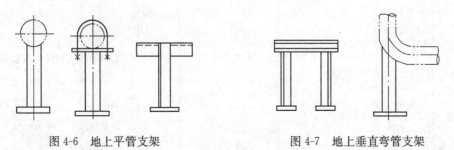

图 4-6 地上平管支架   图 4-7 地上垂直弯管支架

2. 设备支架

(1)应说明支架形式。

(2)应说明支架材质。

1)表 4-13 为设备支架常用扁钢规格及其理论单位长度质量。表中所列扁钢长度一般为 3~9m。

2)表 4-14 为设备支架常用热轧圆钢、方钢及六角钢的规格。

表 4-13　　　　　　　　　　　　　扁钢规格及其理论单位长度质量

规格 (宽×厚) /m	理论单位 长度质量 /(kg·m⁻¹)	规格 (宽×厚) /m	理论单位 长度质量 /(kg·m⁻¹)	规格 (宽×厚) /m	理论单位 长度质量 /(kg·m⁻¹)	规格 (宽×厚) /m	理论单位 长度质量 /(kg·m⁻¹)	规格 (宽×厚) /m	理论单位 长度质量 /(kg·m⁻¹)
12×4	0.38	20×10	1.57	28×11	2.42	32×18	4.52	45×3	1.06
5	0.47	22×4	0.69	12	2.64	20	5.02	4	1.41
6	0.57	5	0.86	14	3.08	36×3	0.85	5	1.77
7	0.66	6	1.04	16	3.53	4	1.13	6	2.12
8	0.75	7	1.21	30×3	0.71	5	1.41	7	2.47
14×4	0.44	8	1.38	4	0.94	6	1.69	8	2.83
5	0.55	9	1.55	5	1.18	7	1.97	9	3.18
6	0.66	10	1.73	6	1.41	8	2.26	10	3.53
7	0.77	11	1.90	7	1.65	9	2.51	11	3.89
8	0.88	12	2.07	8	1.88	10	2.82	12	4.24
16×4	0.50	25×3	0.59	9	2.12	11	3.11	14	4.95
5	0.63	4	0.79	10	2.36	12	3.39	16	5.65
6	0.75	5	0.98	11	2.59	14	3.95	18	6.36
7	0.88	6	1.18	12	2.83	16	4.52	20	7.07
8	1.00	7	1.37	14	3.36	18	5.09	50×3	1.18
9	1.15	8	1.57	16	3.77	20	5.65	4	1.57
10	1.26	9	1.77	18	4.24	40×3	0.94	5	1.96
18×4	0.57	10	1.96	20	4.71	4	1.26	6	2.36
5	0.71	11	2.16	32×3	0.75	5	1.57	7	2.75
6	0.85	12	2.36	4	1.01	6	1.88	8	3.14
7	0.99	14	2.75	5	1.25	7	2.20	9	3.53
8	1.13	16	3.14	6	1.50	8	2.51	10	3.93
9	1.27	28×3	0.66	7	1.76	9	2.83	11	4.32
10	1.41	4	0.88	8	2.01	10	3.14	12	4.71
20×4	0.63	5	1.10	9	2.26	11	3.45	14	5.50
5	0.79	6	1.32	10	2.54	12	3.77	16	6.28
6	0.94	7	1.54	11	2.76	14	4.40	18	7.07
7	1.10	8	1.76	12	3.01	16	5.02	20	7.85
8	1.26	9	1.98	14	3.51	18	5.65	56×3	1.32
9	1.41	10	2.20	16	4.02	20	6.28	4	1.76

续表

规格(宽×厚)/m	理论单位长度质量/(kg·m⁻¹)	规格(宽×厚)/m	理论单位长度质量/(kg·m⁻¹)	规格(宽×厚)/m	理论单位长度质量/(kg·m⁻¹)	规格(宽×厚)/m	理论单位长度质量/(kg·m⁻¹)	规格(宽×厚)/m	理论单位长度质量/(kg·m⁻¹)
56×5	2.20	63×8	3.95	70×11	6.04	80×16	10.05	95×3	2.24
6	2.64	9	4.45	12	6.59	18	11.30	4	2.98
7	3.08	10	4.94	14	7.69	20	12.56	5	3.73
8	3.52	11	5.44	16	8.79	85×3	2.00	6	4.47
9	3.75	12	5.93	18	9.89	4	2.67	7	5.22
10	4.39	14	6.92	20	10.99	5	3.34	8	5.97
11	4.83	16	7.91	75×3	1.77	6	4.00	9	6.71
12	5.27	18	8.90	4	2.36	7	4.67	10	7.46
14	6.15	20	9.69	5	2.94	8	5.34	11	8.20
16	7.03	65×3	1.53	6	3.53	9	6.01	12	8.95
18	7.91	4	2.04	7	4.12	10	6.67	14	10.44
20	8.79	5	2.55	8	4.71	11	7.34	16	11.93
60×3	1.41	6	3.06	9	5.30	12	8.01	18	13.42
4	1.88	7	3.57	10	5.89	14	9.34	20	14.92
5	2.36	8	4.08	11	6.48	16	10.68	100×3	2.36
6	2.83	9	4.59	12	7.07	18	12.01	4	3.14
7	3.30	10	5.10	14	8.24	20	13.35	5	3.93
8	3.77	11	5.61	16	9.42	90×3	2.12	6	4.71
9	9.24	12	6.12	18	10.60	4	2.83	7	5.50
10	4.71	14	7.14	20	11.78	5	3.53	8	6.28
11	5.18	16	8.16	80×3	1.88	6	4.24	9	7.07
12	5.65	18	9.18	4	2.51	7	4.95	10	7.85
14	6.59	20	10.21	5	3.14	8	5.65	11	8.64
16	7.54	70×3	1.65	6	3.77	9	6.33	12	9.42
18	8.48	4	2.20	7	4.40	10	7.07	14	10.99
20	9.42	5	2.75	8	5.02	11	7.77	16	2.56
63×3	1.48	6	3.30	10	6.28	12	8.48	18	14.13
4	1.98	7	3.85	11	6.91	14	9.89	20	15.70
5	2.47	8	4.40	12	7.54	16	11.30		
6	2.97	9	4.95	14	8.79	18	12.72		
7	3.46	10	5.50			20	14.13		

表 4-14　　　　　　　　　热轧圆钢、方钢及六角钢规格

直径(或内切圆直径)或边长/mm	理论单位长度质量/(kg·m)			直径(或内切圆直径)或边长/mm	理论单位长度质量/(kg·m)		
	圆钢	方钢	六角钢		圆钢	方钢	六角钢
5.0	0.154	0.196	—	29	5.18	6.60	
5.5	0.187	0.236	—	30	5.55	7.06	6.12
6.0	0.222	0.283	—	31	5.93	7.54	
6.5	0.260	0.332	—	32	6.31	8.04	6.96
7.0	0.302	0.385	—	33	6.71	8.55	
8.0	0.395	0.502	0.435	34	7.13	9.07	7.86
9.0	0.499	0.636	0.551	35	7.55	9.62	
10	0.617	0.785	0.680	36	7.99	10.17	8.81
11	0.746	0.950	0.823	38	8.90	11.24	9.82
12	0.888	1.130	0.979	40	9.87	12.56	10.88
13	1.04	1.330	1.15	42	10.87	13.85	11.99
14	1.21	1.54	1.33	45	12.48	15.90	13.77
15	1.39	1.77	1.53	48	14.21	18.09	15.66
16	1.58	2.01	1.74	50	15.42	19.63	16.99
17	1.78	2.27	1.96	52	16.67	21.23	—
18	2.00	2.54	2.20	53	—	—	19.10
19	2.23	2.82	2.45	55	18.65	23.75	—
20	2.47	3.14	2.72	56	19.33	24.61	21.32
21	2.72	3.46	3.00	58	20.74	26.41	22.08
22	2.98	3.80	3.29	60	22.19	28.26	24.50
23	3.26	4.15	3.59	63	24.47	31.16	26.98
24	3.55	4.52	3.92	65	26.05	33.17	28.70
25	3.85	4.91	4.25	68	28.51	36.30	31.43
26	4.17	5.30	4.59	70	30.21	38.47	33.30
27	4.49	5.72	4.96	75	34.68	44.16	—
28	4.83	6.15	5.33				

3)常用管道支架制作用料量见表 4-15～表 4-18。

表 4-15　单管托架用料量

单位：mm

件号	名称		件数	直径（规格）										
				15	20	25	32	40	50	70	80	100	125	150
1	防滑板		1	−60×6	−60×6	−60×6	−80×6	−80×6	−80×6	−80×6	−80×6	−120×6	−150×6	−150×6
2	滑动支架横梁	保温	2	∟40×4	∟40×4	∟40×4	∟40×4	∟50×4	∟50×5	∟50×5	∟65×5	∟65×5	∟75×5	∟80×8
		不保温		∟40×4	∟40×4	∟40×4	∟40×4	∟40×4	∟50×5	∟50×5	∟50×5	∟50×5	∟65×6	∟75×6
3	固定支架横梁	保温	2	∟40×4	∟40×4	∟40×4	∟40×4	∟50×4	∟50×5	∟65×6	∟75×6	∟90×6	∟90×8	∟100×8
		不保温		∟40×4	∟40×4	∟40×4	∟40×4	∟50×4	∟50×5	∟65×5	∟65×5	∟80×6	∟80×6	∟90×8
4	滑动支架横梁	保温	1	∟25×4	∟25×4	∟30×4	∟36×4	∟40×4	∟40×4	∟50×4	∟65×4	∟65×4	∟75×6	∟80×6
		不保温		∟25×4	∟25×4	∟30×4	∟30×4	∟30×4	∟30×4	∟40×4	∟45×4	∟50×4	∟65×6	∟75×6
5	加固梁		1									∟90×6 / ∟80×6	∟90×8 / ∟80×8	∟100×8 / ∟90×8
6	固定支架横梁	保温	1	∟25×4	∟30×4	∟35×4	∟40×4	∟50×4	∟45×4	∟65×6	∟75×6	∟90×6	∟90×8	∟100×8
		不保温		∟25×4	∟30×4	∟30×4	∟30×4	∟35×4	∟45×4	∟65×5	∟65×5	∟80×6	∟80×6	∟90×8
7	双螺母螺栓		2	M10	M10	M10	M12	M12	M12	M12	M12	M16	M16	M20
8	埋固螺栓		2	•φ10	•φ10	•φ10	•φ12	•φ12	•φ12	•φ12	•φ12	•φ16	•φ16	•φ20
9	螺母		4	M10	M10	M10	M12	M12	M12	M12	M12	M16	M16	M20
10	预埋钢板		1	δ=4	δ=4	δ=4	δ=4	δ=4	δ=4	δ=4	δ=4	δ=6	δ=6	δ=6
11	圆钢		1	•φ10	•φ10	•φ10	•φ10	•φ10	•φ10	•φ10	•φ10	•φ12	•φ12	•φ12

表 4-16　单管吊架用料量

单位：mm

件号	名称		件数	直径（规格）										
				15	20	25	32	40	50	70	80	100	125	150
1	滑动吊架横梁	保温	2	∟40×4	∟40×4	∟40×4	∟40×4	∟50×5	∟50×5	∟50×5	∟65×5	∟65×6	∟75×6	∟80×8
		不保温		∟40×4	∟40×4	—	∟40×4	∟40×4	∟50×5	∟50×5	∟50×5	∟50×5	∟65×6	∟75×6
2	加固梁		1									∟65×6	∟80×8	∟80×8
3	滑动吊架横梁	保温	1	∟25×4	∟25×4	∟30×4	∟35×4	∟40×4	∟40×4	∟50×4	∟65×4	∟65×5	∟75×6	∟80×8
		不保温		∟25×4	∟25×4	∟30×4	∟30×4	∟30×4	∟30×4	∟40×4	∟45×4	∟50×5	∟65×6	∟75×6
4	双螺母螺栓		2	M10	M10	M10	M12	M12	M12	M12	M12	M16	M16	M16
5	埋固螺栓		2	•φ10	•φ10	•φ10	•φ12	•φ12	•φ12	•φ12	•φ12	•φ16	•φ16	•φ16
6	螺母		4	M10	M10	M10	M12	M12	M12	M12	M12	M16	M16	M16
7	预埋钢板		1	δ=4	δ=4	δ=4	δ=4	δ=4	δ=4	δ=4	δ=4	δ=6	δ=6	δ=6
8	圆钢		1	•φ10	•φ10	•φ10	•φ10	•φ10	•φ10	•φ10	•φ10	•φ12	•φ12	•φ12

表 4-17　单管吊支架用量表

单位：mm

件号	名称	件数	规格	15	20	25	32	40	50	70	80	100	125	150
1	滑动支架 横梁	2	保温	L40×4	L40×4	L50×5	L50×5	L50×5	L50×5	L65×5	L65×6	L80×5	L90×8	L100×8
			不保温	L40×4	L40×4	L40×4	L50×5	L50×5	L50×5	L50×5	L50×5	L65×5	L65×6	L80×6
2	固定支架 横梁	2	保温	L40×4	L40×4	L50×5	L50×5	L50×5	L65×6	L80×6	L80×8	L100×6	L100×10	L125×10
			不保温	L40×4	L40×4	L40×4	L50×5	L50×5	L50×5	L65×5	L65×6	L80×6	L100×8	L100×10
3	滑动支架 横梁	1	保温	L30×4	L30×4	L35×4	L40×4	L50×4	L50×4	L65×4	L65×4	L80×4	L90×8	L100×8
			不保温	L25×4	L25×4	L30×4	L30×4	L35×4	L35×4	L50×4	L50×4	L65×5	L65×6	L80×6
4	加固梁	1	保温	—	—	—	—	—	—	—	—	L100×8	L100×10	L125×10
			不保温	—	—	—	—	—	—	—	—	L80×8	L100×10	L100×10
5	固定支架 横梁	1	保温	L30×4	L30×4	L35×4	L50×4	L50×4	L65×4	L80×4	L80×4	L100×6	L100×10	L125×10
			不保温	L25×4	L30×4	L30×4	L35×4	L45×4	L50×5	L65×5	L65×6	L80×6	L100×8	L100×10
6	防滑板	1	保温	−60×6	−60×6	−60×6	−80×6	−80×6	−80×6	−80×6	−80×6	−120×6	−150×6	−150×6
			—											
7	双螺栓	2		M10	M10	M10	M12	M12	M12	M12	M12	M16	M16	M20
8	埋固螺栓	2		φ10	φ10	φ10	φ12	φ12	φ12	φ12	φ12	φ16	φ16	φ20
9	螺母	4		M10	M10	M10	M12	M12	M12	M12	M12	M16	M16	M20
10	预埋钢板	1		δ=4	δ=4	δ=4	δ=4	δ=4	δ=4	δ=4	δ=4	δ=6	δ=6	δ=6
11	圆钢	1	—	φ10	φ10	φ10	φ10	φ10	φ10	φ10	φ10	φ12	φ12	φ12

表 4-18　双管吊架用量表

单位：mm

件号	名称	件数	规格	15	20	25	32	40	50	70	80	100	125	150
1	防滑板	1	—											
			保温	−70×6	−70×6	−70×6	−70×6	−80×6	−80×6	−80×6	−80×6	−80×6	−100×6	−100×6
2	加固梁	1	保温	—	—	—	—	—	—	—	L80×8	L100×10	L100×10	L125×10
			不保温	—	—	—	—	—	—	—	L80×8	L80×8	L80×8	L100×10
3	滑动支架 横梁	1	保温	[8	[8	[8	[8	[8	[10	[10	[10	[10	[12	[12
			不保温	[8	[8	[8	[8	[8	[8	[10	[10	[12	[10	[10
4	固定支架 横梁	1	保温	[8	[8	[8	[8	[10	[10	[10	[10	[12	[12	[14
			不保温	[8	[8	[8	[8	[8	[10	[10	[10	[10	[10	[12
5	双螺母螺栓	2		M12	M12	M12	M16	M16	M16	M16	M16	M20	M20	M20
6	埋固螺栓	2	—	φ12	φ12	φ12	φ16	φ16	φ16	φ16	φ16	φ20	φ20	φ20
7	螺母	4		M12	M12	M12	M16	M16	M16	M16	M16	M20	M20	M20

3. 套管

（1）应说明其名称、类型。套管是一种碳钢的直管短节，套在管子与管子及穿线管上，以保护接口处不被电焊伤害到，其目的就是保护电线及电缆。

（2）应说明其材质、规格。套管材质、规格见表 4-19。

表 4-19　　　　　　　　　　　套管材质、规格

冷拔管(d)	钢管外径(D)/mm	壁厚(S)允许偏差/mm
<114.3	±0.79	-12.5%
$\geqslant114.3$	$-0.5\%,+1\%$	—

（3）应说明其填料材质。

三、支架及其他工程量计算实例解析

【例 4-2】如图 4-8 所示为某单管托架立面图，已知其质量为 25kg，试计算其工程量。

解：管道支架工程量：(1)以千克计量，按设计图示质量计算。

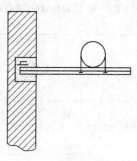

单管托架工程量：25kg

（2）以套计量，按设计图示数量计算。

单管托架工程量：1 套

图 4-8　某单管托架立面图

第四节　管道附件工程

一、管道附件工程量清单项目设置

管道附件工程共包括 17 个清单项目，其清单项目设置及工程量计算规则见表 4-20。

表 4-20　　　　　　　　　　管道附件(编码:031003)

项目编码	项目名称	项目特征	计量单位	工程量计算规则	工作内容
031003001	螺纹阀门	1. 类型 2. 材质 3. 规格、压力等级 4. 连接形式 5. 焊接方法	个	按设计图示数量计算	1. 安装 2. 电气接线 3. 调试
031003002	螺纹法兰阀门				
031003003	焊接法兰阀门				

续表

项目编码	项目名称	项目特征	计量单位	工程量计算规则	工作内容
031003004	带短管甲乙阀门	1. 材质 2. 规格、压力等级 3. 连接形式 4. 接口方式及材质	个	按设计图示数量计算	1. 安装 2. 电气接线 3. 调试
031003005	塑料阀门	1. 规格 2. 连接形式			1. 安装 2. 调试
031003006	减压器	1. 材质 2. 规格、压力等级 3. 连接形式 4. 附件配置	组		组装
031003007	疏水器				
031003008	除污器(过滤器)	1. 材质 2. 规格、压力等级 3. 连接形式			安装
031003009	补偿器	1. 类型 2. 材质 3. 规格、压力等级 4. 连接形式	个		
031003010	软接头(软管)	1. 材质 2. 规格 3. 连接形式	个(组)		安装
031003011	法兰	1. 材质 2. 规格、压力等级 3. 连接形式	副(片)		安装
031003012	倒流防止器	1. 材质 2. 型号、规格 3. 连接形式	套	按设计图示数量计算	
031003013	水表	1. 安装部位(室内外) 2. 型号、规格 3. 连接形式 4. 附件配置	组(个)		组装
031003014	热量表	1. 类型 2. 型号、规格 3. 连接形式	块		
031003015	塑料排水管消声器	1. 规格 2. 连接形式	个		安装
031003016	浮标液面计		组		
031003017	浮漂水位标尺	1. 用途 2. 规格	套		

注:1. 法兰阀门安装包括法兰连接,不得另计。阀门安装如仅为一侧法兰连接时,应在项目特征中描述。

2. 塑料阀门连接形式需注明热熔连接、粘接、热风焊接等方式。

3. 减压器规格按高压侧管道规格描述。

4. 减压器、疏水器、倒流防止器等项目包括组成与安装工作内容,项目特征应根据设计要求描述附件配置情况,或根据××图集或××施工图做法描述。

二、管道附件工程项目特征描述

1. 螺纹阀门、螺纹法兰阀门、焊接法兰阀门

(1)应说明其类型。如螺纹截止阀、螺纹法兰闸阀、焊接法兰止回阀、焊接法兰直通、旋塞阀等。

1)阀门产品型号由 7 个单元组成,可按下列顺序编制。

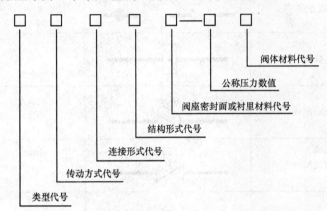

2)常用阀门类型代号用汉语拼音字母表示,见表 4-21。

表 4-21　　　　　　　　　　阀门类型代号

类　型	代　号	类　型	代　号	类　型	代　号
闸　阀	Z	蝶　阀	D	安全阀	A
截止阀	J	隔膜阀	G	减压阀	Y
节流阀	L	旋塞阀	X	疏水阀	S
球　阀	Q	止回阀和底阀	H	—	—

注:低温(低于—40℃)、保温(带加热套)和带波纹管的阀门在类型代号前分别加"D"、"B"和"W"汉语拼音字母。

3)常用阀门图例见表 4-22。

表 4-22　　　　　　　　　　　阀　门

序号	名　称	图　例	备　注
1	闸阀		—
2	角阀		—
3	三通阀		—

续一

序号	名　　称	图　　例	备　　注
4	四通阀		—
5	截止阀		—
6	蝶阀		—
7	电动闸阀		—
8	液动闸阀		—
9	气动闸阀		—
10	电动蝶阀		—
11	液动蝶阀		—
12	气动蝶阀		—
13	减压阀		左侧为高压端
14	旋塞阀	平面　　系统	—
15	底阀	平面　　系统	—
16	球阀		—

续二

序号	名　称	图　例	备　注
17	隔膜阀		—
18	气开隔膜阀		—
19	气闭隔膜阀		—
20	电动隔膜阀		—
21	温度调节阀		—
22	压力调节阀		—
23	电磁阀		—
24	止回阀		—
25	消声止回阀		—
26	持压阀		—
27	泄压阀		—
28	弹簧安全阀		左侧为通用
29	平衡锤安全阀		—
30	自动排气阀	平面　系统	—
31	浮球阀	平面　系统	—

续三

序号	名　称	图　例	备　注
32	水力液位控制阀	平面　　　系统	—
33	延时自闭冲洗阀		—
34	感应式冲洗阀		—
35	吸水喇叭口	平面　　系统	—
36	疏水器		—

(2)应说明其材质。如碳钢、铜、塑料等。

(3)应说明其规格、压力等级。如 Z944T-1，$DN500$ 与 J11W-10T，$DN40$ 等。

1)Z944T-1，$DN500$：其名称为明杆平行式双闸板闸阀，电动机传动，法兰连接，铜密封圈，公称压力为 1MPa，阀体材料为铸铁（铸铁阀门 $PN \leqslant 1.6$MPa，故不写材料代号），公称直径 500mm。

2)J11W-10T，$DN40$：其名称为内螺纹截止阀，手轮传动（第二部分省略），内螺纹连接，直通式（铸造），密封面由阀体直接加工，不另加密封圈，公称压力 10MPa，阀体材料为铜合金，公称直径 40mm。

(4)应说明其连接形式。如螺纹连接、焊接等。

(5)应说明其焊接方法。如闪光对焊。

2. 带短管甲乙阀门

(1)应说明其材质。如碳钢、塑料和其他材质。

(2)应说明其规格。

(3)应说明其压力等级。如低压管道、中压管道、高压管道等。

(4)应说明其连接形式。如螺纹连接、焊接等。

(5)应说明其接口方式及材质。

3. 塑料阀门

(1)应说明其规格。

（2）应说明其连接形式。如热熔连接、粘接、热风焊接等。

4. 减压器、疏水器、除污器（过滤器）

（1）应说明其材质。如碳钢、塑料和其他材质。

（2）应说明其规格。表 4-23 为减压器规格型号及主要参数。

表 4-23　　　　　　　　　　　减压器规格型号及主要参数表

产品型号	使用介质	最大进口压力 P_1/MPa	最大出口压力 P_2/MPa	气体额定流量 Q/(Nm³/n)	安装连接尺寸/mm	
					输入	输出
YQJ-11	氧气、氩气	≤15	0～1.6	100	G5/8、G3/4	G5/8、G3/4
YQJ-11A	氧气、氩气	≤15	0～1.6	100	G5/8、G3/4	G5/8、G3/4
YQJ-11D	氧气、氩气	≤15	0～1.6	300	G5/8	DN25
YQJ-12D	氧气、氩气	≤2.5	0～1.6	150	DN25	DN25
MYQJ-12	氧气、氩气	≤2.5	0～0.16	100	G3/4	DN25
MYQJ-12	氧气、氩气	≤2.5	0～0.16	100	G3/4	G3/4
MRQJ-12	乙炔、乙烯丙烷	≤2.5	0～0.15	50	G3/4-LH	G3/4-LH
YQJ-2	氧气、氩气	≤2.5	0.01～1.6	70	G5/8	G5/8
QQJ-11	氢气	≤15	0～1.6	100	G5/8、G3/4	G5/8、G3/4
QQJ-30	氢气	≤15	0～0.16	80	G5/8、G3/4	G5/8、G3/4
DQJ-11	氮气	≤15	0～1.6	100	G5/8、G3/4	G5/8、G3/4
DQJ-30	氮气	≤15	0～0.16	80	G5/8、G3/4	G5/8、G3/4
YQT-11	二氧化碳	≤15	0～0.16	100	G5/8、G3/4	G5/8、G3/4
YQT-11Q	二氧化碳	≤15	0～0.16	100	G5/8、G3/4	G5/8、G3/4
EQJ-2	乙炔、乙烯丙烷	≤3	0.01～0.12	70	G5/8	G5/8
EQJ-224	乙炔	≤3	0～0.15	40	M27×1.5	M27×1.5
EQJ-224A	乙炔	≤3	0～0.15	40	M27×1.5	M27×1.5
BWJ-224	丙烷	≤3	0～0.15	40	M27×1.5	M27×1.5
BWJ-224A	丙烷	≤3	0～0.15	40	M27×1.5	M27×1.5

（3）应说明其压力等级。

（4）应说明其连接形式。

（5）应说明减压器、疏水器附件配置。

5. 补偿器

（1）应说明其类型。应采用合适的补偿器，以降低管道运行所产生的作用力，减少管道的应力和作用于阀门及管道支架结构的作用力,确保管道的稳定和安全运行。补偿器类型选择见表 4-24。

表 4-24　　　　　　　　　　　　　补偿器类型选择

补偿器类型	优点	缺点	备注
自然补偿	不必特设补偿器	管变形时会产生横向位移,补偿管段不能很长	当转角≤150°时,管道臂长不宜超过 20~50mm
方形补偿器	制造方便,不用专门维修,工作可靠,轴向推力较小	介质流动阻力大,占地多,不易布置	宜装在两支架管段中间部位,两侧直管段设导向支架,预拉伸 50%
波纹管补偿器	配管简单,安装容易,占地小,维修管理方便,流动阻力小	造价较高	工作温度在 450°以下,规格 DN50~DN240,注意支架的设置
套筒补偿器	补偿能力大(一般可达 250~400mm),结构简单,占地小,流动阻力小,安装方便,造价低	易漏水,需经常维修及更换填料,轴向推力大,只用于直线管段,需固定支座	—
球形补偿器	能作空间变形,补偿能力大,占地小,安装方便,投资省,适用于架空敷设,密封性能,寿命较长	—	两个一组使用,直管段可达 400~500m,应考虑设置导向支座

(2)应说明其材质。如碳钢和其他材质。

(3)应说明其规格。

(4)应说明其压力等级。如低压、中压、高压。

(5)应说明其连接形式。如螺纹连接、焊接等。

6. 软接头(软管)

(1)应说明其材质。如塑料或其他材质。

(2)应说明其规格。

(3)应说明其连接形式。

7. 法兰

(1)应说明其材质。钢管上最常用的法兰有平焊型光滑面、凹凸面法兰两种,如图 4-9 和图 4-10 所示。

(2)应说明其规格、压力等级。法兰常用公称直径 DN 和公称压力 PN 表示,例如钢法兰:$DN100$、$PN1.6$,表示法兰的公称直径为 100mm,公称压力为 1.6MPa。

(3)应说明其连接形式。如螺纹连接、焊接等。

8. 倒流防止器

(1)应说明其材质。如黄铜、铸铁。

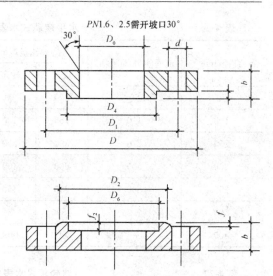

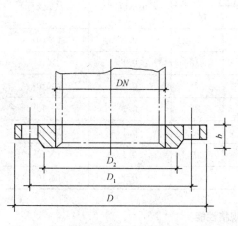

图 4-9　平焊型光滑面法兰　　　　　　图 4-10　凹凸面平焊钢法兰

(2)应说明其型号、规格。如 HS21X DN15～DN50。

(3)应说明其连接形式。如螺纹连接、焊接等。

9. 水表

(1)应说明其安装部位。是室内还是室外。

(2)应说明其型号、规格。表 4-25 为叶轮湿式水表的规格及性能,表 4-26 为水平螺翼式水表规格及性能,表 4-27 为翼轮复式水表规格及性能。

表 4-25　　　　　　　　　　　叶轮湿式水表规格及性能

型号	公称直径/ mm	流　量/(m³/h)					最大示值 /m³	外形尺寸/mm		
		特性	最大	额定	最小	灵敏度		长	宽	高
								L	B	H
LXS-15	15	3	1.5	1.0	0.045	0.017	1×10^4	243	97	117
LXS-20	20	5	2.5	1.6	0.075	0.025	1×10^4	293	97	118
LXS-25	25	7	3.5	2.2	0.090	0.03	1×10^4	343	101	128.8
LXS-32	32	10	5.0	3.2	0.12	0.04	1×10^4	358	101	130.8
LXS-40	40	20	10.0	6.3	0.22	0.07	1×10^5	385	126	150.8
LXS-50	50	30	15.0	10.0	0.40	0.09	1×10^5	280	160	200
LXS-80	80	70	35.0	22.0	1.10	0.30	1×10^6	370	316	275
LXS-100	100	100	50.0	32.0	1.40	0.40	1×10^6	370	328	300
LXS-150	150	200	100.0	63.0	2.40	0.55	1×10^6	500	400	388

表 4-26　　　　　　　　　　　　　水平螺翼式水表规格性能

直径/mm	流通能力/(m³/h)	流量/(m³/h)			最小示值/m³	最大示值/m³
		最大	额定	最小		
80	65	100	60	3	0.1	1×10^5
100	110	150	100	4.5	0.1	1×10^5
150	270	300	200	7	0.1	1×10^5
200	500	600	400	12	0.1	1×10^7
250	800	950	450	20	0.1	1×10^7
300	—	1500	750	35	0.1	1×10^7
400	—	2800	1400	60	0.1	1×10^7

表 4-27　　　　　　　　　　　　　　翼轮复式水表规格性能

型　号	公称直径/mm		流　量/(m³/h)				系数 K	水头损失/m	
	主表	副表	最大	额定	最小	灵敏度		额定	最大
LXF-50	50	15	14	7	0.06	0.03	784	0.63	2.5
LXF-75	75	20	21	11	0.10	0.048	176.4	0.63	2.5
LXF-100	100	20	26	13	0.10	0.048	270.4	0.63	2.5
LXF-150	150	25	82	41	0.15	0.06	2689	0.63	2.5
LXF-200	200	25	92	45	0.15	0.12	3240	0.63	2.5

(3)应说明其连接形式。如螺纹连接、焊接等。

(4)应说明其附件配置。

10. 热量表

(1)应说明其类型。如为机械式(其中包括涡轮式、孔板式、涡街式)、电磁式、超声波式等种类。

(2)应说明其型号、规格。

(3)应说明其连接形式。如螺纹连接、焊接等。

11. 塑料排水管消声器、浮标液面计、浮漂水位标尺

(1)应说明其规格。

(2)应说明浮漂水位标尺的用途。

(3)应说明塑料排水管消声器、浮标液面计的连接形式。

三、管道附件工程量计算实例解析

【例 4-3】如图 4-11 所示为某公共厨房给水系统,给水管道采用焊接钢管,供水方式为上供式,试计算阀门安装工程量。

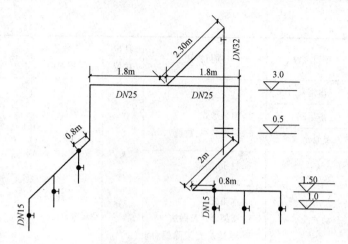

图 4-11　某公共厨房给水系统图

解： 阀门工程量计算规则：按设计图示数量计算。

螺纹阀门工程量：6 个。

第五节　卫生器具

一、卫生器具工程量清单项目设置

卫生器具工程共包括 19 个清单项目，其清单项目设置及工程量计算规则见表 4-28。

表 4-28　　　　　　　　　　卫生器具（编码：031004）

项目编码	项目名称	项目特征	计量单位	工程量计算规则	工作内容
031004001	浴缸				
031004002	净身盆				
031004003	洗脸盆				
031004004	洗涤盆	1. 材质 2. 规格、类型 3. 组装形式 4. 附件名称、数量	组	按设计图示数量计算	1. 器具安装 2. 附件安装
031004005	化验盆				
031004006	大便器				
031004007	小便器				
031004008	其他成品卫生器具				
031004009	烘手器	1. 材质 2. 型号、规格	个		安装

续表

项目编码	项目名称	项目特征	计量单位	工程量计算规则	工作内容
031004010	淋浴器	1. 材质、规格 2. 组装形式 3. 附件名称、数量	套	按设计图示数量计算	1. 器具安装 2. 附件安装
031004011	淋浴间				
031004012	桑拿浴房				
031004013	大、小便槽自动冲洗水箱	1. 材质、类型 2. 规格 3. 水箱配件 4. 支架形式及做法 5. 器具及支架除锈、刷油设计要求			1. 制作 2. 安装 3. 支架制作、安装 4. 防锈、刷油
031004014	给、排水附(配)件	1. 材质 2. 型号、规格 3. 安装方式	个(组)		安装
031004015	小便槽冲洗管	1. 材质 2. 规格	m	按设计图示长度计算	1. 制作 2. 安装
031004016	蒸汽—水加热器	1. 类型 2. 型号、规格 3. 安装方式	套	按设计图示数量计算	
031004017	冷热水混合器				
031004018	饮水器				
031004019	隔油器	1. 类型 2. 型号、规格 3. 安装部位			安装

注:1. 成品卫生器具项目中的附件安装,主要指给水附件包括水嘴、阀门、喷头等,排水配件包括存水弯、排水栓、下水口等以及配备的连接管。
  2. 浴缸支座和浴缸周边的砌砖、瓷砖粘贴,应按现行国家标准《房屋建筑与装饰工程工程量计算规范》(GB 50854—2013)相关项目编码列项;功能性浴缸不含电机接线和调试,应按《通用安装工程工程量计算规范》(GB 50856—2013)附录 D 电气设备安装工程相关项目编码列项(参见本书第三章相关内容)。
  3. 洗脸盆适用于洗脸盆、洗发盆、洗手盆安装。
  4. 器具安装中若采用混凝土或砖基础,应按现行国家标准《房屋建筑与装饰工程工程量计算规范》(GB 50854—2013)相关项目编码列项。
  5. 给、排水附(配)件是指独立安装的水嘴、地漏、地面扫出口等。

二、卫生器具工程项目特征描述

1. 浴缸、净身盆、洗脸盆、洗涤盆、化验盆、大便器、小便器、其他成品卫生器具

(1)应说明其材质。如陶瓷、玻璃钢、塑料等多种制品。

(2)应说明其规格、类型。常用浴缸、净身盆、普通洗脸盆、柱脚式洗脸盆、洗涤盆、坐式大便器(带低位水箱)型号规格分别见表 4-29～表 4-34。

表 4-29　　　　　　　　　浴缸型号规格　　　　mm

类别	长度	宽度	高度
普通浴缸	1200、1300、1400、1500、1600、1700	700～900	355～518
坐泡式浴缸	1100	700	475(坐处 310mm)
按摩浴缸	1500	800～900	470

表 4-30　　　　　　　　　净身盆规格　　　　mm

卫生盆代号	型号					
	A	B	C	E	G	H
601	650	105	350	160	165	205
602	650	100	390	170	150	197
6201	585	167	370	170	155	230
6202	600	165	354	160	135	227
7201	568	175	360	150	175	230
7205	570	180	370	160	175	240

表 4-31　　　　　　　　　普通洗脸盆规格　　　　mm

尺寸部位	洗脸盆编号													
	3.3A 18	4.4A 19	5	6	12	13	14	21	22	27	33	39	40	41	42
长	560	510	560	510	510	410	510	460	360	560	510	410	560	530	560
宽	410	410	410	410	310	310	360	290	260	410	410	310	460	450	410
高	300	280	270	250	260	200	250	225	200	210	210	200	240	215	200

注：1. 表中 18 号、19 号为中心单眼洗脸盆。

2. 表中 3.3A 号、4.4A 号为三暗进水眼洗脸盆。

3. 表中 13 号、21 号、22 号、39 号为右单眼洗脸盆。

表 4-32　　　　　　　　　柱脚式洗脸盆规格　　　　mm

脸盆型号	尺寸部位				备注
	长	宽	总高	盆高	
PT-4	710	560	800	210	
PT-6	680	530	800	200	
PT-7	560	430	800	215	1.PT7～PT10 为方形盆
PT-8	685	520	800	200	2."总高"为盆高与柱脚高之和
PT-9	610	510	780	235	
PT-10	610	460	780	190	
PT-11	590	445	800	220	

表 4-33　　　　　　　　　　　　　洗涤盆规格　　　　　　　　　　　　　　　mm

尺寸部位	1 号	2 号	3 号	4 号	5 号	6 号	7 号	8 号
长	610	610	510	610	410	610	510	410
宽	460	410	360	410	310	460	360	310
高	200	200	200	150	200	150	150	150

表 4-34　　　　　　　　　　坐式大便器(带低位水箱)规格　　　　　　　　　　mm

尺寸 型号	外形尺寸						上水配管		下水配管
	A	B	B_1	B_2	H_1	H_2	C	C_1	D
601	711	210	534	222	375	360	165	81	340
602	701	210	534	222	380	360	165	81	340
6201	725	190	480	225	360	335	165	72	470
6202	715	170	450	215	360	350	160	175	460
7201	720	186	465	213	370	375	137	90	510
7205	700	180	475	218	380	380	132	109	480

(3)应说明其组装形式。

(4)应说明其附件名称、数量。

2. 烘手器

(1)应说明其材质。如金属、复合材料。

(2)应说明其型号、规格。

3. 淋浴器、淋浴间、桑拿浴房

(1)应说明其材质、规格。如金属、亚克力、复合材料。表 4-35 为常用淋浴房型号及规格。

表 4-35　　　　　　　　　　　常用淋浴房型号及规格　　　　　　　　　　　mm

型号	外形尺寸				材　料
	A	C	D	H	
CS-8701、175、1××	700	140	85	1750	聚苯乙烯
CS-8701、190、1××	700	140	85	1900	聚苯乙烯
CS-8751、175、1××	750	140	90	1750	聚苯乙烯
CS-8751、190、1××	750	140	90	1900	聚苯乙烯
CS-8801、175、1××	800	140	110	1750	聚苯乙烯
CS-8801、190、1××	800	140	110	1900	聚苯乙烯

续表

型号	外形尺寸				材　料
	A	C	D	H	
CS-8801、185、2××	800	140	110	1850	全透明钢化玻璃
CS-8801、185、3××	800	140	110	1850	水波纹钢化玻璃
CS-8801、185、4××	800	140	110	1850	喷砂钢化玻璃
WM900 WM800	800	140	110	1750	聚苯乙烯
	800	140	110	1900	聚苯乙烯
	800	140	110	1850	全透明钢化玻璃
	800	140	110	1850	水波纹钢化玻璃
	800	140	110	1850	喷砂钢化玻璃
	900	150	120	1830	—
HD760	750	140	90	1750	聚苯乙烯
	750	140	90	1900	聚苯乙烯
JW$_6$-750	750	140	90	1750	聚苯乙烯
	750	140	90	1900	聚苯乙烯

(2)应说明其组装形式。

(3)应说明其附件名称、数量。

4. 大、小便槽自动冲洗水箱

(1)应说明其材质。如陶瓷、碳钢、玻璃钢。

(2)应说明其类型。如方形或圆形钢板水箱、小(大)便槽冲洗水箱等。

(3)应说明其规格。表 4-36 为小便槽自动冲洗水箱规格。

表 4-36　　　　　　　　　小便槽自动冲洗水箱规格

编号	小便槽长度 /m	水箱有效容积 /L	自动冲洗阀公称 通径/mm	水箱尺寸/mm		
				长	宽	高
Ⅰ	1.00	3.8	20	150	150	250
Ⅱ	1.10~2.00	7.6	20	200	200	250
Ⅲ	2.10~3.50	11.4	25	240	200	300
Ⅳ	3.60~5.00	15.20	25	310	200	300
Ⅴ	5.10~6.00	19.00	32	320	200	350

(4)应说明其水箱配件。

表 4-37 为单个自动冲洗挂式小便器主要材料表。

表 4-37　　　　　　　　　单个自动冲洗挂式小便器主要材料表

编号	名称	规格	材质	单位	数量
1	水箱进水阀	DN15	铜	个	1
2	高水箱	1 号或 2 号	陶瓷	个	1
3	自动冲洗阀	DN32	铸铜或铸铁	个	1
4	冲洗管及配件	DN32	铜管配件镀铬	套	1
5	挂式小便器	3 号	陶瓷	个	1
6	连接管及配件	DN15	铜管配件镀铬	套	1
7	存水弯	DN32	铜、塑料、陶瓷	个	1
8	压盖	DN32	铜	个	1
9	角式截止阀	DN15	铜	个	1
10	弯头	DN15	锻铁	个	1

(5)应说明其支架形式及做法。

(6)应说明其器具及支架除锈、刷油设计要求。

5. 给、排水附(配)件

(1)应说明其材质。

(2)应说明其型号、规格。

(3)应说明其安装方式。

6. 小便槽冲洗管

(1)应说明其材质。如陶瓷、铸铁、搪瓷、玻璃钢等。

(2)应说明其规格。

7. 蒸汽-水加热器、冷热水混合器、饮水器

(1)应说明其类型、型号、规格。

(2)应说明其安装方式。

8. 隔油器

(1)应说明其类型。如地上式隔油器、地埋式隔油器、吊装式隔油器等。

(2)应说明其型号、规格。

(3)应说明其安装部位。

三、卫生器具工程量计算实例解析

【例 4-4】 如图 4-12 所示为一淋浴器示意图,试计算其工程量。

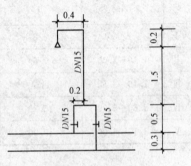

图 4-12　淋浴器示意图

解： 淋浴器工程量计算规则：按设计图示数量计算。

淋浴器工程量：1套。

第六节 供暖器具

一、供暖器具工程量清单项目设置

供暖器具工程共包括8个清单项目，其清单项目设置及工程量计算规则见表4-38。

表 4-38 供暖器具（编码：031005）

项目编码	项目名称	项目特征	计量单位	工程量计算规则	工作内容
031005001	铸铁散热器	1. 型号、规格 2. 安装方式 3. 托架形式 4. 器具、托架除锈、刷油设计要求	片（组）	按设计图示数量计算	1. 组对、安装 2. 水压试验 3. 托架制作、安装 4. 除锈、刷油
031005002	钢制散热器	1. 结构形式 2. 型号、规格 3. 安装方式 4. 托架刷油设计要求	组（片）		1. 安装 2. 托架安装 3. 托架刷油
031005003	其他成品散热器	1. 材质、类型 2. 型号、规格 3. 托架刷油设计要求			
031005004	光排管散热器	1. 材质、类型 2. 型号、规格 3. 托架形式及做法 4. 器具、托架除锈、刷油设计要求	m	按设计图示排管长度计算	1. 制作、安装 2. 水压试验 3. 除锈、刷油
031005005	暖风机	1. 质量 2. 型号、规格 3. 安装方式	台	按设计图示数量计算	安装
031005006	地板辐射采暖	1. 保温层材质、厚度 2. 钢丝网设计要求 3. 管道材质、规格 4. 压力试验及吹扫设计要求	1. m² 2. m	1. 以平方米计量，按设计图示采暖房间净面积计算 2. 以米计量，按设计图示管道长度计算	1. 保温层及钢丝网铺设 2. 管道排布、绑扎、固定 3. 与分集水器连接 4. 水压试验、冲洗 5. 配合地面浇注

续表

项目编码	项目名称	项目特征	计量单位	工程量计算规则	工作内容
031005007	热媒集配装置	1. 材质 2. 规格 3. 附件名称、规格、数量	台	按设计图示数量计算	1. 制作 2. 安装 3. 附件安装
031005008	集气罐	1. 材质 2. 规格	个		1. 制作 2. 安装

注:1 铸铁散热器,包括拉条制作安装。

2 钢制散热器结构形式,包括钢制闭式、板式、壁板式、扁管式及柱式散热器等,应分别列项计算。

3 光排管散热器,包括联管制作安装。

4 地板辐射采暖,包括与分集水器连接和配合地面浇注用工。

二、供暖器具工程项目特征描述

1. 铸铁散热器

(1)应说明其型号、规格。常用铸铁散热器性能参数及规格见表4-39~表4-42。

表4-39　　　　　　　　　　铸铁散热器性能参数

序号	类型	散热面积/(m²/片)	水容量/(L/片)	质量/(kg/片)	工作压力/MPa	散热量	
						W/片	计算式
1	长翼型(大60)	1.16	8	26	0.4　0.6	480	$Q=5.307\Delta T^{1.345}$ (3 片)
2	长翼型(40型)	0.88	5.7	16	0.4	376	$Q=5.333\Delta T^{1.285}$ (3 片)
3	方翼型(TF系列)	0.56	0.78	7	0.6	196	$Q=3.233\Delta T^{1.249}$ (3 片)
4	圆翼型(D75)	1.592	4.42	30	0.5	582	$Q=6.161\Delta T^{1.258}$ (2 片)
5	M—132型	0.24	1.32	7	0.5　0.8	139	$Q=6.538\Delta T^{1.286}$ (10 片)
6	四柱813型	0.28	1.4	8	0.5　0.8	159	$Q=6.887\Delta T^{1.306}$ (10 片)
7	四柱760型	0.237	1.16	6.6	0.5　0.8	139	$Q=6.495\Delta T^{1.287}$ (10 片)
8	四柱640型	0.205	1.03	5.7	0.5　0.8	123	$Q=5.006\Delta T^{1.321}$ (10 片)
9	四柱460型	0.128	0.72	3.5	0.5　0.8	81	$Q=4.562\Delta T^{1.244}$ (10 片)
10	四细柱500型	0.126	0.4	3.08	0.5　0.8	79	$Q=3.922\Delta T^{1.272}$ (10 片)
11	四细柱600型	0.155	0.48	3.62	0.5　0.8	92	$Q=4.744\Delta T^{1.265}$ (10 片)
12	四细柱700型	0.183	0.57	4.37	0.5　0.8	109	$Q=5.304\Delta T^{1.279}$ (10 片)
13	六细柱700型	0.273	0.8	6.53	0.5　0.8	153	$Q=6.750\Delta T^{1.302}$ (10 片)
14	弯肋型	0.24	0.64	6.0	0.5　0.8	91	$Q=6.254\Delta T^{1.196}$ (10 片)
15	辐射对流型(TFD)	0.34	0.75	6.5	0.5　0.8	162	$Q=7.902\Delta T^{1.277}$ (10 片)

表 4-40　　　　　　　　　　　　　　　　柱型散热器规格

名　称	高度 H/mm		上下孔中心距/mm	每片厚度/mm	每片宽度/mm	每片容量/L	每片放热面积/m²	每片质量/kg	每片实际放热量/W	最大工作压力/MPa	接口直径 DN/mm
	带腿片	中间片									
四柱 760	760	696	614	51	166	0.80	0.235	8(7.3)	207	4	32
四柱 813	813	732	642	57	164	1.37	0.28	7.99(7.55)	—	4	32
五柱 700	700	626	544	50	215	1.22	0.28	1.01(9.2)	208	4	32
五柱 800	800	766	644	50	215	1.34	0.33	11.1(10.2)	251.2	4	32
二柱波利扎 3	—	590	500	80	184	2.8	0.24	7.5	202.4	4	40
二柱洛尔 150	—	390	300	60	150	—	0.13	4.92		4	40
二柱波利扎 6	—	1090	1000	80	184	4.9	0.46	15	329.13	4	40
二柱莫斯科 150	—	583	500	82	150	1.25	0.25	7.5	211.67	4	40
二柱莫斯科 132	—	583	500	82	132	1.1	0.25	7	198.87	4	40
二柱伽马－1	—	585	500	80	185	—	0.25	10	—	4	40
二柱伽马－3	—	1185	1100	80	185	—	0.49	19.8		4	40

注:括号内数字为无足暖气片质量。

表 4-41　　　　　　　　　　　　　　　　长翼型散热器规格

名称	高度 H/mm	上下孔中心距 h/mm	宽度 B/mm	翼　数	长度/mm	每片放热面积/m²	每片容量/L
60 大	600	505	115	14	280	1.175	3
60 小	600	505	115	10	200	0.860	5.4
46 大	460	365	115	12	240	—	4.9
46 小	460	365	115	9	180	—	3.8
38 大	380	285	115	15	300	1.000	4.9
38 小	380	285	115	12	240	0.750	3.8

表 4-42　　　　　　　　　　　　　　　　圆翼型散热器规格

长度 L/mm	翼数	翼片外径 D/mm	法兰外径 d/mm	管内径/mm	每片放热面积/m²	每片容量/L	每片重量/kg
1000	44	170	150	70	1.81	3.85	36
1000	44	175	160	70	2.00	3.85	37.5
1000	43	167	146	51	1.81	2.04	36.5
1000	43	165	135	50	1.81	1.96	32.5
1500	69	175	160	70	3.00	3.77	59.5
2000	93	175	160	70	4.00	7.70	73.5

(2)应说明其安装方式。

(3)应说明其托架形式。

(4)应说明其器具,托架除锈、刷油设计要求。

2. 钢制散热器

(1)应说明其结构形式。钢制散热器按结构形式可分为钢制闭式散热器、钢制板式散热器、钢制壁板式散热器、钢制柱式散热器四种。

(2)应说明其型号、规格。

(3)应说明其安装方式。

(4)应说明其托架刷油设计要求。

3. 其他成品散热器

(1)应说明其材质、类型、型号、规格。

(2)应说明其托架刷油设计要求。

4. 光排管散热器

(1)应说明其材质、类型。

(2)应说明其型号、规格。

1)光排管散热器型号按设计要求划分为 A 型和 B 型。光排管散热器的外形尺寸见表 4-43。

表 4-43　　　　　　　　　　　　光排管散热器的外形尺寸

形式	管径 排数	$D76×3.5$		$D89×3.5$		$D108×4$		$D133×4$	
		三排	四排	三排	四排	三排	四排	三排	四排
L	A 型	452	578	498	637	556	714	625	809
	B 型	328	454	367	506	424	582	499	682

注:L 为 2000、2500、3000、3500、4000、4500、5000、5500、6000(mm)共 9 种。

2)描述规格时,应说明散热器的管径、排数及长度。如 $D89×4.0-3.5-4$、$D108×4.5-3.5-3$。

(3)应说明其托架形式及做法。

(4)应说明其器具,托架除锈、刷油设计要求。

5. 暖风机

(1)应说明其支架质量。表 4-44 为常用暖风机支架质量。

表 4-44　　　　　　　　　　常用暖风机支架质量　　　　　　　　　kg

安装类型	型号	TCTM-70	AOn-25	AOn-50	AOn-75	AOn-125
钢筋混凝土平台在砖墙上安装	Ⅰ	8.60	6.82	8.76	11.72	14.96
	Ⅱ	10.96	8.46	12.00	12.84	17.87
	Ⅲ	8.76	6.40	6.68	8.66	10.66

续表

安装类型	型号	TCTM-70	AOn-25	AOn-50	AOn-75	AOn-125
在砖墙上安装	I	10.64	10.88	12.18	13.24	15.12
	II	12.00	11.50	12.78	15.72	17.77
	III	7.53	7.17	7.97	11.02	12.10
在混凝土柱或钢柱上安装	I	21.19	19.81	21.10	24.74	20.97
	II	20.54	20.31	21.09	26.48	27.83
	III	8.87	8.64	9.41	12.93	14.23
	IV	16.72	16.92	19.90	26.15	30.91

(2)应说明其型号、规格。

(3)应说明其安装方式。暖风机有台式、立式、壁挂式等。如壁挂式暖风机可节省空间。

6. 地板辐射采暖

(1)应说明其保温层材质、厚度。如 2cm 厚聚苯保温板、保温卷材或进口保温膜等。

(2)钢丝网设计要求。钢丝网间距 100mm×100mm,规格 2m×1m,铺设要严整严密,钢网间用扎带捆扎,不平或翘曲的部位用钢钉固定在楼板上。设置防水层的房间如卫生间、厨房等固定钢丝网时不允许打钉,管材或钢网翘曲时应采取措施防止管材露出混凝土表面。

(3)应说明其管道材质、规格。

(4)应说明其压力试验及吹扫设计要求。从注水排气阀注入清水进行水压试验,试验压力为工作压力的 1.5～2 倍,但不小于 0.6MPa,稳压 1h 内压力下降不大于0.05MPa,且不渗不漏为合格。

7. 热媒集配装置

(1)应说明其材质。

(2)应说明其规格。

(3)应说明其附件名称、规格、数量。

8. 集气罐

(1)应说明其材质。如碳钢或不锈钢。

(2)应说明其规格。如简体内径(300mm)、容器总高(600mm)。

三、供暖器具工程量计算实例解析

【例 4-5】如图 4-13 所示为某光排管散热器,L_1＝450mm,试计算其工程量。

解: 光排管散热器工程量计算规则:按设计图示排管长度计算。

光排管散热器工程量:0.45×3=1.35m

【例 4-6】 某钢制闭式散热器如图 4-14 所示,试计算其工程量。

解: 钢制闭式散热器工程量计算规则:按设计图示数量计算。

钢制闭式散热器工程量:1 片

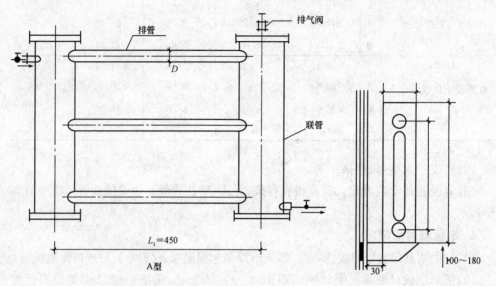

<table>
<tr><td align="center">图 4-13　某光排管散热器示意图</td><td align="center">图 4-14　某钢制闭式散热器示意图</td></tr>
</table>

第七节　采暖、给排水设备

一、采暖、给排水设备工程量清单项目设置

采暖、给排水设备工程共包括 15 个清单项目,其清单项目设置及工程量计算规则见表 4-45。

表 4-45　　　　　　　　　　采暖、给排水设备(编码:031006)

项目编码	项目名称	项目特征	计量单位	工程量计算规则	工作内容
031006001	变频给水设备	1. 设备名称 2. 型号、规格 3. 水泵主要技术参数 4. 附件名称、规格、数量 5. 减震装置形式	套	按设计图示数量计算	1. 设备安装 2. 附件安装 3. 调试 4. 减震装置制作、安装
031006002	稳压给水设备				
031006003	无负压给水设备				
031006004	气压罐	1. 型号、规格 2. 安装方式	台		1. 安装 2. 调试

续表

项目编码	项目名称	项目特征	计量单位	工程量计算规则	工作内容
031006005	太阳能集热装置	1. 型号、规格 2. 安装方式 3. 附件名称、规格、数量	套	按设计图示数量计算	1. 安装 2. 附件安装
031006006	地源(水源、气源)热泵机组	1. 型号、规格 2. 安装方式 3. 减压装置形式	组		1. 安装 2. 减震装置制作、安装
031006007	除砂器	1. 型号、规格 2. 安装方式			
031006008	水处理器	1. 类型 2. 型号、规格			安装
031006009	超声波灭藻设备				
031006010	水质净化器				
031006011	紫外线杀菌设备	1. 名称 2. 规格	台		
031006012	热水器、开水炉	1. 能源种类 2. 型号、容积 3. 安装方式			1. 安装 2. 附件安装
031006013	消毒器、消毒锅	1. 类型 2. 型号、规格			安装
031006014	直饮水设备	1. 名称 2. 规格	套		
031006015	水箱	1. 材质、类型 2. 型号、规格	台		1. 制作 2. 安装

注:1. 变频给水设备、稳压给水设备、无负压给水设备安装说明:
1)压力容器包括气压罐、稳压罐、无负压罐。
2)水泵包括主泵及备用泵,应说明数量。
3)附件包括给水装置中配备的阀门、仪表、软接头,应说明数量,含设备、附件之间管路连接。
4)泵组底座安装,不包括基础砌(浇)筑,应按现行国家标准《房屋建筑与装饰工程工程量计算规范》(GB 50854—2013)相关项目编码列项。
5)控制柜安装及电气接线、调试应按《通用安装工程工程量计算规范》(GB 50856—2013)附录D电气设备安装工程相关项目编码列项(参见本书第三章相关内容)。
2. 地源热泵机组,接管以及接管上的阀门、软接头、减震装置和基础另行计算,应按相关项目编码列项。

二、采暖、给排水设备项目特征描述

1. 变频给水设备、稳压给水设备、无负压给水设备

(1)应说明其设备名称。

(2)应说明其型号、规格。如 WWG150-80-3。

(3)应说明其水泵主要技术参数。如水泵流量为 $30m^3/h$,扬程为 $62m$,功率为 $7.5kW$,泵组进出口管径为 $DN100$。

(4)应说明其附件名称、规格、数量。如主泵组,变频调速供水控制系统,稳压泵组(可选组件),稳压罐(可选组件)。

(5)应说明其减震装置形式。

2. 气压罐

(1)应说明其型号。如 YZ93-T5。

(2)应说明其规格。如 2、4、5、8、12、18、19、20、24(L)等。

(3)应说明其安装方式。

3. 太阳能集热装置

(1)应说明其型号、规格。

(2)应说明其安装方式。

(3)应说明其附件名称、规格、数量。

4. 地源(水源、气源)热泵机组

(1)应说明其型号、规格。

(2)应说明其安装方式。

(3)应说明其减压装置形式。

5. 除砂器

(1)应说明其型号、规格。

(2)应说明其安装方式。

6. 水处理器、超声波灭藻设备、水质净化器

(1)应说明其类型。水处理器如旁流水处理器、电子水处理器。

(2)应说明其型号、规格。

7. 紫外线杀菌设备

(1)应说明其名称。

(2)应说明其规格。如 JC-UVC-100。

8. 热水器、开水炉

(1)应说明其能源种类。热水器按照能源不同可分为电热水器、燃气热水器、太阳能热水器和空气能热水器四种。电热水器分为储水式和即热式(又称快速式)两种。

(2)应说明其型号、容积。如 FCD-JTHML45-III(BE)。

(3)应说明其安装方式。

9. 消毒器、消毒锅

(1)应说明其类型。如紫外线消毒器、火焰消毒器。

(2)应说明其型号、规格。如 WR93-06,CN61M/HXD420B。

10. 直饮水设备

(1)应说明其名称。

(2)应说明其规格。

11. 水箱

(1)应说明其材质、类型。

(2)应说明其型号、规格。

三、采暖、给排水设备工程量计算实例解析

【例 4-7】 某恒压供水设备水泵最大流量为 120L/min,系统压力低于 0.22MPa 时水泵自动启动,系统压力达到 0.7MPa 时,水泵自动停机,气压罐预充压力为 0.2MPa,选用 1 台气压罐,型号为 YZ93-T5,图 4-15 为气压罐工作原理图,试计算其工程量。

解: 气压罐工程量计算规则:按设计图示数量计算。

气压罐工程量:1 台。

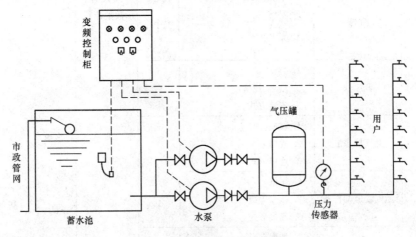

图 4-15　某气压罐工作原理图

第八节　燃气器具及其他工程

一、燃气器具及其他工程量清单项目设置

燃气器具及其他工程共包括 12 个清单项目,其清单项目设置及工程量计算规则见表 4-46。

表 4-46　　　　　　　　　　燃气器具及其他(编码:031007)

项目编码	项目名称	项目特征	计量单位	工程量计算规则	工作内容
031007001	燃气开水炉	1. 型号、容量 2. 安装方式 3. 附件型号、规格	台	按设计图示数量计算	1. 安装 2. 附件安装
031007002	燃气采暖炉				
031007003	燃气沸水器、消毒器	1. 类型 2. 型号、容量 3. 安装方式 4. 附件型号、规格			
031007004	燃气热水器				
031007005	燃气表	1. 类型 2. 型号、容量 3. 连接方式 4. 托架设计要求	块 (台)		1. 安装 2. 托架制作、安装
031007006	燃气灶具	1. 用途 2. 类型 3. 型号、规格 4. 安装方式 5. 附件型号、规格	台		1. 安装 2. 附件安装
031007007	气嘴	1. 单嘴、双嘴 2. 材质 3. 型号、规格 4. 连接形式	个		
031007008	调压器	1. 类型 2. 型号、规格 3. 安装方式	台		
031007009	燃气抽水缸	1. 材质 2. 规格 3. 连接形式	个		安装
031007010	燃气管道调长器	1. 规格 2. 压力等级 3. 连接形式			
031007011	调压箱、调压装置	1. 类型 2. 型号、规格 3. 安装部位	台		
031007012	引入口砌筑	1. 砌筑形式、材质 2. 保温、保护材料设计要求	处		1. 保温(保护)台砌筑 2. 填充保温(保护)材料

注:1. 沸水器、消毒器适用于容积式沸水器、自动沸水器、燃气消毒器等。
　　2. 燃气灶具适用于人工煤气灶具、液化石油气灶具、天然气灶具等,用途应描述民用或公用,类型应描述所采用气源。
　　3. 调压箱、调压装置安装部位应区分室内、室外。
　　4. 引入口砌筑形式应说明地上、地下。

二、燃气器具及其他工程项目特征描述

1. 燃气开水炉、燃气采暖炉

(1)应说明其型号、容量。

1)开水炉型号，如 KLHS0.035-340-QCLHS0.10-95-QL。

2)采暖炉型号，如 DSJ8-B、TWGN-30。

3)开水炉容量：80～200L。

(2)应说明其安装方式。

(3)应说明其附件型号、规格。

2. 燃气沸水器、消毒器，燃气热水器

(1)应说明其类型。燃气快速热水器可根据燃气种类、安装位置及给排气方式、用途、采暖热水系统结构形式进行分类。具体分类内容见表 4-47～表 4-49。

表 4-47　　　　　　　　　　　　　　按燃气类别分类

燃气种类	代号	燃气额定供气压力/Pa
人工煤气	5R、6R、7R	1000
天然气	4T、6T	1000
	10T、12T、13T	2000
液化石油气	19Y、20Y、22Y	2800

表 4-48　　　　　　　　　　　　按安装位置或给排气方式分类

名　　称		分类内容	注　　解
室内型	自然排气式	烟道式	燃烧时所需空气取自室内,用排气管在自然抽力作用下将烟气排至室外
	强制排气式	强排式	燃烧时所需空气取自室内,用排气管在风机作用下强制将烟气排至室外
	自然给排气式	平衡式	将给排气管接至室外,利用自然抽力进行给排气
	强制给排气式	强制平衡式	将给排气管接至室外,利用风机强制进行给排气
室外型	室外型其他		只可以安装在室外的热水器

表 4-49　　　　　　　　　　按采暖热水系统结构形式分类

循环方式	分类内容
开放式	热水器采暖循环通路与大气相通
密闭式	热水器采暖循环通路与大气隔绝

(2)应说明其型号、容量。燃气快速热水器规格及性能见表 4-50。

表 4-50　　　　　　　　　　燃气快速热水器规格及性能

型号	燃气种类	热水产量 Δt=25℃ /(L/min)	燃气耗量 /(m³/h)	燃气额定压力 /mmH₂O	供水压力 /MPa	热效率 /%	点火方式	质量 /kg
YSZ-4	液化石油气	5	0.31	280				
JSZ-4	炼焦煤气	5	2.02	80	0.04~0.2	—	压电	5.5
TSZ-4	天然气	5	0.98	200				
JSYZ₅-$\frac{A}{B}$	液化石油气	5	0.8~0.9 (kg/h)	280~300				
JSRZ₅-$\frac{A}{B}$	人工煤气	5	2~2.5	80~100	0.05~0.5	>80	压电	5.5
JSTZ₅-$\frac{A}{B}$	天然气	5	1~1.2	200~250				

注:1mmH₂O=9.80665Pa。

(3)应说明其安装方式。

(4)应说明其附件型号、规格。

3. 燃气表

(1)应说明其类型。常用的燃气计量表有膜式计量表、回转式计量表、湿式计量表、涡轮计量表四种形式。

1)膜式计量表。膜式计量表属容积式流量计,是依据流过流量计的气体的体积来测定其流量的多少。

2)回转式计量表。回转式计量表不仅可以测量气体,也可以测量液体。测量气体的流量计通常称为腰轮计量表,测量液态液化石油气的回转式计量表通常称为椭圆齿轮计量表。

3)湿式计量表。湿式计量表的结构简单、精度高、使用压力低、流量较小。

4)涡轮计量表。涡轮计量表是由表体和电子校正仪两部分组成,燃气流动时,表体中的叶轮与流过气体的流速成正比,并通过一套机械传动机构及磁耦合连接件传送至 8 位字轮式计数器,得到累积的工作状况下的气体体积。

(2)应说明其型号、规格。如膜式计量表的规格,一般按其公称流量划分为 1.6、2.5、4、6、10、16、25、40、65、100、160、250、400、650(m³/h)。

(3)应说明其连接方式。如螺纹连接。

(4)应说明其托架设计要求。

4. 燃气灶具

(1)应说明其用途。使用对象应说明是民用还是公用。

(2)应说明其类型。

1)按燃气类别可分为:人工煤气灶具、天然气灶具、液化石油气灶具。

2)按灶眼数可分为:单眼灶、双眼灶、多眼灶。

3)按功能可分为:灶、烤箱灶、烘烤灶、烤箱、烘烤器、饭锅、气电两用灶具。

4)按结构形式可分为:台式、嵌入式、落地式、组合式、其他形式。

5)按加热方式可分为:直接式、半直接式、间接式。

(3)应说明其型号、规格。应说明灶具的结构形式、灶眼数量等,如:JZT2 型为双眼台式燃气炉、MR3-4 型为四眼燃气炉。

(4)应说明其安装方式。灶具的安装比较简单。首先检查气种是否合适,对嵌入式灶具要严格按说明书给的开孔尺寸挖孔,用配套的夹子固定好。需要注意的是,进气管一定要用管箍固定,长度要适宜,过长会增加进气管阻力造成压降,降低灶具的热流量;过短会造成拉拽现象,胶管易脱落。胶管规格要与接头配套,松则密封不严造成漏气,过紧(如用热水泡才能套上)就会加速胶管的老化。

(5)应说明其附件型号、规格。

5. 气嘴

(1)应说明单嘴或双嘴。

(2)应说明其材质,如 PVC。

(3)应说明其型号、规格。

(4)应说明其连接形式。如气嘴与金属管连接,气嘴与胶管连接。

6. 调压器

(1)应说明其类型。调压器按作用方式可分为直接调压器和间接调压器两种;按用途或使用对象分为用于场、站调压装置的调压器,用于网路调压装置的调压器,用于专用调压的调压器及用于用户的调压器;按结构可以分为浮筒式及薄膜式调压器;按进出口压力分为高高压、高中压、高低压、中中压、中低压及低低压调压器。

(2)应说明其型号、规格。

(3)应说明其安装方式。

7. 燃气抽水缸

(1)应说明其材质,如碳钢。

(2)应说明其规格。

(3)应说明其连接形式,如法兰连接、焊接连接。

8. 燃气管道调长器

(1)应说明其规格。

(2)应说明其压力等级。

(3)应说明其连接形式,如法兰连接、焊接连接。

9. 调压箱、调压装置

(1)应说明其类型。

(2)应说明其型号、规格。如调压箱型号为 RX600+300/1.6E-M。调压箱的型号用下列方法表示:

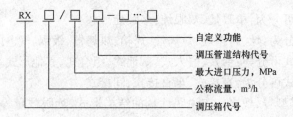

1)调压箱代号为 RX。

2)公称流量单位 m³/h。其值为设计流量的前两位流量值,多余数字舍去,如果不足原数字位数的,则用零补足。对于有多路总出口的调压箱,公称流量采用将各路总出口的公称流量以"+"连接来表示。如:调压装置的设计流量为 1.65m³/h,则型号标识的公称流量为 1.6m³/h。

3)调压装置的设计流量为 4567m³/h,则型号标识的公称流量为 4500m³/h。

4)最大进口压力以其数值表示,优先选用 0.01MPa、0.2MPa、0.4MPa、0.8MPa、1.6MPa、2.5MPa、4.0MPa 7 个规格。

5)调压管道结构代号见表 4-51。

表 4-51　　　　　　　　　　调压管道结构代号

调压管道结构代号	A	B	C	D	E
调压管道结构	1+0	1+1	2+0	2+1	其他

注:调压管道结构中,"+"前一位数为调压路数,"+"后一位数为调压旁通数。

6)自定义功能,生产商根据实际情况自定义的功能,用大写字母表示,不限位数。

(3)应说明其安装部位。

10. 引入口砌筑

(1)应说明其砌筑形式、材质。

(2)应说明其保温、保护材料设计要求。

三、燃气器具及其他工程量计算实例解析

【例 4-8】 如图 4-16 所示为某燃气采暖炉,型号为 DSJ8-B,试计算其工程量。

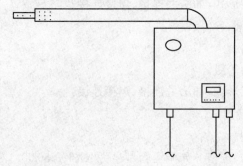

图 4-16　某燃气采暖炉示意图

解：燃气采暖炉工程量计算规则：按设计图示数量计算。

燃气采暖炉工程量：1 台。

第九节　给排水、采暖、燃气其他工程

一、医疗气体设备及附件工程

1. 工程量清单项目设置

医疗气体设备及附件工程共包括 14 个清单项目，其清单项目设置及工程量计算规则见表 4-52。

表 4-52　　　　　　　　医疗气体设备及附件(编码：031008)

项目编码	项目名称	项目特征	计量单位	工程量计算规则	工作内容
031008001	制氧机	1. 型号、规格 2. 安装方式	台	按设计图示数量计算	1. 安装 2. 调试
031008002	液氧罐				
031008003	二级稳压箱				
031008004	气体汇流排		组		
031008005	集污罐		个		安装
031008006	刷手池	1. 材质、规格 2. 附件材质、规格	组		1. 器具安装 2. 附件安装
031008007	医用真空罐	1. 型号、规格 2. 安装方式 3. 附件材质、规格	台		1. 本体安装 2. 附件安装 3. 调试
031008008	气水分离器	1. 规格 2. 型号			安装
031008009	干燥机	1. 规格 2. 安装方式			1. 安装 2. 调试
031008010	储气罐				
031008011	空气过滤器		个		
031008012	集水器		台		
031008013	医疗设备带	1. 材质 2. 规格	m	按设计图示长度计算	
031008014	气体终端	1. 名称 2. 气体种类	个	按设计图示数量计算	

注：1. 气体汇流排适用于氧气、二氧化碳、氮气、笑气、氩气、压缩空气等医用气体汇流排安装。

　　2. 空气过滤器适用于医用气体预过滤器、精过滤器、超精过滤器等安装。

2. 医疗气体设备及附件工程项目特征描述

(1)制氧机、液氧罐、二级稳压箱、气体汇流排、集污罐。

1)应说明其型号、规格。表 4-53 为气体汇流排的基本参数。

表 4-53　　　　　　　　　　气体汇流排的基本参数

名称	输入压力/MPa	输出压力/MPa	流量/(m³/h)	汇流瓶数
氧气汇流排	15	0.1~4	4~1000	5~30
氢气汇流排	15	0.1~4	150~250	5~30
氮气汇流排	15	0.1~4	60~250	5~30
二氧化碳汇流排	15	0.1~4	60~250	5~30

注:1. 最大或最小范围,具体的调节范围可根据用户的要求而定。

　　2. 汇流瓶数,可以根据用户的需求生产不同瓶数的汇流排。

　　3. 上表所示只是代表性的气体汇流排。其他介质及非标气体汇流也可根据用户的要求加工定做。

2)应说明其安装方式。

(2)刷手池。

1)应说明其材质。如不锈钢等。

2)应说明其规格。如二人刷手池规格:1600mm×2000mm×700mm;三人刷手池规格:2400mm×2000mm×700mm。

3)应说明其附件材质、规格。如附件有过滤装置,杀菌装置,配进口红外线控制感应水嘴,感应皂液器,独立镜灯、自动刷器,有冷热系统,每台配 60L 电热水器。

(3)医用真空罐。

1)应说明其型号、规格。

2)应说明其安装方式。

3)应说明其附件材质、规格。如聚丙烯等。

(4)气水分离器。应说明其型号、规格。

(5)干燥机、储气罐、空气过滤器、集水器。

1)应说明其规格。

2)应说明其安装方式。

(6)医疗设备带。

1)应说明其材质。如高强度铝合金。

2)应说明其规格。如 190mm×60mm。

(7)气体终端。

1)应说明其名称。医用气体终端一般是采用插拔式自封接头的形式。它由一个气体自封插座和一个气体插头组成。使用时,将空心的气体插头插进气体插座,顶开其中的活门,使管道中的气体能从插座和插头的内腔通过。一旦拔出气体插头,阀座中的弹性元件就将活门关闭,禁止气体通行。

2)应说明其气体种类。医用气体是指医疗方面使用的气体。有的直接用于治疗；有的用于麻醉；有的用来驱动医疗设备和工具；有的用于医学试验和细菌、胚胎培养等。常用的有氧气、氧化二氮、二氧化碳、氩气、氦气、氮气和压缩空气。

二、采暖、空调水工程系统调试工程

1. 工程量清单项目设置

采暖、空调水工程系统调试工程共包括 2 个清单项目，其清单项目设置及工程量计算规则见表 4-54。

表 4-54　　　　　　　　采暖、空调水工程系统调试（编码：031009）

项目编码	项目名称	项目特征	计量单位	工程量计算规则	工作内容
031009001	采暖工程系统调试	1. 系统形式 2. 采暖（空调水）管道工程量	系统	按采暖工程系统计算	系统调试
031009002	空调水工程系统调试			按空调水工程系统计算	

注：1. 由采暖管道、阀门及供暖器具组成采暖工程系统。

　　2. 由空调水管道、阀门及冷水机组组成空调水工程系统。

　　3. 当采暖工程系统、空调水工程系统中管道工程量发生变化时，系统调试费用应作相应调整。

2. 工程量清单项目特征描述

（1）采暖工程系统调试。

1)应说明其系统形式。采暖系统主要由热源、管道系统、散热设备组成。采暖系统主要有热水采暖系统、蒸汽采暖系统、热风采暖系统三类。

2)应说明采暖管道工程量。

（2）空调水工程系统调试。

1)应说明其系统形式。如采用风机盘管加新风系统。

2)应说明其空调水管道工程量。

第五章 通风空调工程

第一节 通风空调工程概述

通风空调工程可分为通风和空气调节两大部分。通风主要是对生活房间和生产车间中出现的余热、余湿、粉尘、蒸汽以及有害气体进行控制。

一、通风系统

1. 通风系统按动力划分

(1)自然通风。自然通风是利用室内外冷、热空气密度的差异,以及建筑物迎风面和背风面风压的高低而进行空气交换的通风方式。

(2)机械通风。机械通风是利用通风机所产生的风压(负压或正压),向厂房(房间)内送入或排出一定数量的空气,从而进行空气交换的通风方式。

2. 通风系统按作用范围划分

(1)全面通风。全面通风是在整个房间内,全面地进行空气交换。有害物在很大范围内产生并扩散的房间,就需要全面通风,以排出有害气体或送入大量的新鲜空气,将有害气体浓度冲淡到允许浓度以内。

(2)局部通风。局部通风是将污浊空气或有害气体直接从产生的部位抽出,防止扩散到全室。或将新鲜空气送到某个局部地区,改善局部地区的环境条件。

(3)混合通风。混合通风是用全面的送风和局部排风,或全面的排风和局部的送风混合起来的通风形式。

3. 通风系统按工艺要求划分

(1)送风系统。送风系统是向室内输送新鲜的、用适当方法处理过的空气。

(2)排风系统。排风系统是将室内产生的污浊、有害高温空气排到室外大气中,消除室内环境的污染,保证工作人员免受其害。对于排放到大气中的污浊空气,其有害物质的排放标准超过国家规定的排放标准时,不能直接排到大气中而污染环境,必须按污浊空气的化学性质经中和或吸收处理,使排放浓度低于排放标准后,再排到大气。表 5-1 为居住区大气中有害物质的最高允许浓度。

表 5-1　　　　　　　　　居住区大气中有害物质的最高允许浓度

序号	物质名称	最高允许浓度/(mg/m³)		序号	物质名称	最高允许浓度/(mg/m³)	
		一次	日平均			一次	日平均
1	一氧化碳	3.00	1.00	12	甲醛	0.05	—
2	乙醛	0.01	—	13	汞		0.0003
3	二甲苯	0.30	—	14	吡啶	0.08	—
4	二氧化硫	0.50	0.15	15	苯	2.40	0.80
5	二硫化碳	0.04	—	16	苯乙烯	0.01	—
6	五氧化二磷	0.15	0.05	17	氨	0.20	—
7	丙烯腈	—	0.05	18	氯	0.10	0.03
8	丙烯醛	0.01	—	19	氯化氢	0.05	0.015
9	丙酮	0.08	—	20	酚	0.02	—
10	甲醇	3.00	1.00	21	硫酸	0.30	0.10
11	硫化氢	0.01	—	22	飘尘	0.50	0.15

二、防、排烟系统

高层建筑的防烟设施可分为机械加压送风的防烟设施和可开启外窗的自然排烟设施两种。高层建筑的排烟设施可分为机械排烟设施和可开启外窗的自然排烟设施两种。此外,对于一类高层建筑和建筑高度超过 32m 的二类高层建筑应设排烟设施。

1. 自然排烟

自然排烟是利用建筑物的外窗、阳台、凹廊或专用排烟口、竖井等将烟气排出或稀释烟气的浓度。在高层建筑中,除建筑物高度超过 50m 的一类公共建筑和建筑高度超过 100m 的居住建筑外,靠外墙的防烟楼梯间及其前室,消防电梯间前室和合用前室,宜采用自然排烟方式。

2. 机械防烟

机械防烟是通过风机机械加压送风,控制烟气的流动,即要求烟气不侵入的地区增加该地区的空气压力。对防烟楼梯间及其前室、消防电梯前室和两者合用前室应设置机械加压送风的防烟设施,达到疏散通道无烟的目的。

3. 机械排烟

在一类高层建筑和建筑高度超过 32m 的二类高层建筑的下列部位,应设置机械排烟设施。

(1)无直接自然通风,内走道的长度超过 20m,或虽有直接自然通风,但内走道的长度超过 60m。

(2)建筑面积超过 100m²,且经常有人停留或可燃物较多的上无窗房间或设固定窗的房间。

(3)不具备自然排烟条件或净空高度超过 12m 的中庭。

(4)除利用窗井等开窗进行自然排烟的房间外,各房间总面积超过 200m²,或一个房间面积超过 50m²,且经常有人停留或可燃物较多的地下室。

三、空调系统

空调系统根据不同的使用要求,可分为恒温恒湿空调系统、舒适性空调系统(一般空调系统)、空气洁净系统和控制噪声系统等。

(1)舒适性空调系统。它主要用于夏季降温除湿,使房间内温度保持在 18～28℃,相对湿度在 40%～70%。

(2)恒温恒湿空调系统。它主要用于电子、精密机械和仪表的生产车间。这些场所要求温度和湿度控制在一定范围内,误差很小,这样才能确保产品质量。

(3)空气洁净系统。这类系统是在生产电气元器件、药品、外科手术、烧伤护理、食品工业等行业中应用。它不仅对温度、湿度有要求,而且对空气中含尘量也有严格的规定,要求达到一定的洁净标准。

(4)控制噪声空调系统。它主要应用在电视厅、录音、录像场所及播音室等,用以保证演播和录制的音像质量。

第二节　通风及空调设备及部件制作安装

一、通风及空调设备及部件制作安装工程量清单项目设置

通风及空调设备及部件制作安装工程共包括 15 个清单项目,其清单项目设置及工程量计算规则见表 5-2。

表 5-2　　　　　通风及空调设备及部件制作安装(编码:030701)

项目编码	项目名称	项目特征	计量单位	工程量计算规则	工作内容
030701001	空气加热器(冷却器)	1. 名称 2. 型号 3. 规格 4. 质量 5. 安装形式 6. 支架形式、材质	台	按设计图示数量计算	1. 本体安装、调试 2. 设备支架制作、安装 3. 补刷(喷)油漆
030701002	除尘设备				

项目编码	项目名称	项目特征	计量单位	工程量计算规则	工作内容
030701003	空调器	1. 名称 2. 型号 3. 规格 4. 安装形式 5. 质量 6. 隔振垫（器）、支架形式、材质	台（组）	按设计图示数量计算	1. 本体安装或组装、调试 2. 设备支架制作、安装 3. 补刷（喷）油漆
030701004	风机盘管	1. 名称 2. 型号 3. 规格 4. 安装形式 5. 减振器、支架形式、材质 6. 试压要求	台		1. 本体安装、调试 2. 支架制作、安装 3. 试压 4. 补刷（喷）油漆
030701005	表冷器	1. 名称 2. 型号 3. 规格			1. 本体安装 2. 型钢制作、安装 3. 过滤器安装 4. 挡水板安装 5. 调试及运转 6. 补刷（喷）油漆
030701006	密闭门	1. 名称 2. 型号 3. 规格 4. 形式 5. 支架形式、材质	个		1. 本体制作 2. 本体安装 3. 支架制作、安装
030701007	挡水板				
030701008	滤水器、溢水盘				
030701009	金属壳体				
030701010	过滤器	1. 名称 2. 型号 3. 规格 4. 类型 5. 框架形式、材质	1. 台 2. m²	1. 以台计量，按设计图示数量计算 2. 以面积计量，按设计图示尺寸以过滤面积计算	1. 本体安装 2. 框架制作、安装 3. 补刷（喷）油漆

续二

项目编码	项目名称	项目特征	计量单位	工程量计算规则	工作内容
030701011	净化工作台	1. 名称 2. 型号 3. 规格 4. 类型	台	按设计图示数量计算	1. 本体安装 2. 补刷(喷)油漆
030701012	风淋室	1. 名称 2. 型号 3. 规格 4. 类型 5. 质量			1. 本体安装 2. 补刷(喷)油漆
030701013	洁净室				
030701014	除湿机	1. 名称 2. 型号 3. 规格 4. 类型	台	按设计图示数量计算	本体安装
030701015	人防过滤吸收器	1. 名称 2. 规格 3. 形式 4. 材质 5. 支架形式、材质			1. 过滤吸收器安装 2. 支架制作、安装

注:通风空调设备安装的地脚螺栓按设备自带考虑。

二、通风及空调设备及部件制作安装工程项目特征描述

1. 空气加热器(冷却器)、除尘设备

(1)应说明其名称。

1)空气加热器。空气加热器是由金属制成的,分为光管式和肋管式两大类。光管式空气加热器由联箱(较粗的管子)和焊接在联箱间的钢管组成,一般在现场按标准图加工制作。这种加热器的特点是加热面积小,金属消耗多,但表面光滑,易于清灰,不易堵塞,空气阻力小,易于加工,适用于灰尘较大的场合。肋管式空气加热器根据外肋片加工的方法不同而分为套片式、绕片式、镶片式和轧片式,其结构材料有钢管钢片、钢管铝片和铜管铜片等。

2)除尘设备。除尘设备是净化空气的一种器具。它是一种定型设备,一般由专业工厂制造,有时安装单位也有制造。用于通风空调系统中的除尘设备有旋风除尘器、湿式除尘器、多管旋风除尘器、袋式除尘器、电除尘器几种。

(2)应说明其型号、规格及质量。常用除尘器的性能参数见表5-3。

表 5-3　　　　　　　　　　　　　常用除尘器的性能参数

名称	GI、G 多管除尘器		CLS 水膜除尘器		CLT/A 旋风式除尘器					
图号	T501		T503		T505					
序号	型号	kg/个	尺寸(φ)	kg/个	尺寸(φ)		kg/个	尺寸(φ)		kg/个
1	9管	300	315	83	300	单筒	106	430	三筒	927
2	12管	400	443	110		双筒	216		四筒	1053
3	16管	500	570	190	350	单筒	132		六筒	1749
4	—	—	634	227		双筒	280	500	单筒	276
5	—	—	730	288		三筒	540		双筒	584
6	—	—	793	337		四筒	615		三筒	1160
7	—	—	888	398	400	单筒	175		四筒	1320
8	—	—	—	—		双筒	358		六筒	2154
9	—	—	—	—		三筒	688	550	单筒	339
10	—	—	—	—		四筒	805		双筒	718
11	—	—	—	—		六筒	1428		三筒	1334
12	—	—	—	—	450	单筒	213		四筒	1603
13	—	—	—	—		双筒	449		六筒	2672

名称	CLT/T 旋风式除尘器						XLP 旋风除尘器			卧式旋风水膜除尘器	
图号	T505						T513			CT531	
序号	尺寸(φ)		kg/个	尺寸(φ)		kg/个	尺寸(φ)		kg/个	尺寸(L)/型号	kg/个
1	600	单筒	432	750	单筒	645	300	A型	52	1420/1	193
2		双筒	887		双筒	1436		B型	46	1430/2	231
3		三筒	1706		三筒	2708	420	A型	94	1680/3	310
4		四筒	2059		四筒	3626		B型	83	1980/4	405
5		六筒	3524		六筒	5577	540	A型	151	2285/5	503
6	650	单筒	500	800	单筒	878		B型	134	2620/6	621
7		双筒	1062		双筒	1915	700	A型	252	3140/7	969
8		三筒	2050		三筒	3356		B型	222	3850/8	1224
9		四筒	2609		四筒	4411	820	A型	346	4155/9	1604
10		六筒	4156		六筒	6462		B型	309	4740/10	2481
11	700	单筒	564	—	—	—	940	A型	450	5320/11	2926
12		双筒	1244	—	—	—		B型	397	3150/7	893
13		三筒	2400	—	—	—	1060	A型	601	3820/8	1125
14		四筒	3189	—	—	—		B型	498	4235/9	1504
15		六筒	4883	—	—	—	—		—	4760/10	2264
16	—	—	—	—	—	—	—		—	5200/11	2636

（卧式旋风水膜除尘器 尺寸(L) 列：序号 1~11 为"檐板脱水"，序号 12~16 为"旋风脱水"）

名称	CLK 扩散式除尘器		CCJ/A 机组式除尘器		MC 脉冲袋式除尘器	
图号	CT533		CT534		CT536	
序号	尺寸(D)	kg/个	型号	kg/个	型号	kg/个
1	150	31	CCJ/A-5	791	24-I	904
2	200	49	CCJ/A-7	956	36-I	1172
3	250	71	CCJ/A-10	1196	48-I	1328
4	300	98	CCJ/A-14	2426	60-I	1633
5	350	136	CCJ/A-20	3277	72-I	1850
6	400	214	CCJ/A-30	3954	84-I	2106
7	450	266	CCJ/A-40	4989	96-I	2264
8	500	330	CCJ/A-60	6764	120-I	2702
9	600	583	——	——	——	——
10	700	780	——	——	——	——

名称	XCX 型旋风除尘器		XNX 型旋风式除尘器		XP 型旋风除尘器	
图号	CT537		CT538		T501	
序号	尺寸(ϕ)	kg/个	尺寸(ϕ)	kg/个	尺寸(ϕ)	kg/个
1	200	20	400	62	200	20
2	300	36	500	95	300	39
3	400	63	600	135	400	66
4	500	97	700	180	500	102
5	600	139	800	230	600	141
6	700	184	900	288	700	193
7	800	234	1000	456	800	250
8	900	292	1100	546	900	307
9	1000	464	1200	646	1000	379
10	1100	555	——	——	——	——
11	1200	653	——	——	——	——
12	1300	761	——	——	——	——

注:1. 除尘器均不包括支架质量。

2. 除尘器中分 X 型、Y 型或 I 型、II 型者,其质量按同一型号计算,不再细分。

(3)应说明其安装形式。

(4)应说明其支架形式、材质。除尘器安装时需要用支架或其他结构物来固定。支架按除尘器的类型、安装位置不同,可分为墙上、柱上、支座、立架上安装等四类。

2. 空调器

(1)应说明其名称。空调器是空调系统中的空气处理设备,组合式空调机组由制冷压缩冷凝机组和空调器两部分组成。组合式空调机组与整体式空调机组基本相同,区别是将制冷压缩冷凝机组由箱体内移出,安装在空调器附近。电加热器安装在送风管道内,一般分为 3 组或 4 组进行手动或自动调节。电气装置和自动调节元件安装在单独的控制箱内。

(2)应说明其型号、规格。常用空调器型号及性能参数分别见表 5-4~表 5-8。

表 5-4   **39F 型系列空调器性能参数**

型 号	39F-220	39F-230	39F-330	39F-340	39F-350
风量/(m³/h)	1360～2720	2369～5738	4046～8120	5623～11246	7488～14976
外形尺寸:宽×高/mm	680×680	995×680	995×995	1310×995	1625×995
混合段/mm	680	680	680	680	680
初效过滤段/mm	365	365	365	365	365
中效过滤段/mm	680	680	680	680	680
	995	995	995	995	995
表冷段/mm	680	680	680	680	680
加热段 1～5 排/mm	365	365	365	365	365
6～8 排/mm	680	680	680	680	680
风机段 短/mm	995	995	995	1310	1310
长/mm	1310	1310	1310	1625	1625
功率/kW	0.55～2.2	1.1～3.0	1.5～5.5	2.2～7.5	3.0～11.0
型 号	39F-440	39F-360	39F-450	39F-460	39F-550
风量/(m³/h)	7963～15926	9050～18100	10605～21210	12823～25646	13730～27460
外形尺寸:宽×高/mm	1310×1310	1940×995	1625×1310	1940×1310	1625×1625
混合段/mm	680	680	680	680	995
初效过滤段/mm	365	365	365	365	365
中效过滤段/mm	680	680	680	680	680
	995	995	995	995	995
表冷段/mm	680	680	680	680	680
加热段 1～5 排/mm	365	365	365	365	365
6～5 排/mm	680	680	680	680	680
风机段 短/mm	1310	1310	1652	1652	1652
长/mm	1625	1625	1940	1940	1940
功率/kW	3.0～11.0	3.0～11.0	4.0～15.0	5.5～18.5	5.5～18.5
型 号	39F-470	39F-560	39F-570	39F-660	39F-580
风量/(m³/h)	15271～30542	16596～33192	19757～39514	20369～40738	22932～45864
外形尺寸:宽×高/mm	2255×1310	1940×1625	2255×1625	1940×1940	2570×1625
混合段/mm	680	995	995	995	995
初效过滤段/mm	365	365	365	365	365
中效过滤段/mm	680	680	680	680	680
	995	995	995	995	995
表冷段/mm	680	680	680	680	680
加热段 1～5 排/mm	365	365	365	365	365
6～8 排/mm	680	680	680	680	680
风机段 短/mm	1625	1940	1940	2255	1940
长/mm	1940	2255	2255	2570	2255
功率/kW	5.5～18.5	5.5～22.0	7.5～30.0	7.5～30.0	11.0～37.0

续表

型　号	39F-670	39F-680	39F-770	39F-780	39F-7100
风量/(m³/h)	24257~48514	28138~56276	28750~57510	33350~66710	42574~85148
外形尺寸:宽×高/mm	2255×1940	2570×1940	2255×2255	2570×2255	3200×2255
混合段/mm	995	995	1310	1310	1310
初效过滤段/mm	365	365	365	365	365
中效过滤段/mm	680	680	680	680	680
	995	995	995	995	995
表冷段/mm	680	680	680	680	680
加热段 1~5排/mm	365	365	365	365	365
6~8排/mm	680	680	680	680	680
风机段 短/mm	2255	2255	2255	2570	2750
长/mm	2570	2570	2570	2885	2885
功率/kW	11.0~37.0	11.0~37.0	11.0~37.0	11.0~45.0	15.0~55.0

表 5-5　　　　　　　　　　YZ 型系列卧式组装空调器性能参数

型　号			YZ1	YZ2	YZ3	YZ4	YZ6	YZ6A
风量 /(m³/h)	淋水室		10000~14000	15000~23000	24000~40000	40000~53000	54000~80000	54000~80000
	铜管绕片表冷器	设挡水板	6000~10000	10000~20000	20000~30000	30000~40000	40000~60000	40000~60000
	铝轧管表冷器	设挡水板	6000~10000	10000~20000	20000~30000	30000~40000	40000~60000	40000~60000
外形尺寸:宽×高/mm			1100×1500	1860×1500	1860×2300	2360×2300	2360×3400	3560×2300
混合段/mm			630	630	630	630	930	930
初效过滤段/mm			630	630	630	630	630	630
中效过滤段/mm			630	630	630	630	630	630
中间段/mm			630	630	630	630	630	630
表冷段 /mm	钢管铝片(6排)		930	930	930	930	930	930
	铜管铝片(6排)		930	930	930	930	930	930
加热段 /mm	钢管铝片(2排)		330	330	330	330	330	330
	铜管铝片(2排)		330	330	330	330	330	330
淋水段 /mm	二排		2130	2130	2130	2130	2130	2130
	三排		2730	2730	2730	2730	2730	2730
干蒸汽加湿段/mm			630	630	630	630	630	630
二次回风段/mm			630	630	630	630	930	930
出风段/mm			630	630	630	630	930	930

续一

型　号		YZ1	YZ2	YZ3	YZ4	YZ6	YZ6A
	新回风调节段/mm	630	630	630	630	930	930
消声段	短/mm	930	930	930	930	930	930
	中/mm	1530	1530	1530	1530	1530	1530
	长/mm	2130	2130	2130	2130	2130	2130
	拐弯段/mm	1350	2110	2110	2610	2610	—
风机段	内置电机转速/(r/min)	1830	2130	2330	2930	3330	3330
	外置电机转速/(r/min)	1530	1830	2330	2530	3030	3030
	功率/kW	1.1~7.5	2.2~15	4~18	5.5~30	7.5~45	7.5~45

型　号		YZ8	YZ9	YZ12	YZ12A	YZ16	YZ20
风量/(m³/h)	淋水室	80000~100000	90000~120000	120000~160000	120000~160000	160000~210000	2000000~260000
	铜管绕片表冷器　设挡水板	60000~80000	60000~90000	90000~120000	90000~120000	120000~160000	160000~200000
	铝轧管表冷器　设挡水板	60000~80000	60000~90000	90000~120000	90000~120000	120000~160000	160000~200000
外形尺寸:宽×高/mm		4560×2300	3560×3400	3560×4500	4560×3400	4560×4500	4560×5600
混合段/mm		930	930	930	930	930	1230
初效过渡段/mm		630	630	630	630	630	630
中效过滤段/mm		630	630	630	630	630	630
中间段/mm		630	630	630	630	630	630
表冷段/mm	钢管铝片(6排)	930	930	930	930	930	930
	铜管铝片(6排)	930	930	930	930	930	930
加热段/mm	钢管铝片(2排)	330	330	330	330	330	330
	铜管铝片(2排)	330	330	330	330	330	330
淋水段/mm	二排	2130	2130	2130	2130	2130	2130
	三排	2730	2730	2730	2730	2730	2730

型　号		YZ8	YZ9	YZ10	YZ12A	YZ16	YZ20
干蒸汽加湿段/mm		630	630	630	630	630	630
二次回风段/mm		930	930	930	930	930	1230
出风段/mm		930	930	930	930	930	1230
新回风调节段/mm		930	930	930	930	930	1230
消声段	短/mm	930	930	930	930	930	930
	中/mm	1530	1530	1530	1530	1530	1530
	长/mm	2130	2130	2130	2130	2130	2130

续二

型 号		YZ8	YZ9	YZ10	YZ12A	YZ16	YZ20
风机段	内置电机转速 /(r/min)	3730	3730	4430	4430	5130	6030
	外置电机转速 /(r/min)	3330	3330	3930	3930	4830	5930
	功率/kW	11~55	11~55	15~90	15~90	18.5~125	—

表 5-6   JW 型系列卧式组装空调器性能参数

型 号		JW10	JW20	JW30	JW40	JW60	JW80	JW100	JW120	JW160
风量/(m³/h)		10000	20000	30000	40000	60000	80000	100000	120000	160000
外形尺寸: 宽×高/mm		880× 1368	1640× 1368	1640× 1868	2150× 1868	2404× 2618	2904× 2618	3785× 2630	4035× 2880	5047× 2890
混合段/mm		640	640	640	640	640	640	640	640	640
初效过滤段/mm		640	640	640	640	640	640	640	640	640
中间段/mm		640	640	640	640	640	640	640	640	640
表冷段/mm		450	450	450	450	450	450	450	450	450
加热段 /mm	钢管绕铝片	250	250	250	250	250	250	250	250	250
	光管	250	250	250	250	250	250	250	250	250
淋水段 /mm	单级二排	1900	1900	1900	1900	1900	1900	1900	1900	1900
	单级三排	2525	2525	2525	2525	2525	2525	2525	2525	2525
	双级四排	5720	5720	5720	5720	5720	5720	5720	5720	5720
拐弯段/mm		967	1727	1727	2237	2491	2991	3872	4122	5134

表 5-7   BWK 型系列玻璃钢卧式组装空调器性能参数

型 号		BWK-10	BWK-15	BWK-20	BWK-30	BWK-40
风量/(m³/h)		8000~12000	12000~20000	18000~24000	24000~34000	34000~44000
外形尺寸:宽×高/mm		1050×1500	1550×1500	1550×2000	1550×2500	2070×2500
初效过渡段/mm		1500	1500	1500	1500	1500
中间段/mm		620	620	620	620	620
加热段/mm		1000	1000	1000	1000	1000
淋水段 /mm	二排	1550	1550	1650	1650	1650
	三排	2150	2150	2250	2250	2250

表 5-8　　　　　　　　　　JS 型系列卧式组装空调器性能参数

型　号		JS-2	JS-3	JS-4	JS-6	JS-8	JS-10
风量/(m³/h)		20000	30000	40000	60000	80000	100000
外形尺寸:宽×高/mm		1828×1809	2078×2057	2328×2559	3078×2559	3078×3559	4078×3559
混合段/mm		500	1000	1000	1000	1500	1500
初效过滤段/mm		1000 500	1000 500	1000 500	1000 500	500	500
中效过滤段/mm		500	500	500	500	500	500
中间段/mm		500	500	500	500	500	500
表冷段/mm	铝轧管	500	500	500	500	500	500
加热段/mm	铝轧管	500	500	500	500	500	500
淋水段 /mm	单排	1500	1500	1500	1500	2000	2000
	双排	1500	1500	1500	1500	2000	2000
干蒸汽加湿段/mm		500	500	500	500	500	500
二次回风段/mm		500	500	1000	1000	1000	1000
消声段/mm		1000	1000	1000	1000	1000	1000
风机段	送风机段/mm	2500	2500	2500	3000	3500	4000
	回风机段/mm	2000	2000	2500	2500	3500	4000
	功率/kW	5.5~15	11~22	15~30	22~45	30~55	40~75

（3）应说明其安装形式。空调器根据安装形式分为窗式空调器、分体式空调器、柜式空调器、柜式空调机组等类型。其中,分体式空调器包括室内机和室外机两部分。

（4）应说明其质量。

（5）应说明隔振垫(器)、支架形式、材质。

3. 风机盘管

（1）应说明其名称。风机盘管机组由箱体、出风格栅、吸声材料、循环风口及过滤器、前向多翼离心风机或轴流风机、冷却加热两用换热盘管、单相电容调速低噪声电机、控制器和凝水盘等组成,如图 5-1 所示。

（2）应说明其型号、规格。如立式 L、卧式 W、吸顶式 D、挂壁式 G 风机盘管等。

（3）应说明其安装形式。安装形式有明装(M)和暗装(A)两种。

（4）应说明其减振器、支架形式、材质。

（5）应说明其试压要求。

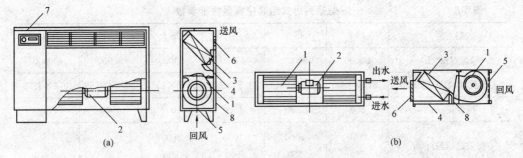

图 5-1 风机盘管机组构造示意图

(a)立式明装;(b)卧式暗装(控制器装在机组外)

1—离心式风机;2—电动机;3—盘管;4—凝水盘;5—空气过滤器;

6—出风格栅;7—控制器(电动阀);8—箱体

4. 表冷器

(1)应说明其名称。表冷器是用于制冷剂散热。它将热量排到室外,又将压缩机压缩排出高温高压的气体冷却到低温高压的气体。一般空调里都装有表冷器设备。

(2)应说明其型号、规格。

5. 密闭门、挡水板、滤水器、溢水盘、金属壳体

(1)应说明其名称。

1)密闭门。密闭门常用于净化风管和空气处理设备中,有喷雾室密闭门和钢板密闭门两种。

2)挡水板。挡水板是中央空调末端装置的一个重要部件,它与中央空调相配套,有汽水分离的功能。

3)金属壳体。金属壳体是一种贯流式通风机的壳体。其中安置着风扇,并且在通往排气口处有一稳定器,它包括沿同一方向的吸气口和排气口的稳定器,位于该风扇上部的涡流部位的涡流室,以及位于稳定器下部的涡流芯体,以便用涡流芯体来稳定主要的涡流,并将位于风扇上部的次级涡流固定在涡流室内,使其对别的流线没有影响。

(2)应说明其型号、规格。如 LMDS 型挡水板、JS 波型挡水板。

(3)应说明其安装形式。

(4)应说明其支架形式、材质。

6. 过滤器

(1)应说明其名称。

(2)应说明其型号、规格。

(3)应说明其类型。空气过滤器按照过滤效率不同分为粗效过滤器、中效过滤器、亚高效过滤及高效过滤器四种。

(4)应说明其框架形式、材质。

7. 净化工作台、除湿机

(1)应说明其名称。

1)净化工作台。净化工作台是使局部空间形成无尘无菌的操作台,以提高操作环境的洁净要求的设备。

2)除湿机。除湿机是指以制冷的方式来降低空气中的相对湿度,保持空间的相对干燥,使容易受潮的物品、家居用品等不受潮、不发霉,对湿度要求高的产品、药品等能在其所要求的湿度范围内制作、生产和贮存。

(2)应说明其型号、规格。

(3)应说明其类型。

8. 风淋室、洁净室

(1)应说明风淋室、洁净室的名称、规格、型号。如装配式洁净室。

(2)应说明风淋室、洁净室的类型和质量。

9. 人防过滤吸收器

(1)应说明其名称。人防过滤吸收器主要用于人防工作涉毒通风系统,它能过滤外界污染空气中的毒烟、毒雾、放射性灰尘和化学毒剂,以保证在受到袭击的工事内部能提供清洁的空气。

(2)应说明其规格、形式。如 RFP-500 型、RFP-1000 型过滤吸收器。

人防过滤吸收器主要技术参数见表 5-9。

表 5-9　　　　　　　　　　人防过滤吸收器主要技术参数

检测项目	RFP-1000 型	RFP-500 型
额定滤毒通风量	1000m³/h	500m³/h
阻力	≤850Pa	≤650Pa
漏气系数	≤0.1%	≤0.1%
油雾透过系数	≤0.001%	≤0.001%
对沙林模拟剂(DMMP)防护剂量	≥400mg·min/L	≥400mg·min/L
质量	≤180kg	≤120kg
外形尺寸	≤870mm×623mm×623mm(A)	≤730mm×623mm×623mm(B)
大肠杆菌杀灭效率	15min 内≥95%	15min 内≥95%
枯草芽孢杀灭效率	90min 内≥80%	90min 内≥80%
有效储存期	30 年	30 年

(3)应说明其材质,支架形式、材质。

三、通风及空调设备及部件制作安装工程量计算实例解析

【例 5-1】 如图 5-2 所示为 XLP/A 型旋风除尘器，试计算其工程量。

解： 除尘器工程量计算规则：按设计图示数量以台（组）计算。

除尘器工程量：1 台

【例 5-2】 如图 5-3 所示为 FP5 型立式明装风机盘管，试计算其工程量。

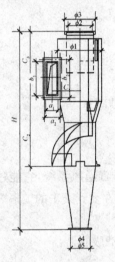

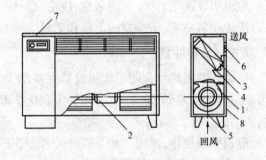

图 5-2　XLP/A 型旋风　　　　　　　图 5-3　FP5 型立式明装风机盘管示意图
　除尘器示意图　　　　　　　　1—离心式风机；2—电动机；3—盘管；4—凝水盘；5—空气过滤器；
　　　　　　　　　　　　　　　6—出风格栅；7—控制器（电动阀）；8—箱体

解： 风机盘管工程量计算规则：按设计图示数量以台计算。

风机盘管工程量：1 台

【例 5-3】 如图 5-4 所示为某挡水板，试计算其工程量。

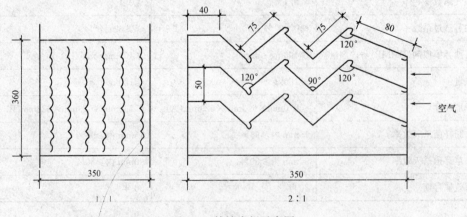

图 5-4　某挡水板示意图

解：挡水板工程量计算规则：按设计图示数量以个计算。由图可以看出：

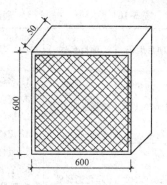

图 5-5 某工厂过滤器尺寸示意图

挡水板工程量：1 个

【例 5-4】如图 5-5 所示，某工厂车间安装的空气过滤器，型号为 LWP 型初效，安装 5 台，试计算其工程量。

解：(1)以台计量，过滤器的工程量按设计图示数量计算，即：

空气过滤器工程量：5 台

(2)以面积计算，过滤器的工程量按设计图示尺寸以过滤面积计算，即：

空气过滤器工程量：$0.6 \times 0.6 \times 5 = 1.8 m^2$

【例 5-5】如图 5-6 所示为某化工实验室，试计算其工程量。

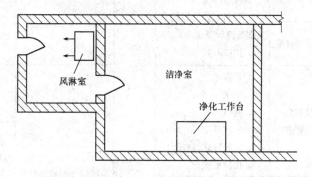

图 5-6 某化工实验室示意图

解：由图可以看出，工程中包括风淋室、洁净室以及净化工作台，清单工程量计算规则规定风淋室、洁净室、净化工作台的工程量计算规则：按设计图示数量计算，即：

风淋室工程量：1 台

洁净室工程量：1 台

净化工作台工程量：1 台

第三节 通风管道制作安装

一、通风管道制作安装工程量清单项目设置

通风管道制作安装工程共包括 11 个清单项目，其清单项目设置及工程量计算规则见表 5-10。

表 5-10　　　　　　　　　　通风管道制作安装(编码:030702)

项目编码	项目名称	项目特征	计量单位	工程量计算规则	工作内容
030702001	碳钢通风管道	1. 名称 2. 材质 3. 形状 4. 规格			
030702002	净化通风管	5. 板材厚度 6. 管件、法兰等附件及支架设计要求 7. 接口形式		按设计图示内径尺寸以展开面积计算	1. 风管、管件、法兰、零件、支吊架制作、安装 2. 过跨风管落地支架制作、安装
030702003	不锈钢板通风管道	1. 名称 2. 形状 3. 规格 4. 板材厚度 5. 管件、法兰等附件及支架设计要求 6. 接口形式			
030702004	铝板通风管道				
030702005	塑料通风管道		m²		
030702006	玻璃钢通风管道	1. 名称 2. 形状 3. 规格 4. 板材厚度 5. 支架形式、材质 6. 接口形式		按设计图示外径尺寸以展开面积计算	1. 风管、管件安装 2. 支吊架制作、安装 3. 过跨风管落地支架制作、安装
030702007	复合型风管	1. 名称 2. 材质 3. 形状 4. 规格 5. 板材厚度 6. 接口形式 7. 支架形式、材质			
030702008	柔性软风管	1. 名称 2. 材质 3. 规格 4. 风管接头、支架形式、材质	1. m 2. 节	1. 以米计量,按设计图示中心线以长度计算 2. 以节计量,按设计图示数量计算	1. 风管安装 2. 风管接头安装 3. 支吊架制作、安装
030702009	弯头导流叶片	1. 名称 2. 材质 3. 规格 4. 形式	1. m² 2. 组	1. 以面积计量,按设计图示展开面积计算 2. 以组计量,按设计图示数量计算	1. 制作 2. 组装

项目编码	项目名称	项目特征	计量单位	工程量计算规则	工作内容
030702010	风管检查孔	1. 名称 2. 材质 3. 规格	1. kg 2. 个	1. 以千克计量,按风管检查孔质量计算 2. 以个计量,按设计图示数量计算	1. 制作 2. 安装
030702011	温度、风量测定孔	1. 名称 2. 材质 3. 规格 4. 设计要求	个	按设计图示数量计算	

注:1. 通风管道的法兰垫料或封口材料,按图纸要求应在项目特征中描述。
　　2. 净化通风管的空气洁净度按 100000 级标准编制,净化通风管使用的型钢材料如要求镀锌时,工作内容应说明支架镀锌。
　　3. 风管展开面积,不扣除检查孔、测定孔、送风口、吸风口等所占面积;风管长度一律以设计图示中心线长度为准(主管与支管以其中心线交点划分),包括弯头、三通、变径管、天圆地方等管件的长度,但不包括部件所占的长度。风管展开面积不包括风管、管口重叠部分面积。风管渐缩管:圆形风管按平均直径;矩形风管按平均周长。
　　4. 穿墙套管按展开面积计算,计入通风管道工程量中。
　　5. 弯头导流叶片数量,按设计图纸或规范要求计算。
　　6. 风管检查孔、温度测定孔、风量测定孔数量,按设计图纸或规范要求计算。

二、通风管道制作安装工程项目特征描述

1. 碳钢通风管道、净化通风管道

(1)应说明其名称。常用薄钢板有普通薄钢板、冷轧薄钢板和镀锌薄钢板等。

(2)应说明其材质、形状、板材厚度、接口形式。矩形风管、管件连接形式如图 5-7 所示。圆形风管、管件连接形式如图 5-8 所示。

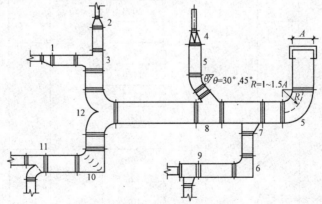

图 5-7　矩形风管、管件连接形式

1—偏心异径管;2—正异径管;3—正交断面三通;4—方变圆异径管;5—内外弧弯头;6—内斜线弯头;7—插管三通;
8—斜插三通;9—封板式三通;10—内弧线弯头(导流片);11—加弯三通(调节阀);12—正三通

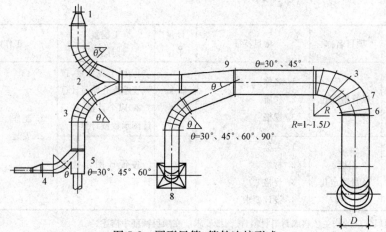

图 5-8　圆形风管、管件连接形式

1—正异径管；2—正三通；3—弯头；4—偏心异径管；5—封板斜插三通；

6—端节；7—中节；8—天圆地方；9—斜插三通

(3)应说明通风管道的规格。常见各类风管规格见表 5-11～表 5-13。

表 5-11　　　　　　　　　　　　圆形通风管道规格　　　　　　　　　　　　　　mm

外径 D	钢板制风管		塑料制风管		外径 D	除尘风管		气密性风管	
	外径允许偏差	壁厚	外径允许偏差	壁厚		外径允许偏差	壁厚	外径允许偏差	壁厚
100					560				4.0
120					630				
140		0.5		3.0	700		1.0		5.0
160					800				
180					900				
200					1000			±1.5	
220					1120				
250					1250				
280	±1		±1		1400	±1	1.2～1.5		6.0
320					1600				
360					1800				
400		0.75		4.0	2000				
450					80		1.5	±1.5	2.0
					90				
					100				
500					110				
					120				

续表

外径 D	钢板制风管		塑料制风管		外径 D	除尘风管		气密性风管	
	外径允许偏差	壁厚	外径允许偏差	壁厚		外径允许偏差	壁厚	外径允许偏差	壁厚
(130) 140					(530) 560				
(150) 160					(600) 630				
(170) 180					(670) 700				
(190) 200					(750) 800				
(210) 220					(850) 900		2.0		3.0~4.0
(240) 250	±1	1.5	±1	2.0	(950) 1000	±1		±1	
(260) 280					(1060) 1120				
(300) 320					(1180) 1250				
(340) 360					(1320) 1400				
(380) 400					(1500) 1600				
(420) 450					(1700) 1800		3.0		4.0~6.0
(480) 500					(1900) 2000				

注:应优先采用基本系列(即不加括号数字)。

表 5-12   椭圆形风管规格   mm

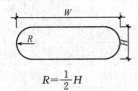

W—椭圆形风管的公称宽度,以内壁尺寸计;
H—椭圆形风管的公称高度,以内壁尺寸计

$$R = \frac{1}{2}H$$

料厚	椭圆形风管的公称高度 H													
	76	102	127	152	178	203	228	254	305	355	406	457	508	609
	196													
	211	196												
0.6	236	221	207											
	271	256	242	227										
	276	261	246	232	218									

续表

料厚	椭圆形风管的公称高度 H													
	76	102	127	152	178	203	228	254	305	355	406	457	508	609
	315	301	286	272	257	243								
	350	336	321	307	292	278								
	355	341	326	312	297	283	268							
	395	381	366	352	337	322	308	294						
	435	421	406	392	377	362	348	334						
		436	421	407	392	377	363	349						
		500	486	471	457	442	428	414						
			526	511	497	482	468	453						
0.8				541	527	512	498	483	454					
				551	537	522	508	493	464					
				621	606	592	578	563	534					
				631	616	602	588	573	544					
				711	696	682	667	653	624					
				780	766	752	737	723	694	665				
				790	776	761	747	733	704	675	646			
				870	856	841	827	812	783	754	725	696		
				905	891	876	862	847	818	789	760	731		
				950	935	921	907	892	863	834	805	776	747	
				1030	1015	1001	986	972	943	914	885	856	827	
				1109	1095	1081	1066	1052	1023	994	965	936	907	
					1155	1140	1126	1111	1082	1053	1024	995	966	
1.0					1175	1160	1146	1131	1102	1073	1044	1015	987	929
					1233	1219	1204	1190	1161	1132	1103	1074	1045	987
					1249	1234	1220	1205	1176	1147	1119	1090	1061	1003
					1334	1320	1305	1291	1262	1233	1204	1175	1146	1088
					1494	1479	1465	1450	1421	1392	1363	1335	1306	1248
					1653	1639	1624	1610	1581	1552	1523	1494	1465	1407
					1813	1798	1784	1769	1740	1711	1682	1654	1625	1567
					1972	1958	1943	1929	1900	1871	1842	1813	1784	1726
1.2									2059	2030	2002	1973	1944	1886
														2045

表 5-13　　　　　　　　　　矩形通风管道规格　　　　　　　　　　　　　mm

外边长(A×B)	钢板制风管		塑料制风管		外边长(A×B)	除尘风管		气密性风管	
	外边长允许偏差	壁厚	外边长允许偏差	壁厚		外边长允许偏差	壁厚	外边长允许偏差	壁厚
120×120					630×500				
160×120					630×630				
160×160					800×320				
200×120		0.5			800×400				5.0
200×160					800×500				
200×200					800×630				
250×120					800×800		1.0		
250×160					1000×320				
250×200					1000×400				
250×250				3.0	1000×500				
320×160					1000×630				
320×200			−2		1000×800				
320×250					1000×1000	−2		−3	6.0
320×320	−2				1250×400				
400×200		0.75			1250×500				
400×250					1250×630				
400×320					1250×800				
400×400					1250×1000				
500×200				4.0	1600×500				
500×250					1600×630		1.2		
500×320					1600×800				
500×400					1600×1000				
500×500					1600×1250				8.0
630×250					2000×800				
630×320		1.0	−3.0	5.0	2000×1000				
630×400					2000×1250				

(4)应说明管件、法兰等附件及支架设计要求。

2. 不锈钢板通风管道、铝板通风管道、塑料通风管道

(1)应说明其名称。

(2)应说明其形状、规格、板材厚度及接口形式。其中,不锈钢板通风管道的焊缝形式与焊接接口形式有以下几种:

1)不锈钢板通风管道的焊缝形式。

①对接焊缝。用于板材的拼接或横向缝及纵向闭合缝,如图5-9(a)、(b)所示。

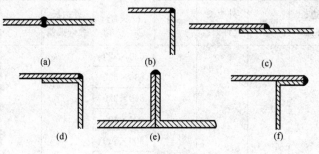

图 5-9　焊缝形式

(a)横向对接缝;(b)纵向闭合对接缝;(c)横向搭接缝;

(d)纵向闭合搭接缝;(e)三通转向缝;(f)封闭角焊缝

②搭接焊缝。用于矩形风管或管件的纵向闭合缝或矩形风管的弯头、三通的转角缝等,如图5-9(c)、(d)所示。一般搭接量为10mm,焊接前先画好搭接线,焊接时按线点焊好,再用小锤使焊缝密合后再进行连续焊接。

③翻边焊缝。用于无法兰连接及圆管、弯头的闭合缝。当板材较薄用气焊时使用,如图5-9(e)、(f)所示。

④角焊缝。用于矩形风管或管件的纵向闭合缝或矩形弯头、三通的转向缝,圆形、矩形风管封头闭合缝,如图5-9(c)、(d)、(f)所示。

2)不锈钢板通风管道的接口形式。不锈钢板通风管道接口形式有9种,如图5-10所示。

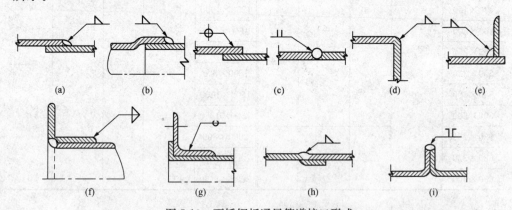

图 5-10　不锈钢板通风管道接口形式

(a)圆形与矩形风管的纵缝;(b)圆形风管及配件的环缝;(c)圆形风管法兰及配件的焊缝;

(d)矩形风管配件及直缝的焊接;(e)矩形风管法兰及配件的焊缝;(f)矩形与圆形风管法兰的定位焊;

(g)矩形风管法兰的焊接;(h)螺旋风管的焊接;(i)风箱的焊接

(3)应说明管件、法兰等附件及支架设计要求。

3. 玻璃钢通风管道

(1)应说明其名称、形状、规格。

(2)应说明其板材厚度。常见玻璃钢风管板材厚度应符合表 5-14 和表 5-15 的规定。

表 5-14   中、低压系统有机玻璃钢风管板材厚度   mm

圆形风管直径 D 或矩形风管长边尺寸 b	壁 厚
$D(b) \leqslant 200$	2.5
$200 < D(b) \leqslant 400$	3.2
$400 < D(b) \leqslant 630$	4.0
$630 < D(b) \leqslant 1000$	4.8
$1000 < D(b) \leqslant 2000$	6.2

表 5-15   中、低压系统无机玻璃钢风管板材厚度   mm

圆形风管直径 D 或矩形风管长边尺寸 b	壁 厚
$D(b) \leqslant 300$	2.5~3.5
$300 < D(b) \leqslant 500$	3.5~4.5
$500 < D(b) \leqslant 1000$	4.5~5.5
$1000 < D(b) \leqslant 1500$	5.5~6.5
$1500 < D(b) \leqslant 2000$	6.5~7.5
$D(b) > 2000$	7.5~8.5

(3)应说明其支架形式、材质。

(4)应说明其接口形式。

4. 复合型风管

(1)应说明复合型风管的名称。如复合玻纤板风管、发泡复合材料风管。

(2)应说明复合型风管的材质。如金属、涂塑化纤织物、聚酯、聚乙烯、聚氯乙烯薄膜等。

(3)应说明复合型风管的形状、规格。

(4)应说明风管板材厚度、接口形式。

(5)应说明其支架的材质及规格。

5. 柔性软风管

(1)应说明其名称、材质、规格。

(2)应说明其接头、支架形式、材质。

6. 弯头导流叶片

(1)应说明其名称、材质与规格。

(2)应说明其形式。如单片式、月牙式。

7. 风管检查孔

应说明风管检查孔的名称、材质与规格。

8. 温度、风量测定孔

(1)应说明其名称、材质与规格。

(2)应说明其设计要求。如所有的空调送风系统、排风系统的总送风、总排风管道上应设测定孔,测定孔应设在直管段气流方向下游约 1/3 位置。

三、通风管道制作安装工程量计算实例解析

【例 5-6】如图 5-11 所示,某通风系统设计圆形渐缩风管均匀送风,采用 1mm 的碳钢板,风管直径 $D_1=800$mm,$D_2=400$mm,风管中心线长度为 10m。试计算圆形渐缩风管工程量。

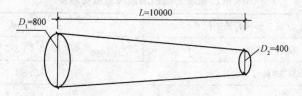

图 5-11　某圆形渐缩风管示意图

解： 碳钢通风管道工程量计算规则:按设计图示内径以展开面积计算,其中圆形风管渐缩管按平均直径计算展开面积,即:

$$碳钢通风管道工程量:\frac{0.8+0.4}{2}\times\pi\times10=18.84m^2$$

【例 5-7】图 5-12 所示为碳钢正插三通通风管道,试计算其工程量。

解： 碳钢通风管道工程量计算规则:按设计图示内径尺寸以展开面积计算。

$$碳钢通风管道工程量:\pi d_1 h_1+\pi d_2 h_2$$
$$=3.14\times(1.1\times2.1+0.45\times1.4)=9.23m^2$$

【例 5-8】图 5-13 所示为复合型变径正三通通风管道,试计算其工程量。

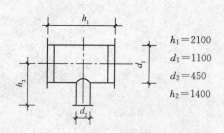

$h_1=2100$
$d_1=1100$
$d_2=450$
$h_2=1400$

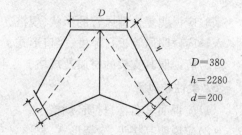

$D=380$
$h=2280$
$d=200$

图 5-12　碳钢正插三通示意图　　　　　图 5-13　复合型变径正三通示意图

解： 复合型通风管道工程量计算规则:按外径尺寸以展开面积计算。

复合型通风管道工程量：$\pi(D+d)h$
$$=3.14\times(0.38+0.2)\times2.28$$
$$=4.15m^2$$

【例 5-9】 图 5-14 为矩形弯头 320mm×1600mm 导流叶片，中心角：$\alpha=90°$，半径 $r=200mm$，导流叶片片数为 10 片，数量 1 组，试计算其工程量。

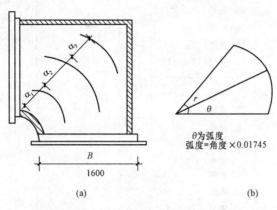

θ为弧度
弧度=角度×0.01745

图 5-14　导流叶片示意图
(a)导流叶片安装图；(b)导流叶片局部图

解：(1)以面积计量，弯头导流叶片工程量：导流叶片弧长×弯头边长 B×片数=$3.14\times90\times0.2/180\times1.60\times10=5.02m^2$

(2)以组计量：弯头导流叶片工程量为 1 组。

【例 5-10】 某通风系统风管上装有 10 个风管检查孔。其中 5 个风管检查孔尺寸为 270mm×230mm，另 5 个风管检查孔尺寸为 520mm×480mm。试计算风管检查孔工程量。

解：(1)以千克计量，风管检查孔工程量：风管检查孔质量。查标准质量表 T614 可知尺寸为 270mm×230mm 的风管检查孔 1.68kg/个，安装 5 个，尺寸为 520mm×480mm 的风管检查孔 4.95kg/个，安装 5 个。则

风管检查孔工程量：$1.68\times5+4.95\times5=33.15kg$

(2)以个计量，风管检查孔工程量：10 个。

第四节　通风管道部件制作安装、检测与调试

一、通风管道部件制作安装、检测与调试工程量清单项目设置

1. 通风管道部件制作安装

通风管道部件制作安装工程共包括 24 个清单项目，其清单项目设置及工程量计算规则见表 5-16。

表 5-16　　　　　　　　　通风管道部件制作安装(编码:030703)

项目编码	项目名称	项目特征	计量单位	工程量计算规则	工作内容
030703001	碳钢阀门	1. 名称 2. 型号 3. 规格 4. 质量 5. 类型 6. 支架形式、材质	个	按设计图示数量计算	1. 阀体制作 2. 阀体安装 3. 支架制作、安装
030703002	柔性软风管阀门	1. 名称 2. 规格 3. 材质 4. 类型			阀体安装
030703003	铝蝶阀	1. 名称 2. 规格 3. 质量 4. 类型			
030703004	不锈钢蝶阀				
030703005	塑料阀门	1. 名称 2. 型号 3. 规格 4. 类型			
030703006	玻璃钢蝶阀				
030703007	碳钢风口、散流器、百叶窗	1. 名称 2. 型号 3. 规格 4. 质量 5. 类型 6. 形式			1. 风口制作、安装 2. 散流器制作、安装 3. 百叶窗安装
030703008	不锈钢风口、散流器、百叶窗	1. 名称 2. 型号 3. 规格 4. 质量 5. 类型 6. 形式			
030703009	塑料风口、散流器、百叶窗				
030703010	玻璃钢风口	1. 名称 2. 型号 3. 规格 4. 类型 5. 形式			风口安装
030703011	铝及铝合金风口、散流器				1. 风口制作、安装 2. 散流器制作、安装

续一

项目编码	项目名称	项目特征	计量单位	工程量计算规则	工作内容
030703012	碳钢风帽	1. 名称 2. 规格 3. 质量 4. 类型 5. 形式 6. 风帽筝绳、泛水设计要求	个	按设计图示数量计算	1. 风帽制作、安装 2. 筒形风帽滴水盘制作、安装 3. 风帽筝绳制作、安装 4. 风帽泛水制作、安装
030703013	不锈钢风帽				
030703014	塑料风帽				
030703015	铝板伞形风帽				1. 板伞形风帽制作、安装 2. 风帽筝绳制作、安装 3. 风帽泛水制作、安装
030703016	玻璃钢风帽				1. 玻璃钢风帽安装 2. 筒形风帽滴水盘安装 3. 风帽筝绳安装 4. 风帽泛水安装
030703017	碳钢罩类	1. 名称 2. 型号 3. 规格 4. 质量 5. 类型 6. 形式			1. 罩类制作 2. 罩类安装
030703018	塑料罩类				
030703019	柔性接口	1. 名称 2. 规格 3. 材质 4. 类型 5. 形式	m²	按设计图示尺寸以展开面积计算	1. 柔性接口制作 2. 柔性接口安装
030703020	消声器	1. 名称 2. 规格 3. 材质 4. 形式 5. 质量 6. 支架形式、材质	个	按设计图示数量计算	1. 消声器制作 2. 消声器安装 3. 支架制作安装
030703021	静压箱	1. 名称 2. 规格 3. 形式 4. 材质 5. 支架形式、材质	1. 个 2. m²	1. 以个计量,按设计图示数量计算 2. 以平方米计量,按设计图示尺寸以展开面积计算	1. 静压箱制作、安装 2. 支架制作、安装

续二

项目编码	项目名称	项目特征	计量单位	工程量计算规则	工作内容
030703022	人防超压自动排气阀	1. 名称 2. 型号 3. 规格 4. 类型	个	按设计图示数量计算	安装
030703023	人防手动密闭阀	1. 名称 2. 型号 3. 规格 4. 支架形式、材质			1. 密闭阀安装 2. 支架制作、安装
030703024	人防其他部件	1. 名称 2. 型号 3. 规格 4. 类型	个(套)		安装

注：1. 通风部件若图纸要求制作安装或用成品部件只安装不制作，这类特征在项目特征中应明确描述。

2. 静压箱的面积计算：按设计图示以展开面积计算，不扣除开口的面积。

2. 通风工程检测、调试

通风工程检测、调试共包括 2 个清单项目，其清单项目设置及工程量计算规则见表 5-17。

表 5-17 通风工程检测、调试(编码：030704)

项目编码	项目名称	项目特征	计量单位	工程量计算规则	工作内容
030704001	通风工程检测、调试	风管工程量	系统	按通风系统计算	1. 通风管道风量测定 2. 风压测定 3. 温度测定 4. 各系统风口、阀门调整
030704002	风管漏光试验、漏风试验	漏光试验、漏风试验、设计要求	m^2	按设计图纸或规范要求以展开面积计算	通风管道漏光试验、漏风试验

二、通风管道部件制作安装、检测与调试项目特征描述

1. 碳钢阀门

(1)应说明其名称。碳钢阀门包括空气加热器上通阀、空气加热器旁通阀、圆形瓣式启动阀、风管蝶阀、风管止回阀、密闭式斜插板阀、矩形风管三通调节阀、对开多叶调节阀、风管防火阀、各型风罩调节阀等。

(2)应说明其型号、规格、质量、类型。

(3)应说明其支架形式、材质。

2. 柔性软风管阀门

(1)应说明其名称。

(2)应说明其规格、材质、类型。

3. 铝蝶阀、不锈钢蝶阀

(1)应说明其名称。

(2)应说明其规格、质量、类型。

4. 塑料阀门、玻璃钢蝶阀

(1)应说明其名称。塑料阀门包括塑料蝶阀、塑料插板阀、各型风罩塑料调节阀。

(2)应说明其型号、规格、类型。

5. 风口、散流器、百叶窗

(1)应说明其名称。如碳钢风口、散流器、百叶窗包括百叶风口、矩形送风口、矩形空气分布器、风管插板风口、旋转吹风口、圆形散流器、方形散流器、流线型散流器、送吸风口、活动箅式风口、网式风口、钢百叶窗等。

1)风口。风口表面应平整、美观,与设计尺寸的允许偏差不应大于 2mm。在整个空调系统中,风口是唯一外露于室内的部件,故对它的外形要求要高一些。

2)散流器。用于空调系统和空气洁净系统。可分为盘式散流器、直片形散流器和流线形散流器等(图 5-15)。

3)百叶窗。百叶窗是一种家庭新房软装装饰物。新建楼房装修基本上都会使用。

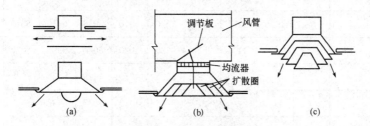

图 5-15　散流器示意图

(a)盘式散流器;(b)圆形直片形散流器;(c)流线形散流器

(2)应说明其型号。风口型号表示方法如下:

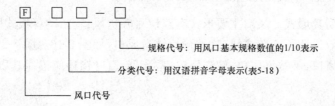

规格代号:用风口基本规格数值的1/10表示

分类代号:用汉语拼音字母表示(表5-18)

风口代号

表 5-18　　　　　　　　　　　　　　风口分类代号表

序号	风口名称	分类代号	序号	风口名称	分类代号
1	单层百叶风口	DB	10	条缝风口	TF
2	双层百叶风口	SB	11	旋流风口	YX
3	圆形散流器	YS	12	孔板风口	KB
4	方形散流器	FS	13	网板风口	WB
5	矩形散流器	JS	14	椅子风口	YZ
6	圆盘散流器	PS	15	灯具风口	DZ
7	圆形喷口	YP	16	算孔风口	BK
8	矩形喷口	JP	17	格栅风口	KS
9	球形喷口	QP	—	—	—

（3）应说明其规格与类型。风口基本规格用颈部尺寸（指与风管的接口处）表示。方形、矩形风口规格，见表 5-19。

表 5-19　　　　　　　　　　　　方形、矩形风口规格　　　　　　　　　　mm

宽度 W / 高度 H	120	160	200	250	320	400	500	630	800	1000	1250
120	1212	1612	2012	2512	3212	4012	5012	6312	8012	10012	
160		1616	2016	2516	3216	4016	5016	6316	8016	10016	12516
200			2020	2520	3220	4020	5020	6320	8020	10020	12520
250				2525	3225	4025	5025	6325	8025	10025	12525
320					3232	4032	5032	6332	8032	10032	12532
400						4040	5040	6340	8040	10040	12540
500							5050	6350	8050	10050	12550
630								6363	8063	10063	12563

注：散流器基本规格可按相等间距数 50mm、60mm、70mm 排列。

（4）应说明其形式。风口主要形式有双层百叶送风口、活动算板式回风口、插板式送吸风口、高效过滤器旋转式风口、球形旋转送风口，如图 5-16～图 5-21 所示。

（5）碳钢风口、不锈钢风口、塑料风口、散流器、百叶窗还应描述其质量。

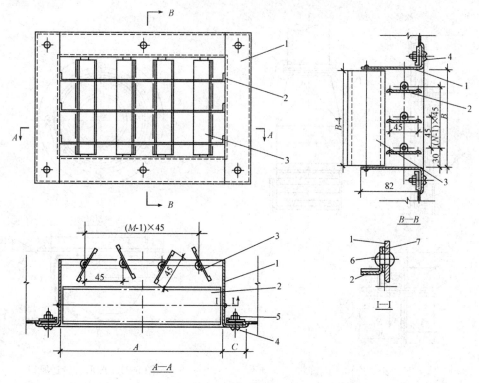

图 5-16　双层百叶送风口

1—外框；2—前叶片；3—后叶片；4—半圆头螺钉(AM5×15)

5—螺母(AM5)；6—铆钉(4×8)；7—垫圈

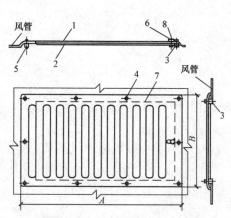

图 5-17　活动箅板式回风口

1—外箅板；2—内箅板；3—连接框；

4—半圆头螺钉；5—平头铆钉；6—滚花螺母；

7—光垫圈；8—调节螺栓

A—回风口长度

B—回风口宽度，按设计决定

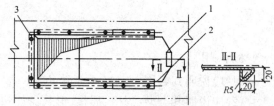

图 5-18　插板式送吸风口

1—插板；2—导向板；3—挡板

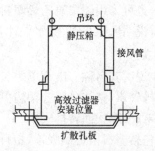

图 5-19　高效过滤器送风口

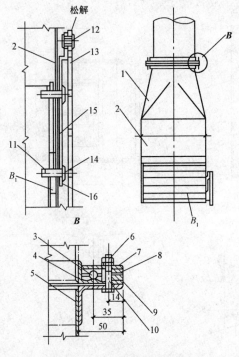

图 5-20　旋转式风口

1—异径管；2—风口壳体；3—钢球；4—法兰；

5—法兰；6—螺母；7—压板；8—垫圈；

9—固定压板；10—螺栓；11—开口销；12—铆钉；

13—拉杆；14—销钉；15—摇臂；16—垫圈；

B_1—叶栅

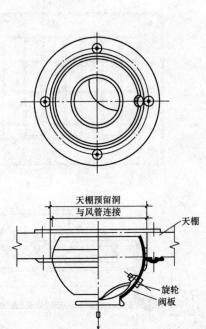

图 5-21　球形旋转送风口

6. 风帽

(1)应说明其名称。

(2)应说明其类型、规格、质量、形式。如塑料风帽、铝板伞形风帽等。

1)塑料风帽。由塑料材料制作的风帽。

2)铝板伞形风帽。伞形风帽分圆形和矩形两种，适用于一般机械通风系统，可用铝板制作，也可采用硬聚氯乙烯塑料板制作。

(3)应说明风帽筝绳、泛水设计要求。

7. 罩类

(1)应说明其名称。碳钢罩类包括皮带防护罩、电动机防雨罩、侧吸罩、中小型零件焊接台排气罩、整体分组式槽边侧吸罩、吹吸式槽边通风罩、条缝槽边抽风罩、泥心烘炉排气罩、升降式回转排气罩、上下吸式圆形回转罩、升降式排气罩、手锻炉排气罩。塑料罩类包括塑料槽边侧吸罩、塑料槽边风罩、塑料条缝槽边抽风罩。

1)皮带防护罩。在有皮带通过的周围设置的防护罩类，最常用的是皮带转运点的密闭装置。

2)电动机防雨罩。安装在电动机端部,与机壳构成一个整体的密封装置。

3)槽边吸气罩。在槽子侧面安装的一种吸气罩,从侧面抽吸槽面散发的工业有害物质,不影响工艺操作,如向槽内放料,有害气体不经过人的呼吸区。

4)回转罩。设在有害物源的侧面,其利用罩子的吸气作用,在污染区造成一定的吸入速度,把有害物质吸入罩内。

(2)应说明其型号、规格、质量、类型、形式。

8. 柔性接口

应说明名称、规格、材质、类型及形式。柔性接口包括金属、非金属软接口及伸缩节。伸缩节、软接头尺寸见表 5-20。

表 5-20　　　　　　　　　　　伸缩节、软接头尺寸　　　　　　　　　　mm

序号	圆形断面直径 D	矩形断面周长 S	厚度 δ	伸缩节 L	软接头 L
1	100～285	520～960	2	230	330
2	320～885	1000～2800	3	270	370
3	1025～1540	3200～3600	4	310	410
4	—	4000～5000	5	350	450
5		5400	6	390	490

9. 消声器

(1)应说明其名称。消声器包括片式消声器、矿棉管式消声器、聚酯泡沫管式消声器、卡普隆纤维管式消声器、弧形声流式消声器、阻抗复合式消声器、微穿孔板消声器、消声弯头。

(2)应说明其规格、材质、形式、质量。

(3)应说明其支架形式、材质。

10. 静压箱

(1)应说明其名称、规格、形式。

(2)应说明其材质,如碳钢、玻璃钢等。

(3)应说明其支架形式、材质。

11. 人防超压自动排气阀、人防其他部件

应说明人防超压自动排气阀、人防其他部件的名称、型号、规格与类型。

12. 人防手动密闭阀

应说明人防手动密闭阀的名称、型号、规格及支架形式、材质。

13. 通风工程检测、调试

应说明风管工程量。通风工程检测、调试按运行工况对空调系统进行调节,使其

适应室内外空气状态变化的需要,拨正空调房间内基准参数,使其相对稳定,更好地满足要求。调整通风、空调系统中的风量常用的调整方法有:等比流量分配法、基准风口法和逐段分支调整法。由于每种方法都有其适应性,因此,应根据调试对象的具体情况采取相应的方法进行调整,从而达到既节约时间又加快调试速度的目的。

14. 风管漏光试验、漏风试验

(1)应说明管道漏光试验及设计要求。管道漏光检测是利用光线对小孔的强穿透力,对系统风管严密程度进行检测。通风管道漏光检测时,光源可置于风管内侧或外侧,但其相对侧应为暗黑环境。检测光源应沿着被检测接口部位与接缝作缓慢移动,在另一侧进行观察,当发现有光线射出时,则说明查到明显漏风处,并应做好记录。漏光法检测如图 5-22 所示。

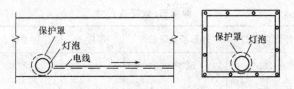

图 5-22　漏光法检测示意图

(2)应说明管道漏风试验及设计要求。漏风量测试装置应采用经检验合格的专用测量仪器,正压或负压风管系统与设备的漏风量测试,分正压试验和负压试验两类。一般可采用正压条件下的测试来检验。风管系统漏风量测试可以整体或分段进行。测试时,被测系统的所有开口均应封闭,不应漏风。

三、通风管道部件制作安装、检测与调试工程量计算实例解析

【例 5-11】 图 5-23 所示为 $\phi160$ 圆形散流器,试计算其工程量。

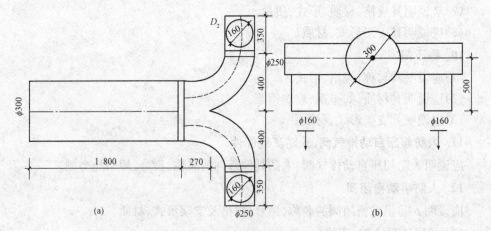

图 5-23　$\phi160$ 圆形散流器示意图

(a)平面图;(b)立面图

解： 散流器工程量计算规则：按图示数量以个计算，即：

ϕ160 圆形散流器的工程量：2 个。

【例 5-12】 图 5-24 所示为矩形风帽泛水，试计算其工程量。

解： 风帽工程量计算规则：按图示数量以个计算，即：

风帽的工程量：1 个。

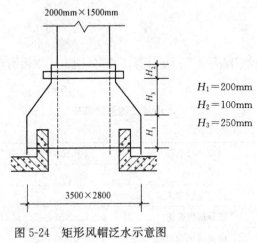

图 5-24　矩形风帽泛水示意图

第五节　通风空调工程工程量清单编制示例

一、通风空调工程设计说明

(1)本工程为某高层建筑通风空调工程。

(2)按设计图示：

1)ZK 系列组装式、10000m³/h、质量为 350kg/台，共 8 台。

2)吊顶式 YSFP-300 型风机盘管共 40 台。

3)镀锌钢板风管，绝热层厚为 25mm。风管制作规格分别为：

①D＝1200mm，板材厚为 1.2mm，风管中心线长度为 350m。

②D＝1000mm，板材厚为 1.0mm，风管中心线长度为 350m。

③D＝330mm，板材厚为 0.75mm，风管中心线长度为 700m。

4)风管上风阀设计为止回阀，规格分别为：

①D＝1200mm，8 台。

②D＝1000mm，8 台。

5)风口为双层百叶风口，规格为：400mm×400mm，共 100 个。

6)钢百叶窗，规格为：1000mm×1000mm 共 8 个。

二、计算要求

高层建筑通风空调工程,根据通风空调工程设计说明及现行国家标准《建设工程工程量清单计价规范》(GB 50500—2013)、《通用安装工程工程量计算规范》(GB 50856—2013),试列出该通风空调工程分部分项工程项目清单表。

三、工程量计算

某通风通风空调工程清单工程量计算、分部分项工程项目清单与计价分别见表 5-21、表 5-22。

表 5-21　　　　　　　　　　　**清单工程量计算表**

工程名称:某高层建筑通风空调工程

序号	清单项目编码	清单项目名称	计算式	工程量合计	计量单位
1	030701003001	空调器	—	8	台
2	030701004001	风机盘管安装	—	40	台
3	030702001001	碳钢通风管道	$\pi \times 1.2 \times 350$	1318.8	m²
4	030702001002	碳钢通风管道	$\pi \times 1.0 \times 350$	1099	m²
5	030702001003	碳钢通风管道	$\pi \times 0.33 \times 700$	725.34	m²
6	030703001001	碳钢阀门	—	8	个
7	030703001002	碳钢阀门	—	8	个
8	030703007001	碳钢风口、散流器、百叶窗	—	100	个
9	030703007002	碳钢风口、散流器、百叶窗	—	8	个
10	030704001001	通风工程检测、调试	—	1	系统

表 5-22　　　　　　　　　　**分部分项工程项目清单与计价表**

工程名称:某高层建筑通风空调工程

序号	项目编码	项目名称	项目特征描述	计量单位	工程量	综合单价	合价	定额人工费	暂估价
							金额/元		
								其中	
1	030701003001	空调器	1. 名称:空调器 2. 型号、规格:ZK 系列、10000m³/h、质量为 350kg/台 3. 安装形式:组装式	台	8				
2	030701004001	风机盘管	1. 名称:风机盘管 2. 型号、规格:YSFP-300 3. 安装形式:吊顶式	台	40				

序号	项目编码	项目名称	项目特征描述	计量单位	工程量	金额/元			
						综合单价	合价	其中	
								定额人工费	暂估价
3	030702001001	碳钢通风管道	1. 名称：镀锌薄钢板通风管道 2. 材质：镀锌 3. 规格：$D=1200mm$ 4. 板材厚度：1.2mm	m²	1318.80				
4	030702001002	碳钢通风管道	1. 名称：镀锌薄钢板通风管道 2. 材质：镀锌 3. 规格：$D=1000mm$ 4. 板材厚度：1.0mm	m²	1099				
5	030702001003	碳钢通风管道	1. 名称：镀锌薄钢板通风管道 2. 材质：镀锌 3. 规格：$D=330mm$ 4. 板材厚度：0.75mm	m²	725.34				
6	030703001001	碳钢阀门	1. 名称：碳钢止回阀 2. 型号、规格：圆形 $D=1200mm$	个	8				
7	030703001002	碳钢阀门	1. 名称：碳钢止回阀 2. 型号、规格：圆形 $D=1000mm$	个	8				
8	030703007001	碳钢风口、散流器、百叶窗	1. 名称：碳钢双层百叶风口 2. 规格、型号：400mm×400mm	个	100				
9	030703007002	碳钢风口、散流器、百叶窗	1. 名称：碳钢百叶窗 2. 规格、型号：1000mm×1000mm	个	8				
10	030704001001	通风工程检测、调试	漏光试验、风量测定、风压测定、风口及阀门调整	系统	1				

第六章　刷油、防腐、绝热工程

第一节　刷油、防腐、绝热工程概述

一、管道刷油、防腐蚀工程

1. 除锈标准

（1）基体表面状态。基体表面状态的优劣直接影响防腐蚀涂覆的施工和保护效果，基体表面状态可以从清洁度和粗糙度两个方面来描述。

1）清洁度。清洁度是指基体表面材质本体裸露程度，即基体表面清除杂物污染后的清洁程度。钢铁表面经常有一层铁锈或氧化度，因常被油污、水等污染，直接影响涂、衬层结合力。混凝土表面，一是由于它的表面因施工环境等因素粘有许多污染物；二是由于其含有的水分和碱性物质会渗到表面，同样影响与涂、衬层的结合力。

2）粗糙度。粗糙度反映了基体表面的粗糙程度。适当地将基体表面粗糙化，对于涂衬是有好处的，可提高涂、衬层与基体表面的粘结强度。粗糙度不能超过一定界限，粗糙壁大反而会降低粘结强度，影响粘结剂对基体表面良好的浸润。

（2）表面处理标准。表面处理方法包括机械方法、化学方法和火焰法三大类。国家标准《涂覆涂料钢材表面处理表面清洁度的目视评定》（GB/T 8923）、《工业设备及管道防腐蚀工程施工质量验收规范》（GB 50727—2011）是表面预处理的依据。其适用于喷射或抛射除锈、手工和动力工具除锈及火焰除锈。

钢材表面除锈后的形貌与表面未涂装过的原始锈蚀情况有关。因此，在表面处理前，应首先了解需要除锈表面的锈蚀等级，见表 6-1。

表 6-1　　　　　　　　　　　　未涂装过的钢材表面原始锈蚀等级

锈蚀等级	锈蚀程度
A	大面积覆盖着氧化皮而几乎没有铁锈的钢材表面
B	已经发生锈蚀，并且氧化皮已开始剥落的钢材表面
C	氧化皮已因锈蚀而剥落，或可以刮除，并且在正常视力观察下可见轻微点蚀的钢材表面
D	氧化皮已因锈蚀而剥落，并且在正常视力观察下可见普遍发生点蚀的钢材表面

2. 管道和设备表面处理

风管等管道刷油前，必须将其表面的杂物、铁锈、油脂和氧化皮等处理干净，使表面呈现金属光泽，以增强表面油漆的附着力，以保证油漆质量。表面除锈常用的方法有以下四种：

(1)手工除锈。手工除锈，主要是采用手锤、铲、刀、钢丝刷子、粗砂布(纸)，对带锈蚀的金属表面进行处理，并达到除锈要求的一种方法。此种方法适用面广、造价低、施工方便，但是除锈质量较差，仅适用于一般刷油工程。

(2)电动工具除锈。电动工具除锈，又称半机械除锈，主要是采用风(电)动刷轮或各式除锈机，对带锈蚀的金属表面进行处理，并达到除锈要求的一种方法。此种方法适用于大型设备、大口径的管道、大面积除锈工程，除锈效率较高，除锈质量比手工除锈好。

(3)喷射或抛射除锈(又称喷砂除锈)。喷砂除锈是利用压缩空气把石英砂通过喷嘴喷射在管道的表面，靠砂子有力的撞击风管表面，去掉表面的铁锈、氧化皮等杂物。

对喷射清理的表面处理，用 Sa 表示。喷射清理有如下四个等级：

1)Sa1：轻度的喷射清理，是指在不放大的情况下观察时，表面应无可见的油、脂和污物，并且没有附着不牢的氧化皮、铁锈、涂层和外来杂质。

2)Sa2：彻底的喷射清理，是指在不放大的情况下观察时，表面应无可见的油、脂和污物，并且几乎没有氧化皮、铁锈、涂层和外来杂质，任何残留污染物应附着牢固。

3)Sa2½：非常彻底的喷射清理，是指在不放大的情况下观察时，表面应无可见的油、脂和污物，并且没有氧化皮、铁锈、涂层和外来杂质。任何污染物的残留痕迹应仅呈现为点状或条纹状的轻微色斑。

4)Sa3：使钢材表观洁净的喷射清理，是指在不放大的情况下观察时，表面应无可见的油、脂和污物，并且应无氧化皮、铁锈、涂层和外来杂质。该表面应具有均匀的金属色泽。

(4)化学除锈。化学除锈主要是采用无机稀酸溶液刷(喷)浸泡带锈蚀的金属表面，并达到除锈目的的一种方法。这种方法除锈质量较好，适用于小面积或结构复杂的设备、部件除锈工程。

3. 管道和设备的刷油

刷油是在金属表面涂刷或喷涂普通油漆涂料，将空气、水分、腐蚀介质隔离起来，以保护金属表面不受侵蚀。

安装工程中风管、部件及制冷管道的涂漆种类应按不同用途及不同材质来选择。

(1)薄钢板风管和碳钢制冷管道的低层防锈漆经常采用红丹油性防锈漆。其具有较好的除锈效果，易于手工涂刷，但不宜喷涂。

(2)镀锌钢板一般不涂刷防锈漆。如果镀锌层由于受潮已有泛白现象，或在加工中镀锌层损坏以及在洁净工程中设计有要求，则应刷防锈层。

(3)由于锌黄能产生水溶性铁酸盐使金属表面钝化，具有良好保护性，对铝板、镀锌等风管的表面有较好的附着力。

(4)红丹、铁红或黑类底漆、防锈漆只适用于涂刷黑色金属表面，而不适用于涂刷在铝、锌合金等轻金属表面。

(5)对于一般通风、空调系统、空气洁净系统级制冷管道采用的油漆类别及涂刷遍数见表 6-2～表 6-4。

表 6-2　　　　　　　　　　　　　薄钢板风管油漆

序号	风管所输送的气体介质	油漆类别	油漆遍数
1	不含有灰尘且温度 不高于 70℃的空气	内表面涂防锈底漆	2
		外表面涂防锈底漆	1
		外表面涂面漆(调和漆等)	2
2	不含有灰尘且温度 高于 70℃的空气	内外表面涂耐热漆	2
3	含有粉尘或粉屑的空气	内表面涂防锈底漆	1
		外表面涂防锈底漆	1
		外表面涂面漆	2
4	含有腐蚀性介质的空气	内外表面涂耐酸底漆	≥2
		内外表面涂耐酸面漆	≥2

表 6-3　　　　　　　　　　　　　空气净化系统油漆

风管部位	油漆类别	油漆遍数	系统部位
内表面	醇酸类底漆	2	(1)中效过滤器前的送风管及回风管; (2)中效过滤器后和高效过滤器前的风管
	醇酸类磁漆	2	
外表面(保温)	铁红底漆	2	
外表面(非保温)	铁红底漆	1	
	调和漆	2	

表 6-4　　　　　　　　　　　　　制冷剂管道油漆

管道类别		油漆类别	油漆遍数
低压系统	保温层以沥青为粘结剂	沥青漆	2
	保温层不以沥青为粘结剂	防锈底漆	2
高压系统		防锈底漆	2
		色漆	2

二、绝热工程

绝热是为减少系统热量向外传递(保温)或外部热量传入系统内(保冷)而采取的一种工程措施。

1. 绝热材料

绝热材料应选择热导率小、无腐蚀性、耐热、持久、性能稳定、质量轻、有足够的强度、吸湿性小、易于施工成形等要求的材料。目前,绝热材料的种类很多,比较常用的绝热材料有岩棉、玻璃棉、矿渣棉、珍珠岩、硅藻土、石棉、水泥蛭石、泡沫塑料、泡沫玻璃、泡沫石棉等。表 6-5 是常用绝热材料性能。

表 6-5　　　　　　　　　　　常用绝热材料性能

名　称	密度/(kg·m^{-3})	使用温度/℃	热导率 λ/(W·m^{-1}·K^{-t})
岩棉制品			
岩棉板	80、100、150、200	50	$\lambda=0.035+0.00017t_m$
岩棉缝毡	80~100	400~600	$\lambda=0.028+0.00023t_m$
岩棉管壳	80~150	170~500	$\lambda=0.036+0.00015t_m$
岩棉保温带	100	200	$\lambda=0.043+0.00015t_m$
硅酸铝纤维毡(RAS)(内层)	—	600	$\lambda=0.0041+0.000232t_m$
＋岩棉铁丝网缝毡(外层)		700	(250℃≤t_m≤600℃)
		800	—
			$\lambda=0.031+0.0002t_m$
		—	(50℃≤t_m≤350℃)
硅酸钙制品	200~250	600	$\lambda=(0.041~0.047)+0.00015t_m$
有碱超细玻璃棉	40~50	≤400	$\lambda=0.0297+0.000128t_m$
无碱超细玻璃棉	40~50	≤600	$\lambda=0.0297+0.000128t_m$
普通矿渣棉	200~250	≤600	$\lambda=0.047$(常温)
矿渣棉制品	347~384	750	$\lambda=0.052~0.077$
硅酸铝棉	150~200	1000~1100	$\lambda=0.093$(700℃)
膨胀珍珠岩制品	350~400	<600	$\lambda=0.074+0.0001163t_m$
膨胀蛭石制品	450~500	≤800	$\lambda=0.094+0.0002t_m$

注:表中 $t_m=\dfrac{t_1+t}{2}$,指隔热层的平均温度,即隔热层内、外表面温度的算术平均值。

(1)玻璃棉及其制品。玻璃棉是由硅砂、石灰石、萤石等矿物在熔炉中熔化后经喷制或拉制而成,具有堆积密度小、空隙率大、热导率小、吸声系数高、耐酸抗腐、耐温抗冻、吸水率低、弹性好、抗震性强的特点。此外,还有不霉、防蛀、化学稳定性好等优良特性。表 6-6 为玻璃棉及其制品的规格及性能。

表 6-6　　　　　　　　玻璃棉及其制品的规格及性能

名　称	规格/mm	容重/(kg·m^{-3})	热导率/(W·m^{-1}·K^{-1})	使用温度/℃
超细玻璃棉	纤维直径平均4μm左右	20	0.029 左右	350~400 600~650
超细玻璃棉毡	850、2550×600×30	18,30	0.302 左右	350~400
超细玻璃棉管	内径:25、50、100、150、250;长:500、1000;厚:按需要	40~60	0.033~0.035	350~400

名　　称	规格/mm	容重 /(kg·m⁻³)	热导率 /(W·m⁻¹·K⁻¹)	使用温度 /℃
超细玻璃棉板	80、100×60×(40~140)	40~60	0.033~0.035	350~400
普通玻璃棉	纤维直径平均<16μm	50~70	0.035~0.052	−100~450
沥青玻璃棉毡	5000×900×(25~50)	80~90	0.035~0.046	−180~250
玻璃棉缝毡	5000×900×25、30、35	<85	0.035~0.045	<250
酚醛树脂玻璃棉毡	(1000~5000)×90×(25~1000)	60~80	0.035~0.052	−100~300
玻璃棉板（玻璃纤维保温板）	800、600×450(25~50)	95~105	0.041~0.046	
	600×500×25、30、35、110×500×100 厚之内	80~100	0.036~0.043	−50~250
	1000×1000×30~100	120~150	0.035~0.058	250
	450×600×(25~50)	80~00	0.037	−100~300
	1105、700×500×(25~50)	80~100	0.037~0.058	
玻璃棉管	内径 20~600,长 650,厚 20~150	105~115	0.041~0.046	−50~250
	内径 20~600,长 650,厚 30~100	100~120	0.035~0.046	−100~350
	内径 114~216,长 1000,厚 45~80	120~50	0.035~0.046	<300

（2）矿渣棉及其制品。矿渣棉是利用工业废料矿渣为主要原料,经熔化、喷吹等工序而制成的一种呈棉丝状的良好的保温吸声材料,具有质量轻、热导率低、耐腐蚀、化学稳定性好、价廉、施工方便等优点。表 6-7 为矿渣棉及其制品的规格及性能。

表 6-7　　　　　　　　　　矿渣棉及其制品的规格及性能

名　　称	规格/mm	容重 /(kg·m⁻³)	热导率 /(W·m⁻¹·K⁻¹)	使用温度 /℃
矿渣棉	纤维直径 3.63~4.2μm	114~130	0.03~0.041	780~820
	纤维直径 4~10μm	90~100	0.037~0.044	700
沥青矿渣棉毡	1000×1000×(30~50)	135~160	0.049~0.052	650~700
	1000×750×(30~50)	<120	0.041~0.049	<200
矿渣棉制品	包括各种板、管、砖	347~384	0.052~0.077	750
沥青矿渣棉半硬板	750×500×(20~30)	200~250	0.041~0.046	<200
酚渣树脂矿渣棉板	750×500×(20~30)	200~250	0.041~0.052	<320
酚醛树脂矿渣棉板	750×500×(20~50)	150~200	0.041~0.052	<300
沥青矿渣棉半硬管壳	内径 169 以内,长 750,厚 20~30	200~250	0.046~0.052	—
酚渣树脂矿渣棉管壳	内径 169 以内,长 750,厚 20~30	200~250	0.041~0.052	—
酚醛树脂矿渣棉管壳	内径 169 以内,长 750,厚 20~50	150~200	0.041~0.052	—

（3）膨胀珍珠岩及其制品。珍珠岩是酸性火山喷出的玻璃质熔岩（含 SiO_2 68%～75%），在我国蕴藏量很丰富。膨胀珍珠岩及制品是一种较好的轻质隔热材料，它具有容重小、热导率低，隔热、耐温、防寒、防潮等特性，其吸湿性在大气中是常用保温材料中最小的（对低温使用和储存都有利），并有抗菌、耐腐蚀、防射线、施工方便、价格低廉等特点。表 6-8 为膨胀珍珠岩及其制品常用的规格及性能。

表 6-8　　　　　　　　　　　膨胀珍珠岩及其制品的规格及性能

名　　称	规格/mm		容重/(kg·m⁻³)	热导率/(W·m⁻¹·K⁻¹)	使用温度/℃
膨胀珍珠岩	松散		<80	0.035～0.046	-200～1000
			>80		
	松散		40～130	0.031～0.037	-200～1000
	松散	一级	40～80	0.037～0.043	-256～800
		二级	80～120		-256～800
		三级	>120	0.043～0.048	-256～800
	松散	特级	<80	0.019～0.029	耐火度均小于1300，-196不变形
		一级	80～120	0.029～0.034	
		二级	121～160	0.034～0.038	
		三级	161～300	0.046～0.062	
普通硅酸盐水泥膨胀珍珠岩制品	按订货要求		240	0.053	<600
			300		<600
			350～450		<600
	按订货要求		300～400	0.081	600
	按订货要求		300～400	0.058～0.081	<800
矾土水泥膨胀珍珠岩制品			450	0.079	<800
	按订货要求		457	0.088	<800
			460	0.072	<800
水玻璃膨胀珍珠岩制品	按订货要求		200～300	0.064～0.076	≤650
	按订货要求		200～300	0.056～0.065	<650
高温超轻质珍珠岩制品	按订货要求		200～250	0.044～0.052	<1000

（4）膨胀蛭石及其制品。蛭石是一种片云母属的矿物，破碎后经高温焙烧，体积膨大而形成许多薄片组成的膨胀蛭石颗粒，颗粒内部具有无数细小的薄层空隙。膨胀蛭石是一种容重极小的隔热吸声材料，不腐烂、不变质、耐碱不耐酸，其耐温性比膨胀珍珠岩稍高，但吸湿性较膨胀珍珠岩大。膨胀蛭石及其制品的主要作用是隔热、保温、防火、吸声等。

（5）软木。软木即栓皮，亦称木栓，是栓树的外皮。软木经过切皮、粉碎、筛选、压缩成形、烘焙后制成各种制品。软木质量轻,富有弹性,耐蚀性强,不透水,但易吸水吸潮,耐火性较强(只能阴燃不起火焰),是一种优良的保温隔热、隔震、防潮材料(吸湿太多会膨胀)。

2. 绝热层结构

绝热层结构一般由防腐层、绝热层、防潮层、保护层等构成。

(1)防腐层。防腐层所用的材料为防锈漆等涂料,它直接涂刷在清洁干燥的管道和设备外表面。

(2)绝热层。绝热层是绝热结构中最重要的组成部分,其作用是减少管道和设备与外界的热量传递。

(3)防潮层。防潮层是为防止大气中水分子凝结成水浸入保冷层,使其免受影响或损坏而设置的,一般是用阻燃沥青胶或沥青漆粘贴聚乙烯薄膜、油毡、玻璃丝布而成。

(4)保护层。保护层是为防止雨水对保温、保冷、防潮等层的侵蚀而设置的,其作用是延长寿命、增加美观。

第二节　刷油工程

一、刷油工程量清单项目设置

刷油工程共包括 9 个清单项目,其清单项目设置及工程量计算规则见表 6-9。

表 6-9　　　　　　　　　　　刷油工程(编码:031201)

项目编码	项目名称	项目特征	计量单位	工程量计算规则	工作内容
031201001	管道刷油	1. 除锈级别 2. 油漆品种 3. 涂刷遍数、漆膜厚度 4. 标志色方式、品种	1. m² 2. m	1. 以平方米计量,按设计图示表面积尺寸以面积计算 2. 以米计量,按设计图示尺寸以长度计算	
031201002	设备与矩形管道刷油				
031201003	金属结构刷油	1. 除锈级别 2. 油漆品种 3. 结构类型 4. 涂刷遍数、漆膜厚度	1. m² 2. kg	1. 以平方米计量,按设计图示表面积尺寸以面积计算 2. 以千克计量,按金属结构的理论质量计算	1. 除锈 2. 调配、涂刷
031201004	铸铁管、暖气片刷油	1. 除锈级别 2. 油漆品种 3. 涂刷遍数、漆膜厚度	1. m² 2. m	1. 以平方米计量,按设计图示表面积尺寸以面积计算 2. 以米计量,按设计图示尺寸以长度计算	

续表

项目编码	项目名称	项目特征	计量单位	工程量计算规则	工作内容
031201005	灰面刷油	1. 油漆品种 2. 涂刷遍数、漆膜厚度 3. 涂刷部位	m²	按设计图示表面积计算	调配、涂刷
031201006	布面刷油	1. 布面品种 2. 油漆品种 3. 涂刷遍数、漆膜厚度 4. 涂刷部位			
031201007	气柜刷油	1. 除锈级别 2. 油漆品种 3. 涂刷遍数、漆膜厚度 4. 涂刷部位			1. 除锈 2. 调配、涂刷
031201008	玛琋脂面刷油	1. 除锈级别 2. 油漆品种 3. 涂刷遍数、漆膜厚度			调配、涂刷
031201009	喷漆	1. 除锈级别 2. 油漆品种 3. 涂刷遍数、漆膜厚度 4. 喷涂部位	m²	按设计图示表面积计算	1. 除锈 2. 调配、喷涂

注:1. 管道刷油以米计算,按图示中心线以延长米计算,不扣除附属构筑物、管件及阀门等所占长度。

2. 涂刷部位:指涂刷表面的部位,如设备、管道等部位。

3. 结构类型:指涂刷金属结构的类型,如一般钢结构、管廊钢结构、H型钢钢结构等类型。

4. 设备筒体、管道表面积:$S=\pi \cdot D \cdot L$,π——圆周率,D——直径,L——设备筒体高或管道延长米。

5. 设备筒体、管道表面积包括管件、阀门、法兰、人孔、管口凹凸部分。

6. 带封头的设备面积:$S=L \cdot \pi \cdot D+(D/2) \cdot \pi \cdot K \cdot N$,$K$——1.05,$N$——封头个数。

二、刷油工程项目特征描述

1. 管道刷油、设备与矩形管道刷油

(1)应说明除锈级别。如喷射除锈 Sa1 级。

(2)应说明油漆品种。如红丹油性防锈漆、红酚醛底漆、铝粉铁红酚醛防锈漆。

(3)应说明涂刷遍数、漆膜厚度。

1)明装管道安装前必须先刷一道防锈漆,待交工前再刷第 2 道面漆。

2)暗装管道安装前必须先刷 2 道防锈漆,第 2 道防锈漆必须在第 1 道防锈漆干透后再刷。

(4)应说明标志色方式、品种。颜色从红—黄—蓝—黑,级别越来越高,性能越好。

2. 金属结构刷油,铸铁管、暖气片刷油

(1)应说明除锈级别。金属表面处理级别及适用范围见表 6-10。

表6-10　　　　　　　　　　金属表面处理级别及适用范围表

序号	防腐衬里层或涂层类别	表面处理级别
1	金属喷镀、衬胶、搪铅、热固化酚醛树脂涂料	Sa3 级（一级）
2	玻璃钢衬里、树脂胶泥衬砖板、贴衬软聚氯乙烯板、聚异丁烯板防腐涂层（设备、管道内壁）	Sa2½级（二级）
3	硅质胶泥衬砖板、油基或沥青基天然油基涂料	Sa2 级（三级） St3 级 Fi 级
4	初铅、软塑料板空铺衬里	Sa1 级（四级） St2 级 Pi 级

(2)应说明油漆品种。如红丹油性防锈漆、红酚醛底漆、铝粉铁红酚醛防锈漆。

(3)应说明涂刷遍数、漆膜厚度。

3. 灰面刷油、布面刷油、气柜刷油、玛琋脂面刷油、喷漆

(1)布面刷油应说明布面品种,如玻璃丝布。

(2)应说明油漆品种。如红丹油性防锈漆、红酚醛底漆、铝粉铁红酚醛防锈漆。

(3)应说明涂刷遍数、漆膜厚度。

(4)气柜刷油、玛琋脂面刷油、喷漆应说明除锈级别。

(5)灰面刷油、布面刷油、气柜刷油、喷漆应说明涂刷（喷涂）部位。

三、刷油工程量计算实例

【例6-1】 某工程需要保温的焊接钢管长度为 $DN50$：$90m$，$DN40$：$40m$，$DN32$：$30m$，保温层厚度：$DN50 = 0.1885m^2/m$，$DN40 = 0.1507m^2/m$，$DN32 = 0.1297m^2/m$，试计算焊接钢管的除锈、刷油工程量。

解： 除锈刷油工程量计算规则：以平方米计量，按设计图示表面积尺寸以面积计算。

除锈刷油工程量＝$90 \times 0.1885 + 40 \times 0.1507 + 30 \times 0.1297 = 26.884m^2$

第三节　防腐蚀涂料及其他工程

一、防腐蚀涂料及其他工程量清单项目设置

1. 防腐蚀涂料工程

防腐蚀涂料工程共包括10个清单项目,其清单项目设置及工程量计算规则见表6-11。

表 6-11　　　　　　防腐蚀涂料工程(编码:031202)

项目编码	项目名称	项目特征	计量单位	工程量计算规则	工作内容
031202001	设备防腐蚀		m²	按设计图示表面积计算	
031202002	管道防腐蚀	1. 除锈级别 2. 涂刷(喷)品种 3. 分层内容 4. 涂刷(喷)遍数、漆膜厚度	1. m² 2. m	1. 以平方米计量,按设计图示表面积尺寸以面积计算 2. 以米计量,按设计图示尺寸以长度计算	1. 除锈 2. 调配、涂刷(喷)
031202003	一般钢结构防腐蚀		kg	按一般钢结构的理论质量计算	
031202004	管廊钢结构防腐蚀			按管廊钢结构的理论质量计算	
031202005	防火涂料	1. 除锈级别 2. 涂刷(喷)品种 3. 涂刷(喷)遍数、漆膜厚度 4. 耐火极限(h) 5. 耐火厚度(mm)	m²	按设计图示表面积计算	
031202006	H 型钢制钢结构防腐蚀	1. 除锈级别 2. 涂刷(喷)品种 3. 分层内容 4. 涂刷(喷)遍数、漆膜厚度	m²	按设计图示表面积计算	1. 除锈 2. 调配、涂刷(喷)
031202007	金属油罐内壁防静电				
031202008	埋地管道防腐蚀	1. 除锈级别 2. 刷缠品种 3. 分层内容 4. 刷缠遍数	1. m² 2. m	1. 以平方米计量,按设计图示表面积尺寸以面积计算 2. 以米计量,按设计图示尺寸以长度计算	1. 除锈 2. 刷油 3. 防腐蚀 4. 缠保护层
031202009	环氧煤沥青防腐蚀				1. 除锈 2. 涂刷、缠玻璃布
031202010	涂料聚合一次	1. 聚合类型 2. 聚合部位	m²	按设计图示表面积计算	聚合

注:1. 分层内容:指应说明每一层的内容,如底漆、中间漆、面漆及玻璃丝布等内容。

2. 如设计要求热固化需注明。

3. 设备简体、管道表面积:$S=\pi \cdot D \cdot L$,π——圆周率,D——直径,L——设备简体高或管道延长米。

4. 阀门表面积:$S=\pi \cdot D \cdot 2.5D \cdot K \cdot N$,$K$——1.05,$N$——阀门个数。

5. 弯头表面积:$S=\pi \cdot D \cdot 1.5D \cdot 2\pi \cdot N/B$,$N$——弯头个数,$B$ 值取定:90°弯头 $B=4$;45°弯头 $B=8$。

6. 法兰表面积:$S=\pi \cdot D \cdot 1.5D \cdot K \cdot N$,$K$——1.05,$N$——法兰个数。

7. 设备、管道法兰翻边面积:$S=\pi \cdot (D+A) \cdot A$,$A$——法兰翻边宽。

8. 带封头的设备面积:$S=L \cdot \pi \cdot D+(D^2/2) \cdot \pi \cdot K \cdot N$,$K$——1.5,$N$——封头个数。

9. 计算设备、管道内壁防腐蚀工程量,当壁厚大于 10mm 时,按其内径计算;当壁厚小于 10mm 时,按其外径计算。

2. 绝热工程

绝热工程共包括8个清单项目,其清单项目设置及工程量计算规则见表6-12。

表 6-12   绝热工程(编码:031208)

项目编码	项目名称	项目特征	计量单位	工程量计算规则	工作内容
031208001	设备绝热	1. 绝热材料品种 2. 绝热厚度 3. 设备形式 4. 软木品种	m³	按图示表面积加绝热层厚度及调整系数计算	1. 安装 2. 软木制品安装
031208002	管道绝热	1. 绝热材料品种 2. 绝热厚度 3. 管道外径 4. 软木品种			
031208003	通风管道绝热	1. 绝热材料品种 2. 绝热厚度 3. 软木品种	1. m³ 2. m²	1. 以立方米计量,按图示表面积加绝热层厚度及调整系数计算 2. 以平方米计量,按图示表面积及调整系数计算	
031208004	阀门绝热	1. 绝热材料 2. 绝热厚度 3. 阀门规格	m³	按图示表面积加绝热层厚度及调整系数计算	安装
031208005	法兰绝热	1. 绝热材料 2. 绝热厚度 3. 法兰规格			
031208006	喷涂、涂抹	1. 材料 2. 厚度 3. 对象	m²	按图示表面积计算	喷涂、涂抹安装
031208007	防潮层、保护层	1. 材料 2. 厚度 3. 层数 4. 对象 5. 结构形式	1. m² 2. kg	1. 以平方米计量,按图示表面积加绝热层厚度及调整系数计算 2. 以千克计量,按图示金属结构质量计算	安装

续表

项目编码	项目名称	项目特征	计量单位	工程量计算规则	工作内容
031208008	保温盒、保温托盘	名称	1. m² 2. kg	1. 以平方米计量，按图示表面积计算 2. 以千克计量，按图示金属结构质量计算	制作、安装

注：1. 设备形式指立式、卧式或球形。

2. 层数指一布二油、两布三油等。

3. 对象指设备、管道、通风管道、阀门、法兰、钢结构。

4. 结构形式指钢结构：一般钢结构、H 型钢制结构、管廊钢结构。

5. 如设计要求保温、保冷分层施工需注明。

6. 设备筒体、管道绝热工程量 $V=\pi \cdot (D+1.033\delta) \cdot 1.033\delta \cdot L$。$\pi$——圆周率；$D$——直径；1.033——调整系数；$\delta$——绝热层厚度；$L$——设备筒体高或管道延长米。

7. 设备筒体、管道防潮和保护层工程量 $S=\pi \cdot (D+2.1\delta+0.0082) \cdot L$。2.1——调整系数；0.0082——捆扎线直径或钢带厚。

8. 单管伴热管、双管伴热管（管径相同，夹角小于 90°时）工程量：$D'=D_1+D_2+(10\sim20mm)$。D'——伴热管道综合值；D_1——主管道直径；D_2——伴热管道直径；$(10\sim20mm)$——主管道与伴热管道之间的间隙。

9. 双管伴热（管径相同，夹角大于 90°时）工程量：$D'=D_1+1.5D_2+(10\sim20mm)$。

10. 双管伴热（管径不同，夹角小于 90°时）工程量：$D'=D_1+D_{伴大}+(10\sim20mm)$。

将注 8、9、10 的 D' 带入注 6、7 公式即是伴热管道的绝热层、防潮层和保护层工程量。

11. 设备封头绝热工程量：$V=[(D+1.033\delta)/2]^2\pi \cdot 1.033\delta \cdot 1.5 \cdot N$。$N$——设备封头个数。

12. 设备封头防潮和保护层工程量 $S=[(D+2.1\delta)/2]^2 \cdot \pi \cdot 1.5 \cdot N$。$N$——设备封头个数。

13. 阀门绝热工程量：$V=\pi \cdot (D+1.033\delta) \cdot 2.5D \cdot 1.033\delta \cdot 1.05 \cdot N$。$N$——阀门个数。

14. 阀门防潮和保护层工程量：$S=\pi \cdot (D+2.1\delta) \cdot 2.5D \cdot 1.05 \cdot N$。$N$——阀门个数。

15. 法兰绝热工程量：$V=\pi \cdot (D+1.033\delta) \cdot 1.5D \cdot 1.033\delta \cdot 1.05 \cdot N$。1.05——调整系数；$N$——法兰个数。

16. 法兰防潮和保护层工程量 $S=\pi \cdot (D+2.1\delta) \cdot 1.5D \cdot 1.05 \cdot N$。$N$——法兰个数。

17. 弯头绝热工程量：$V=\pi \cdot (D+1.033\delta) \cdot 1.5D \cdot 2\pi \cdot 1.033\delta \cdot N/B$。$N$——弯头个数；$B$ 值：90°弯头 $B=4$，45°弯头 $B=8$。

18. 弯头防潮和保护层工程量：$S=\pi \cdot (D+2.1\delta) \cdot 1.5D \cdot 2\pi \cdot N/B$。$N$——弯头个数；$B$ 值：90°弯头 $B=4$，45°弯头 $B=8$。

19. 拱顶罐封头绝热工程量：$V=2\pi r \cdot (h+1.033\delta) \cdot 1.033\delta$。

20. 拱顶罐封头防潮和保护层工程量：$S=2\pi r \cdot (h+2.1\delta)$。

21. 绝热工程第二层（直径）工程量：$D=(D+2.1\delta)+0.0082$，以此类推。

22. 计算规则中调整系数按注中的系数执行。

23. 绝热工程前需除锈、刷油，应按刷油工程相关项目编码列项。

3. 手工糊衬玻璃钢工程

手工糊衬玻璃钢工程共包括 3 个清单项目，其清单项目设置及工程量计算规则见表 6-13。

表 6-13　　　　　　　　　手工糊衬玻璃钢工程(编码:031203)

项目编码	项目名称	项目特征	计量单位	工程量计算规则	工作内容
031203001	碳钢设备糊衬	1. 除锈级别 2. 糊衬玻璃钢品种 3. 分层内容 4. 糊衬玻璃钢遍数	m²	按设计图示表面积计算	1. 除锈 2. 糊衬
031203002	塑料管道增强糊衬	1. 糊衬玻璃钢品种 2. 分层内容 3. 糊衬玻璃钢遍数			糊衬
031203003	各种玻璃钢聚合	聚合次数			聚合

注:1. 如设计对胶液配合比、材料品种有特殊要求需说明。
　　2. 遍数指底漆、面漆、涂刮腻子、缠布层数。

4. 橡胶板及塑料板衬里工程

橡胶板及塑料板衬里工程共包括 7 个清单项目,其清单项目设置及工程量计算规则见表 6-14。

表 6-14　　　　　　　　橡胶板及塑料板衬里工程(编码:031204)

项目编码	项目名称	项目特征	计量单位	工程量计算规则	工作内容
031204001	塔、槽类设备衬里	1. 除锈级别 2. 衬里品种 3. 衬里层数 4. 设备直径	m²	按图示表面积计算	1. 除锈 2. 刷浆贴衬、硫化、硬度检查
031204002	锥形设备衬里				
031204003	多孔板衬里	1. 除锈级别 2. 衬里品种 3. 衬里层数			
031204004	管道衬里	1. 除锈级别 2. 衬里品种 3. 衬里层数 4. 管道规格			
031204005	阀门衬里	1. 除锈级别 2. 衬里品种 3. 衬里层数 4. 阀门规格			
031204006	管件衬里	1. 除锈级别 2. 衬里品种 3. 衬里层数 4. 名称、规格			

项目编码	项目名称	项目特征	计量单位	工程量计算规则	工作内容
031204007	金属表面衬里	1. 除锈级别 2. 衬里品种 3. 衬里层数	m²	按图示表面积计算	1. 除锈 2. 刷浆贴衬

注:1. 热硫化橡胶板如设计要求采取特殊硫化处理需注明。

　　2. 塑料板搭接如设计要求采取焊接需注明。

　　3. 带有超过总面积 15% 衬里零件的贮槽、塔类设备需说明。

5. 衬铅及搪铅工程

衬铅及搪铅工程共包括 4 个清单项目,其清单项目设置及工程量计算规则见表 6-15。

表 6-15　　　　　　　　　　衬铅及搪铅工程(编码:031205)

项目编码	项目名称	项目特征	计量单位	工程量计算规则	工作内容
031205001	设备衬铅	1. 除锈级别 2. 衬铅方法 3. 铅板厚度			1. 除锈 2. 衬铅
031205002	型钢及支架包铅	1. 除锈级别 2. 铅板厚度	m²	按图示表面积计算	1. 除锈 2. 包铅
031205003	设备封头、底搪铅	1. 除锈级别 2. 搪层厚度			1. 除锈 2. 焊铅
031205004	搅拌叶轮、轴类搪铅				

注:设备衬铅如设计要求安装后再衬铅需注明。

6. 喷镀(涂)工程

喷镀(涂)工程共包括 4 个清单项目,其清单项目设置及工程量计算规则见表 6-16。

表 6-16　　　　　　　　　　喷镀(涂)工程(编码:031206)

项目编码	项目名称	项目特征	计量单位	工程量计算规则	工作内容
031206001	设备喷镀(涂)	1. 除锈级别 2. 喷镀(涂)品种 3. 喷镀(涂)厚度 4. 喷镀(涂)层数	1. m² 2. kg	1. 以平方米计量,按设备图示表面积计算 2. 以千克计量,按设备零部件质量计量	1. 除锈 2. 喷镀(涂)
031206002	管道喷镀(涂)		m²	按图示表面积计算	
031206003	型钢喷镀(涂)				
031206004	一般钢结构喷(涂)塑	1. 除锈级别 2. 喷(涂)塑品种	kg	按图示金属结构质量计算	1. 除锈 2. 喷(涂)塑

7. 耐酸砖、板衬里工程

耐酸砖、板衬里工程共包括 7 个清单项目,其清单项目设置及工程量计算规则见表 6-17。

表 6-17　　　　　耐酸砖、板衬里工程(编码:031207)

项目编码	项目名称	项目特征	计量单位	工程量计算规则	工作内容
031207001	圆形设备耐酸砖、板衬里	1. 除锈级别 2. 衬里品种 3. 砖厚度、规格 4. 板材规格 5. 设备形式 6. 设备规格 7. 抹面厚度 8. 涂刮面材质	m²	按图示表面积计算	1. 除锈 2. 衬砌 3. 抹面 4. 表面涂刮
031207002	矩形设备耐酸砖、板衬里	1. 除锈级别 2. 衬里品种 3. 砖厚度、规格 4. 板材规格 5. 设备规格 6. 抹面厚度 7. 涂刮面材质			
031207003	锥(塔)形设备耐酸砖、板衬里				
031207004	供水管内衬	1. 衬里品种 2. 材料材质 3. 管道规格型号 4. 衬里厚度			1. 衬里 2. 养护
031207005	衬石墨管接	规格	个	按图示数量计算	安装
031207006	铺衬石棉板	部位	m²	按图示表面积计算	铺衬
031207007	耐酸砖板衬砌体热处理				1. 安装电炉 2. 热处理

注:1. 圆形设备形式指立式或卧式。
2. 硅质耐酸胶泥衬砌块材如设计要求勾缝需注明。
3. 衬砌砖、板如设计要求采用特殊养护需注明。
4. 胶板、金属面如设计要求脱脂需注明。
5. 设备拱砌筑需注明。

8. 管道补口补伤工程

管道补口补伤工程共包括 4 个清单项目,其清单项目设置及工程量计算规则见表 6-18。

表 6-18　　　　　　　　　　　　管道补口补伤工程（编码：031209）

项目编码	项目名称	项目特征	计量单位	工程量计算规则	工作内容
031209001	刷油	1. 除锈级别 2. 油漆品种 3. 涂刷遍数 4. 管外径	1. m² 2. 口	1. 以平方米计量，按设计图示表面尺寸以面积计算 2. 以口计量，按设计图示数量计算	1. 除锈、除油污 2. 涂刷
031209002	防腐蚀	1. 除锈级别 2. 材料 3. 管外径			
031209003	绝热	1. 绝热材料品种 2. 绝热厚度 3. 管道外径			安装
031209004	管道热缩套管	1. 除锈级别 2. 热缩管品种 3. 热缩管规格	m²	按图示表面积计算	1. 除锈 2. 涂刷

9. 阴极保护及牺牲阳极

阴极保护及牺牲阳极工程共包括 3 个清单项目，其清单项目设置及工程量计算规则见表 6-19。

表 6-19　　　　　　　　　　　阴极保护及牺牲阳极（编码：031210）

项目编码	项目名称	项目特征	计量单位	工程量计算规则	工作内容
031210001	阴极保护	1. 仪表名称、型号 2. 检查头数量 3. 通电点数量 4. 电缆材质、规格、数量 5. 调试类别	站	按图示数量计算	1. 电气仪表安装 2. 检查头、通电点制作安装 3. 焊点绝缘防腐 4. 电缆敷设 5. 系统调试
031210002	阳极保护	1. 废钻杆规格、数量 2. 均压线材质、数量 3. 阳极材质、规格	个		1. 挖、填土 2. 废钻杆敷设 3. 均压线敷设 4. 阳极安装
031210003	牺牲阳极	材质、袋装数量			1. 挖、填土 2. 合金棒安装 3. 焊点绝缘防腐

二、防腐蚀涂料及其他工程项目特征描述

1. 设备防腐蚀、管道防腐蚀、一般钢结构防腐蚀、管廊钢结构防腐蚀、H 型钢制钢结构防腐蚀、金属油罐内壁防静电

(1)应说明除锈级别。如喷砂除锈等级分为一级、二级、三级、四级。

(2)应说明涂刷(喷)品种。如红丹油性防锈漆、红酚醛底漆、铝粉铁红酚醛防锈漆。

(3)应说明分层内容。如底漆、中间漆、面漆及玻璃丝布等内容。

(4)应说明涂刷遍数、漆膜厚度。

2. 防火涂料

(1)应说明除锈级别。如涂刷钢结构防火涂料前应对钢结构构件表面进行防锈处理,工厂基层除锈等级不低于《涂覆涂料前钢材表面处理表面清洁度的目视评定》(GB/T 8923)规定的 Sa2½,现场返锈或损坏的漆膜应补涂,除锈等级达到 St3 级。

(2)应说明涂刷(喷)品种、遍数、漆膜厚度。如膨胀型饰面防火涂料,H、B、C 型钢结构膨胀型防火涂料等。

(3)应说明耐火极限、厚度。如当防火涂料厚度 2mm 时对应 2h 的耐火极限。在实际情况下,更粗的钢材只需要更少的防火涂料即可达到耐火时间,而更细的钢材要达到相同耐火时间所需涂层显然应更厚。

3. 埋地管道防腐蚀、环氧煤沥青防腐蚀

(1)应说明除锈级别、刷缠品种、刷缠遍数。

1)埋地管道防腐蚀。由于埋地管道直接遭受土壤、无机盐、杂散电流、水分、霉菌等的作用,必然会产生腐蚀,所以要进行外防腐,而且要求防腐涂层除具有良好的耐湿热、耐水、耐盐水、耐土壤、抗微生物作用外,还要有一定的绝缘性能。按处于不同地质和地理环境下的埋地管道所产生的腐蚀程度不同划分,防腐层可分为 3 个等级,见表 6-20。

表 6-20　　　　　　　　　沥青防腐层等级与结构

防腐层等级	防腐层结构	涂层总厚度/mm
普通防腐	沥青底漆—沥青—玻璃布—沥青—玻璃布—沥青—聚乙烯工业膜	≥1.0
加强防腐	沥青底漆—三层玻璃布—四层沥青—聚乙烯工业膜	≥5.5
特加强防腐	沥青底漆—四层玻璃布—五层沥青—聚乙烯工业膜	≥7.0

2)环氧煤沥青涂料。为适应不同腐蚀环境对防腐层的要求,环氧煤沥青层分为普通级、加强级、特加强级三个等级。其结构由一层底漆和多层面漆组成,面漆层间可加

玻璃布增强。防腐层等级与结构见表 6-21。

表 6-21　　　　　　　　　　　环氧煤沥青防腐层等级与结构

等　级	结　　　　构	干膜厚度/mm
普通级	一底漆三面漆	≥0.30
加强级	底漆—面漆—面漆玻璃布—面漆—面漆	≥0.40
特加强级	底漆—2 道面漆玻璃布—2 道面漆玻璃布—2 道面漆	≥0.60

注：面漆玻璃布应连续涂敷，也可用一层浸满面漆的玻璃布代替。

(2)应说明分层内容。如底漆、中间漆、面漆及玻璃丝布等内容。

4. 涂料聚合一次

应说明聚合类型、部位。

5. 设备绝热、管道绝热、通风管道绝热

(1)应说明绝热材料品种。比较常用的绝热材料有岩棉、玻璃棉、矿渣棉、珍珠岩、硅藻土、石棉、泡沫塑料、泡沫玻璃等。

(2)应说明绝热厚度。

(3)应说明设备形式。如立式、卧式或球形。

(4)应说明管道绝热的管道外径。

(5)应说明其软木品种。

6. 阀门绝热、法兰绝热

(1)应说明绝热材料品种。比较常用的绝热材料有岩棉、玻璃棉、矿渣棉、珍珠岩、硅藻土、石棉、泡沫塑料、泡沫玻璃等。

(2)应说明绝热厚度。

(3)应说明阀门规格。如球阀(图 6-1)。表 6-22 为常用球阀的规格和质量。

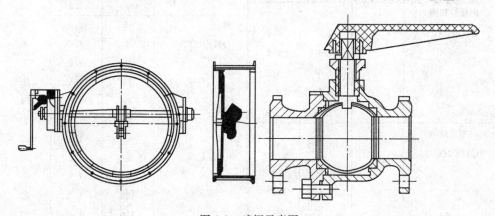

图 6-1　球阀示意图

表 6-22　　　　　　　　　　　　常用球阀的规格与质量

名　称 （型号）	规格 DN /mm	压力 PN /MPa	质量 /kg	名　称 （型号）	规格 DN /mm	压力 PN /MPa	质量 /kg
球阀 Q41F-6P	15	0.6	1.5	内螺纹球阀 Q11F-16P	15	1.6	1.0
	20	0.6	2.0		20	1.6	1.5
	25	0.6	2.5		25	1.6	2
	32	0.6	3		32	1.6	3
	40	0.6	4		40	1.6	4.5
	50	0.6	6		50	1.6	7.5
	65	0.6	10	内螺纹球阀 Q11F-16R	15	1.6	1.0
	80	0.6	13		20	1.6	1.5
	100	0.6	20		25	1.6	2
偏心球阀 Q41H-10	65	1.0	20		32	1.6	3
	80	1.0	24		40	1.6	4.5
	100	1.0	35		50	1.6	7.5
	150	1.0	49	球阀 Q41F-16	15	1.6	3
	200	1.0	95		20	1.6	4
	250	1.0	135		25	1.6	5
	300	1.0	185		32	1.6	8
内螺纹球阀 Q11F-16	15	1.6	1		40	1.6	10
	20	1.6	1.5		50	1.6	14
	25	1.6	2		65	1.6	20
	32	1.6	3		80	1.6	25
	40	1.6	4.5		100	1.6	38
	50	1.6	7.5		125	1.6	58
内螺纹球阀 Q11F-16C	15	1.6	0.6		150	1.6	81
	20	1.6	1.0		200	1.6	95
	25	1.6	1.5	球阀 Q41F-16C	15	1.6	3
	32	1.6	1.7		20	1.6	4
	40	1.6	2.2		25	1.6	5
	50	1.6	2.9		32	1.6	10
内螺纹球阀 Q11F-16Q	15	1.6	1.5		40	1.6	14
	20	1.6	2		50	1.6	20
	25	1.6	4		65	1.6	25
	32	1.6	5		80	1.6	30
	40	1.6	7.5		100	1.6	40
	50	1.6	10		125	1.6	65
					150	1.6	80
					200	1.6	153

续一

名　称 （型号）	规格 DN /mm	压力 PN /MPa	质量 /kg	名　称 （型号）	规格 DN /mm	压力 PN /MPa	质量 /kg
球阀 Q41F-16 $\frac{P}{R}$	10	1.6	2.5	电动球阀 Q941F-16C	40	1.6	17
	15	1.6	3		50	1.6	25
	20	1.6	4		65	1.6	60
	25	1.6	5		80	1.6	65
	32	1.6	10		100	1.6	75
	40	1.6	14		125	1.6	97
	50	1.6	20		150	1.6	162
	65	1.6	25		200	1.6	226
	80	1.6	30	球阀 Q41F-25	15	2.5	3
	100	1.6	40		20	2.5	4
	125	1.6	65		25	2.5	5
	150	1.6	80		32	2.5	10
	200	1.6	100		40	2.5	14
球阀 Q41F-16Q	15	1.6	3		50	2.5	20
	20	1.6	4		65	2.5	25
	25	1.6	5		80	2.5	30
	32	1.6	8		100	2.5	70
	40	1.6	11		125	2.5	80
	50	1.6	15		150	2.5	101
	65	1.6	18.6		200	2.5	230
	80	1.6	27	球阀 Q41F＝25 $\frac{P}{R}$	15	2.5	3
	100	1.6	38		20	2.5	4
	125	1.6	58		25	2.5	5
	150	1.6	81		32	2.5	10
	200	1.6	95		40	2.5	14
三通球阀 Q44F-16C	80	1.6	55		50	2.5	20
三通球阀 Q44F-16P	25	1.6	10		65	2.5	20
	40	1.6	20		80	2.5	30
	50	1.6	25		100	2.5	70
三通球阀 Q44F-16R	25	1.6	10		125	2.5	80
	50	1.6	20		150	2.5	101
	65	1.6	25		200	2.5	230
	80	1.6	30	球阀 Q41F＝25Q	15	2.5	3.4
	100	1.6	65		20	2.5	4.4
					25	2.5	4.7

续二

名　称（型号）	规格 DN/mm	压力 PN/MPa	质量/kg	名　称（型号）	规格 DN/mm	压力 PN/MPa	质量/kg
球阀 Q41F=25Q	32	2.5	9.4	外螺纹球阀 $Q21F\text{-}40\genfrac{}{}{0pt}{}{P}{R}$	10	4.0	1
	40	2.5	12		15	4.0	2
	50	2.5	20		20	4.0	3
	65	2.5	25		25	4.0	4
	80	2.5	30	球阀 Q41F=40	15	4.0	3
	100	2.5	40		20	4.0	4
	125	2.5	65		25	4.0	5
	150	2.5	80		32	4.0	10
电动球阀 $Q941F\text{-}25\genfrac{}{}{0pt}{}{P}{R}$	40	2.5	17		40	4.0	14
	50	2.5	25		50	4.0	20
	65	2.5	60		65	4.0	25
	80	2.5	65		80	4.0	50
	100	2.5	122		100	4.0	70
	150	2.5	170		125	4.0	80
	200	2.5	350		150	4.0	101
内螺纹球阀 Q11F-40	15	4.0	1		200	4.0	230
	20	4.0	2	球阀 $Q41F\text{-}40\genfrac{}{}{0pt}{}{P}{R}$	15	4.0	3
	25	4.0	2.5		20	4.0	4
	40	4.0	3.5		25	4.0	5
	50	4.0	5.3		32	4.0	10
内螺纹球阀 $Q11F\text{-}40\genfrac{}{}{0pt}{}{P}{R}$	15	4.0	1		40	4.0	14
	20	4.0	2		50	4.0	20
	25	4.0	2		65	4.0	25
	32	4.0	3		80	4.0	50
	40	4.0	4.5		100	4.0	70
	50	4.0	7.5		125	4.0	80
外螺纹球阀 Q21F-40	10	4.0	1		150	4.0	101
	15	4.0	2		200	4.0	230
	20	4.0	3	气动球阀 Q641F-40	15	4.0	4
	25	4.0	4		20	4.0	5
					25	4.0	8
					32	4.0	13
					40	4.0	17
					50	4.0	28

续三

名称(型号)	规格 DN /mm	压力 PN /MPa	质量 /kg	名称(型号)	规格 DN /mm	压力 PN /MPa	质量 /kg
气动球阀 Q641F-40	65	4.0	33	$\left(Q11F\text{-}64\frac{P}{R}\right)$	20	6.4	0.9
	80	4.0	58		25	6.4	1.7
	100	4.0	98		32	6.4	1.9
	125	4.0	108		40	6.4	3.1
	150	4.0	129		50	6.4	4.3
气动球阀 Q641F-40 $\frac{P}{R}$	15	4.0	4	外螺纹球阀 Q21F-64	10	6.4	1
	20	4.0	5	$\left(Q21F\text{-}64\frac{P}{R}\right)$	15	6.4	2
	25	4.0	8		20	6.4	2
	32	4.0	13		25	6.4	3
	40	4.0	17		32	6.4	4
	50	4.0	28	球阀 Q41F-64	32	6.4	8
	65	4.0	33		40	6.4	13
	80	4.0	58	$\left(Q41F\text{-}64\frac{P}{R}\right)$	50	6.4	15
	100	4.0	98	(Q41F-64)	65	6.4	23
	125	4.0	108	$\left(Q41F\text{-}64\frac{P}{R}\right)$	80	6.4	48
	150	4.0	129	球阀 Q41F-160	80	16.0	150
电动球阀 Q941F-40	40	4.0	17		100	16.0	200
	50	4.0	25		125	16.0	350
	65	4.0	60		150	16.0	500
	80	4.0	70	球阀 Q43S-160	15	16.0	5
	100	4.0	122		20	16.0	7
	150	4.0	170		25	16.0	9
	200	4.0	350	焊接球阀 Q61N-320	10	32.0	4
电动球阀 Q941F-40 $\frac{P}{R}$	40	4.0	17		15	32.0	4
	50	4.0	25		20	32.0	6.5
	65	4.0	60		25	32.0	8
	80	4.0	70		32	32.0	16
	100	4.0	122		40	32.0	22.5
	150	4.0	170		50	32.0	35
	200	4.0	350	对夹式球阀 Q73SA-320	80	32.0	80
内螺纹球阀 Q11F-64	8	6.4	0.7		100	32.0	120
	10	6.4	0.7		125	32.0	250
$\left(Q11F\text{-}64\frac{P}{R}\right)$	15	6.4	0.7		150	32.0	350

(4)应说明法兰规格。如螺纹钢制管法兰,常用规格见表 6-23～表 6-27。

表 6-23　　　　　　　　　　　　螺纹钢制管法兰(*PN*0. 6MPa)　　　　　　　　　mm

| 公称通径 *DN* | 钢管外径 *A* | 连接尺寸 | | | | | 法兰厚度 *C* | 法兰颈 | | 法兰高度 *H* | 法兰理论质量 /kg | 管螺纹规格 *Rc*、*Rp* 或 *NPT*(in) |
		法兰外径 *D*	螺栓孔中心圆直径 *K*	螺栓孔直径 *L*	螺栓孔数量 *n*	螺纹 *Th*		*N*	*R*			
10	17. 2	75	50	11	4	M10	12	25	3	20	0. 37	3/8
15	21. 3	80	55	11	4	M10	12	30	3	20	0. 43	1/2
20	26. 9	90	65	11	4	M10	14	40	4	24	0. 65	3/4
25	33. 7	100	75	11	4	M10	14	50	4	24	0. 81	1
32	42. 4	120	90	14	4	M12	16	60	5	26	1. 28	1¼
40	48. 3	130	100	14	4	M12	16	70	5	26	1. 52	1½
50	60. 3	140	110	14	4	M12	16	80	5	28	1. 70	2
65	76. 1	160	130	14	8	M12	16	100	6	32	2. 29	2½
80	88. 9	190	150	18	4	M16	18	110	6	34	3. 40	3
100	114. 3	210	170	18	4	M16	18	130	6	40	3. 82	4
125	139. 7	240	220	18	4	M16	18	160	6	44	4. 91	5
150	168. 3	255	225	18	4	M16	20	185	8	44	5. 72	6

注:1in≈25. 40mm。

表 6-24　　　　　　　　　　　　螺纹钢制管法兰(*PN*1. 0MPa)　　　　　　　　　mm

| 公称通径 *DN* | 钢管外径 *A* | 连接尺寸 | | | | | 法兰厚度 *C* | 法兰颈 | | 法兰高度 *H* | 法兰理论质量 /kg | 管螺纹规格 *Rc*、*Rp* 或 *NPT*(in) |
		法兰外径 *D*	螺栓孔中心圆直径 *K*	螺栓孔直径 *L*	螺栓孔数量 *n*	螺纹 *Th*		*N*	*R*			
10	17. 2	90	60	14	4	M12	14	30	3	22	0. 64	3/8
15	21. 3	95	65	14	4	M12	14	35	3	22	0. 71	1/2
20	26. 9	105	75	14	4	M12	16	45	4	26	1. 02	3/4
25	33. 7	115	85	14	4	M12	16	52	4	28	1. 23	1
32	42. 4	140	100	18	4	M16	18	60	5	30	1. 96	1¼
40	48. 3	150	110	18	4	M16	18	70	5	32	2. 31	1½
50	60. 3	165	125	18	4	M16	20	84	5	34	3. 04	2
65	76. 1	185	145	18	4	M16	20	104	6	32	3. 72	2½
80	88. 9	200	160	18	8	M16	20	118	6	34	4. 16	3
100	114. 3	220	180	18	8	M16	22	140	6	40	5. 16	4
125	139. 7	250	210	18	8	M16	22	168	6	44	6. 66	5
150	168. 3	285	240	22	8	M20	24	195	8	44	8. 45	6

表 6-25　　　　　　　　　　　螺纹钢制管法兰(*PN*1. 6MPa)　　　　　　　　　mm

公称通径 DN	钢管外径 A	连接尺寸					法兰厚度 C	法兰颈		法兰高度 H	法兰理论质量 /kg	管螺纹规格 Rc、Rp 或 NPT(in)
		法兰外径 D	螺栓孔中心圆直径 K	螺栓孔直径 L	螺栓孔数量 n	螺纹 Th		N	R			
10	17. 2	90	60	14	4	M12	14	30	3	22	0.64	3/8
15	21. 3	95	65	14	4	M12	14	35	3	22	0.71	1/2
20	26. 9	105	75	14	4	M12	16	45	4	26	1.02	3/4
25	33. 7	115	85	14	4	M12	16	52	4	28	1.23	1
32	42. 4	140	100	18	4	M16	16	60	5	30	1.96	1¼
40	48. 3	150	110	18	4	M16	18	70	5	32	2.31	1½
50	60. 3	165	125	18	4	M16	20	84	5	34	3.04	2
65	76. 1	185	145	18	4	M16	20	104	6	32	3.72	2½
80	88. 9	200	160	18	8	M16	20	118	6	34	4.16	3
100	114. 3	220	180	18	8	M16	22	140	6	40	5.16	4
125	139. 7	250	210	18	8	M16	22	168	6	44	6.66	5
150	168. 3	285	240	22	8	M20	24	195	8	44	8.45	6

注:1in≈25.40mm。

表 6-26　　　　　　　　　　　螺纹钢制管法兰(*PN*2. 5MPa)　　　　　　　　　mm

公称通径 DN	钢管外径 A	连接尺寸					法兰厚度 C	法兰颈		法兰高度 H	法兰理论质量 /kg	管螺纹规格 Rc、Rp 或 NPT(in)
		法兰外径 D	螺栓孔中心圆直径 K	螺栓孔直径 L	螺栓孔数量 n	螺纹 Th		N	R			
10	17. 2	90	60	14	4	M12	14	30	3	22	0.64	3/8
15	21. 3	95	65	14	4	M12	14	35	3	22	0.71	1/2
20	26. 9	105	75	14	4	M12	16	45	4	26	1.02	3/4
25	33. 7	115	85	14	4	M12	16	52	4	28	1.23	1
32	42. 4	140	100	18	4	M16	16	60	5	30	1.96	1¼
40	48. 3	150	110	18	4	M16	18	70	5	32	2.31	1½
50	60. 3	165	125	18	4	M16	20	84	5	34	3.04	2
65	76. 1	185	145	18	4	M16	20	104	6	38	4.00	2½
80	88. 9	200	160	18	8	M16	24	118	6	40	4.96	3
100	114. 3	235	190	22	8	M20	24	145	6	44	6.64	4
125	139. 7	270	220	26	8	M24	26	170	6	48	8.96	5
150	168. 3	300	250	26	8	M24	28	200	8	52	11.4	6

注:1in≈25.40mm。

表 6-27　　　　　　　　　　螺纹钢制管法兰(PN4.0MPa)　　　　　　　　　mm

公称通径 DN	钢管外径 A	连接尺寸					法兰厚度 C	法兰颈		法兰高度 H	法兰理论质量 /kg	管理螺纹规格 Rc、Rp 或 NPT(in)
		法兰外径 D	螺栓孔中心圆直径 K	螺栓孔直径 L	螺栓孔数量 n	螺纹 Th		N	R			
10	17.2	90	60	14	4	M12	14	30	3	22	0.64	3/8
15	21.3	95	65	14	4	M12	14	35	3	22	0.71	1/2
20	26.9	105	75	14	4	M12	16	45	4	26	1.02	3/4
25	33.7	115	85	14	4	M12	16	52	4	28	1.23	1
32	42.4	140	100	18	4	M16	18	60	5	30	1.96	1¼
40	48.3	150	110	18	4	M16	18	70	5	32	2.31	1½
50	60.3	165	125	18	4	M16	20	84	5	34	3.04	2
65	76.1	185	145	18	8	M16	22	104	6	38	4.00	2½
80	88.9	200	160	18	4	M16	24	118	6	40	4.96	3
100	114.3	235	190	22	8	M20	24	145	6	44	6.64	4
125	139.7	270	220	26	8	M24	26	170	6	48	8.96	5
150	168.3	300	250	26	8	M24	28	200	8	52	11.4	6

注：1in≈25.40mm。

7. 喷涂、涂抹、防潮层、保护层

(1)应说明其材料、厚度。

(2)应说明防潮层、保护层层数。如一布二油、两布三油等。

(3)应说明其对象。如设备、管道、通风管道、阀门、法兰、钢结构等。

(4)应说明防潮层、保护层结构形式。结构形式一般是指钢结构，如一般钢结构、H 型钢制结构、管廊钢结构等。

8. 保温盒、保温托盘

保温盒、保温托盘应说明名称。保温托盘，顾名思义是像托起的盘子一样的部件，该部件需要进行保温。

9. 碳钢设备糊衬、塑料管道增强糊衬

(1)应说明碳钢设备糊衬除锈级别。如喷射除锈一级、二级、三级、四级。

(2)应说明糊衬玻璃钢品种。如环氧树脂玻璃钢、酚醛树脂玻璃钢、聚酯树脂玻璃钢、环氧煤焦油玻璃钢等。

(3)应说明糊衬玻璃钢遍数。

(4)应说明其分层内容。分层间断法是目前玻璃钢衬里施工常用方法之一，基本过程如下：

1)基层表面处理。

2)涂第一遍底浆。

3)干燥 12～24h,干燥至不粘手。

4)打腻子,涂第二遍底浆。

5)涂浆并贴衬玻璃布,干燥 24h,进行表面处理。

6)再涂浆贴衬玻璃布,至要求层数。

7)常温干燥 24h 以上,进行表面处理。

8)涂刷面漆 2～3 遍。

9)每遍干燥 12～24h。

10)常温养护或加热固化处理。

10. 各种玻璃钢聚合

应说明各种玻璃钢聚合次数。

11. 橡胶板及塑料板衬里

(1)应说明其除锈级别。如喷射除锈一级、二级、三级、四级。

(2)应说明其衬里品种、衬里层数。如天然橡胶和合成橡胶等。

(3)应说明其设备直径,管道规格,阀门规格,管件衬里名称、规格。

12. 设备衬铅、型钢及支架包铅

(1)应说明除锈级别。如喷射除锈一级、二级、三级、四级。

(2)设备衬铅应说明衬铅方法。衬铅有三种主要方法:螺栓固定、搪钉固定、压板固定。

(3)应说明铅板厚度。

1)平焊使用的焊条直径、焊嘴直径与铅板厚度关系,见表 6-28。

表 6-28　　　　　　　　　　　平焊铅板厚度

铅板厚度/mm	焊条直径/mm	氢氧焰焊嘴直径/mm	乙炔氧焰焊嘴直径/mm
1～3	2～3	0.5～2.0	0.50
3～6	3～5	0.8～2.0	0.75
6～12	5～7	1.5～2.5	1.25

2)立焊应采用搭接形式,其焊条直径、焊嘴直径与铅板厚度关系,见表 6-29。

表 6-29　　　　　　　　　　　立焊铅板厚度

铅板厚度/mm	焊条直径/mm	氢氧焰焊嘴直径/mm	乙炔氧焰焊嘴直径/mm	焊接办法
1.5～3	不用焊条(或 2～3)	0.5	0.5	直接法
3～6	2～4	1.0～1.5	0.60	直接法
6～12	3～5	1.5～25	0.75	

13. 设备封头、底搪铅及搅拌叶轮、轴类搪铅

(1)应说明除锈级别。如喷射除锈一级、二级、三级、四级。

(2)应说明搪层厚度。搪铅一般分两层搪为宜。当表面倾斜不大于 30°时,每遍搪层厚度以 2～4mm 为宜。

14. 设备喷镀(涂)、管道喷镀(涂)、型钢喷镀(涂)

(1)应说明除锈级别。如气喷镀,除锈质量标准 Sa3 级。

(2)应说明喷镀(涂)品种、厚度、层数。如金属喷镀材料、厚度及适用范围,见表 6-30。

表 6-30　　　　　　　　　　　金属喷镀材料、厚度及适用范围

镀层编号	喷镀材料	镀层厚度/mm	适用范围
101	铝	0.1	1. 工业大气——大城市重工业区周围,并可能含有化学烟气 2. 含盐大气——海岸或伸陆地 1.6km 的沿海地区,但不受盐风直接冲击 3. 潮湿地区
102	铝	0.15	1. 盐水浸渍、温度<49℃ 2. 冷淡水,pH<6.5(如温度>49℃则用镀层编号 203)
103	锌	0.1	同 102 适用范围
106	铝	0.15	1. 含盐大气,关带有盐风 2. 普通大气、有水冲 3. 工业大气、烟气特别严重
108	锌	0.08	1. 乡村大气 2. 工业、含盐、潮湿大气,使用寿命比桥梁等永久性结构要求低的部位
110	锌	0.25	1. 盐水浸渍、温度<52℃ 2. 淡水,温度<52℃,pH>6.5(如果超过以上两个值用镀层编号 203)
112	锌	0.08	1. 用于要求廉价的涂层,但油漆和磁漆又不经济之处 2. 要求不变形 3. 适当部位喷镀
114	铝	0.20	专业用于砖头、船坞下面的樁脚、抗污蚀抗泥线处的酸性物、抗水的拍击,并耐终年沉浸在水中,抗电解腐蚀
120	铝	0.15	1. 用于 82～480℃的钢铁保护 2. 用于工业、烟雾、乡村大气
203	铝或锌	0.15	1. 冷熟水窗口,pH 值为 5～10(非饮用冷淡水容器可用镀层编号 102 中 1.) 2. 汽油、机油、柴油 3. 甲苯、二甲苯、乙醇 4. 食用油、糖浆、酿油、饮料乳品的容器等 5. 204℃以下蒸汽

15. 一般钢结构喷(涂)塑

(1)应说明除锈级别。如气喷镀,除锈质量标准 Sa3 级。

(2)应说明喷(涂)塑品种。常选用的材料有聚乙烯、聚氯乙烯、环氧树脂、尼龙等热塑性、热固性材料。

16. 圆形设备、矩形设备、锥(塔)形设备耐酸砖、板衬里

(1)应说明除锈级别。如气喷镀,除锈质量标准 Sa3 级。

(2)应说明衬里品种。

(3)应说明砖厚度、规格,板材规格。砖板宽度允许范围见表 6-31。

表 6-31   砖板宽度允许范围

筒体直径 DN/mm	≥300~1000	≥1000
砖板宽度 a/mm	50~100	100~150

(4)应说明圆形设备耐酸砖、板衬里设备形式。如立式或卧式。

(5)应说明设备规格、抹面厚度、涂刮面材质。

17. 供水管内衬

(1)应说明其衬里品种。

(2)应说明其材料材质、管道规格型号。

(3)应说明其衬里厚度。

18. 衬石墨管接、铺衬石棉板、耐酸砖板衬砌体热处理

(1)应说明衬石墨管接规格。

(2)应说明铺衬石棉板、耐酸砖板衬砌体热处理部位。

19. 刷油

(1)应说明除锈级别。喷砂除锈等级分为 Sa3 级、Sa2½级、Sa2、Sa1 级。

(2)应说明油漆品种。如红丹油性防锈漆。

(3)应说明涂刷遍数。

20. 防腐蚀、绝热

(1)应说明除锈级别。

(2)应说明防腐蚀材料和管外径。

21. 绝热

(1)应说明绝热材料品种。如膨胀珍珠岩、膨胀蛭石、泡沫聚氯乙烯等。

(2)应说明绝热厚度。

(3)应说明管道外径。

22. 管道热缩套管

(1)应说明除锈级别。

(2)应说明热缩管品种、规格。常用热缩套管规格尺寸见表 6-32。

表 6-32　　　　　　　　　　　　常用热缩套管规格尺寸

产品规格/mm	收缩前尺寸/mm		收缩后尺寸/mm		包装(m/卷)
	内径	壁厚	内径(max)	壁厚(min)	
φ0.8	1.0±0.2	0.15±0.05	0.50	0.25	200
φ1.0	1.5±0.3	0.20±0.05	0.60	0.33	200
φ1.5	2.0±0.3	0.20±0.05	0.75	0.36	200
φ2.0	2.5±0.3	0.20±0.05	1.00	0.44	200
φ2.5	3.0±0.3	0.25±0.05	1.25	0.44	200
φ3.0	3.5±0.3	0.25±0.05	1.50	0.44	200
φ3.5	4.0±0.3	0.25±0.05	1.75	0.44	200
φ4.0	4.5±0.3	0.25±0.05	2.00	0.44	200
φ4.5	5.0±0.3	0.25±0.05	2.25	0.44	200
φ5.0	5.5±0.3	0.25±0.05	2.50	0.56	100
φ6.0	6.5±0.3	0.28±0.05	3.00	0.56	100
φ7.0	7.6±0.3	0.30±0.06	3.50	0.56	100
φ8.0	8.6±0.3	0.30±0.06	4.00	0.56	100
φ9.0	9.6±0.3	0.30±0.06	4.50	0.56	100
φ10.0	10.7±0.4	0.30±0.06	5.00	0.56	100
φ11.0	11.7±0.4	0.30±0.06	5.50	0.56	100
φ12.0	12.7±0.4	0.30±0.06	6.00	0.56	100
φ13.0	13.7±0.4	0.35±0.07	6.50	0.69	100
φ14.0	14.7±0.4	0.35±0.07	7.00	0.69	100
φ15.0	15.7±0.5	0.35±0.07	7.50	0.69	100
φ16.0	16.7±0.5	0.35±0.07	8.00	0.69	100
φ18.0	19.0±0.5	0.40±0.10	9.00	0.77	100
φ20.0	21.0±0.5	0.40±0.10	10.00	0.77	100
φ22.0	23.0±0.5	0.40±0.10	11.00	0.77	50
φ25.0	26.0±1.0	0.45±0.10	12.50	0.87	50
φ28.0	29.0±1.0	0.45±0.10	14.00	0.87	50
φ30.0	31.5±1.0	0.45±0.10	15.00	0.97	50
φ35.0	36.5±1.0	0.50±0.10	17.50	0.97	50
φ40.0	41.5±1.0	0.50±0.10	20.00	0.97	50
φ50.0	51.5±1.0	0.55±0.10	25.00	0.97	50

23. 阴极保护

(1)应说明仪表名称、型号。如阴极保护监测仪,型号:CST600。

(2)应说明检查头、通电点数量。

(3)应说明电缆材质、规格、数量。

(4)应说明调试类别。

1)所有强制电流电源每两月检查一次,间隔长一些或短一些也可以。运行正常的判据是:电流输出、正常的功耗、表示正常运行的信号或管道上令人满意的阴极保护水平。

2)作为预防性维护计划的一部分,为最大限度地减少使用中的损坏,所有强制电流保护设施应每年检查一次。检查内容包括电气故障、安全接地的连接点、仪表的精度、效率及回路电阻。

3)反向电流开关、二极管、干扰跨接和其他保护装置等,如果失效可能危及构筑物的保护,其正常的功能检查应每两个月一次。

4)应定期检查并评价绝缘接头、电连续性跨接及套管绝缘的有效性,可通过电测量完成。

24. 阳极保护

(1)应说明废钻杆规格、数量。

(2)应说明均压线材质、数量。

(3)应说明阳极材质、规格。

25. 牺牲阳极

应说明材质、袋装数量。

第七章　安装工程投标报价

第一节　投标概述

一、投标的概念与类型

投标是建筑施工企业取得工程施工合同的主要途径，投标文件就是对业主发出的要约的承诺。投标人一旦提交了投标文件，就必须在招标文件规定的期限内信守其承诺，不得随意退出投标竞争。投标是一种法律行为，投标人必须承担中途反悔撤出的经济责任和法律责任。

工程投标的类型，见表 7-1。

表 7-1　　　　　　　　　　　　　　工程投标的类型

序号	划分标准	类别	说　　明
1	按性质分类	风险标	风险标，是指明工程承包难度大、风险大，且技术、设备、资金上都有未解决的问题，但由于队伍窝工，或因为工程盈利丰厚，或为了开拓新技术领域而决定参加投标，同时设法解决存在的问题。投标后，如果问题解决得好，可取得较好的经济效益，并锻炼出一支好的施工队伍，使企业更上一层楼。否则，企业的信誉、收益就会因此受到损害，严重者将导致企业严重亏损甚至破产。因此，投风险标必须审慎从事
		保险标	保险标，是指对可以预见的情况从技术、设备、资金等重大问题都有了解决的对策之后再投标。企业经济实力较弱，经不起失误的打击，则往往投保险标。当前，我国施工企业多数都愿意投保险标，特别是在国际工程承包市场上去投保险标
2	按效益分类	盈利标	盈利标，如果招标工程既是本企业的强项，又是竞争对手的弱项；或建设单位意向明确；或本企业任务饱满，利润丰厚，才考虑让企业超负荷运转，此种情况下的投标，称为盈利标
		保本标	保本标，当企业无后继工程，或已出现部分窝工，必须争取投标中标。但招标的工程项目对于本企业又无优势可言，竞争对手又是"强手如林"的局面，此时，宜投保本标，至多投薄利标，称为保本标
		亏损标	亏损标是一种非常手段，一般是在下列情况下采用，即：本企业已大量窝工，严重亏损，若中标后至少可以使部分人工、机械运转，减少亏损；或者为在对手林立的竞争中夺得头标，不惜血本压低标价；或是为了在本企业一统天下的地盘里，挤垮企图插足的竞争对手；或为打入新市场，取得拓宽市场的立足点而压低标价

二、投标准备工作

1. 研究招标文件

资格预审合格，取得了招标文件，即进入投标实战的准备阶段。首要的准备工作是仔细认真地研究招标文件，充分了解其内容和要求，以便安排投标工作的部署，并发现应提请招标单位予以澄清的疑点。研究招标文件的着重点，通常有以下几个方面：

(1)研究工程综合说明，借以获得对工程全貌的轮廓性的了解。

(2)熟悉并详细研究设计图纸和规范(技术说明)，目的在于弄清工程的技术细节和具体要求，使制定的施工方案和报价有确切的依据。

(3)研究合同主要条款，明确中标后应承担的义务和责任及应享有的权利，重点是承包方式、开竣工时间及工期奖罚、材料供应及价款结算办法，预付款的支付和工程款结算办法、工程变更及停工、窝工损失处理办法等。

(4)熟悉投标须知，明确了解在投标过程中，投标单位应在什么时间做什么事和不允许做什么事，目的在于提高效率，避免造成废标，徒劳无功。

2. 投标信息的收集与分析

在投标竞争中，投标信息是一种非常宝贵的资源，掌握正确、全面、可靠的信息，对于投标决策起着至关重要的作用。投标信息包括影响投标决策的各种主观因素和客观因素，主要有以下几点：

(1)企业技术方面的实力。即投标者是否拥有各类专业技术人才、熟练工人、技术装备以及类似工程经验，能解决工程施工中所遇到的技术难题。

(2)企业经济方面的实力。包括垫付资金的能力、购买项目所需新的大型机械设备的能力、支付施工用款的周转资金的多少、支付各种担保费用以及办理纳税和保险的能力等。

(3)管理水平。指是否拥有足够的管理人才、运转灵活的组织机构、各种完备的规章制度、完善的质量和进度保证体系等。

(4)社会信誉。企业拥有良好的社会信誉，是获取承包合同的重要因素，而社会信誉的建立不是一朝一夕的事，要靠平时的保质、按期完成工程项目来逐步建立的。

三、投标文件的组成

投标文件应包括下列内容：

(1)投标函及投标函附录。

(2)法定代表人身份证明或附有法定代表人身份证明的授权委托书。

(3)联合体协议书。

(4)投标保证金。

(5)已标价工程量清单。

(6)施工组织设计。

(7)项目管理机构。

(8)拟分包项目情况表。

(9)资格审查资料。

(10)投标人须知前附表规定的其他材料。

四、投标决策

决策是指为实现一定的目标,运用科学的方法,在若干可行方案中寻找满意的行动方案的过程。

1. 投标决策阶段划分

投标决策可以分为两个阶段进行。这两个阶段就是决策的前期阶段和决策的后期阶段。

(1)投标决策前期阶段。投标决策的前期阶段必须在购买投标人资格预审资料前后完成。决策的主要依据是招标广告,以及公司对招标工程、业主情况的调研和了解的程度。如果是国际工程,还包括对工程所在国和工程所在地的调研和了解的程度。前期阶段必须对投标与否做出论证。

通常情况下,下列招标项目应放弃投标:

1)本施工企业主管和兼营能力之外的项目。

2)工程规模、技术要求超过本施工企业技术等级的项目。

3)本施工企业生产任务饱满,而招标工程的盈利水平较低或风险较大的项目。

4)本施工企业技术等级、信誉、施工水平明显不如竞争对手的项目。

(2)投标决策后期阶段。如果决定投标,即进入投标决策的后期阶段,它是指从申报资格预审至投标报价(封送投标书)前完成的决策研究阶段。在后期阶段主要研究倘若去投标,是投什么性质的标,以及在投标中采取的策略问题。

2. 投标决策的内容

投标决策的内容主要包括如下三个方面:

(1)针对项目招标决定是投标或不投标。一定时期内,企业可能同时面临多个项目的投标机会,受施工能力所限,企业不可能实践所有的投标机会,而应在多个项目中进行选择;就某一具体项目而言,从效益的角度看有盈利标、保本标和亏损标,企业需根据项目特点和企业现实状况决定采取何种投标方式,以实现企业的既定目标,诸如:获取盈利,占领市场,树立企业新形象等。

(2)倘若去投标,决定投什么性质的标。按性质划分,投标有风险标和保险标。从经济学的角度看,某项事业的收益水平与其风险程度成正比,企业需在高风险可能的高收益与低风险的低收益之间进行抉择。

(3)投标中企业需制定如何采取扬长避短的策略与技巧,达到战胜竞争对手的目的。投标决策是投标活动的首要环节,科学的投标决策是承包商战胜竞争对手,并取得较好的经济效益与社会效益的前提。

3. 影响投标决策的主要因素

影响工程投标决策的因素主要有两种,即企业外部因素和企业内部因素。

(1)企业外部因素。影响工程投标决策的企业外部因素,见表7-2。

表7-2　　　　　　　　　影响工程投标决策的企业外部因素

序号	项目	内容
1	业主和监理工程师的情况	工程项目投标决策过程中,投标人首先应考虑业主及监理工程师的情况,主要考虑业主的合法地位、支付能力、履约信誉;监理工程师处理问题的公正性、合理性及与本企业之间的关系等
2	竞争对手和竞争形式	投标人是否决定投标,还应注意竞争对手的实力、优势及投标环境的优劣情况。从总的竞争形势来看,大型工程的承包公司技术水平高,善于管理大型复杂工程,其适应性强,可以承包大型工程;中小型工程由中小型工程公司或当地的工程公司承包的可能性大。因为,当地中小型公司在当地有自己熟悉的材料、劳力供应渠道,管理人员相对比较少,有自己惯用的特殊施工方法等优势。 另外,竞争对手的在建工程情况也十分重要。如果对手的在建工程即将完工,可能急于获得新承包项目心切,投标报价不会很高;如果对手在建工程规模大、时间长,如仍参加投标,则标价可能很高
3	承包风险问题	工程承包,特别是国际工程承包,由于影响因素众多,因而存在很大的风险性。从来源的角度看风险可分为政治风险、经济风险、技术风险、商务及公共关系风险和管理方面的风险等。投标决策中投标人必须对拟投标项目的各种风险进行深入研究和风险因素辨识,以便有效规避各种风险,避免或减少经济损失
4	法律适用的原则	对于国内工程承包,自然适用本国的法律和法规,其法制环境基本相同。如果是国际工程承包,则有一个法律适用问题。法律适用的原则有五条:①强制适用工程所在地法的原则;②意思自治原则;③最密切联系原则;④适用国际惯例原则;⑤国际法效力优于国内法效力的原则

(2)企业内部因素。影响工程投标决策的企业内部因素,见表7-3。

表7-3　　　　　　　　　影响工程投标决策的企业内部因素

序号	项目	内容
1	施工技术方面的实力	(1)有精通本行业的估算师、建筑师、工程师、会计师和管理专家组成的组织机构。 (2)有工程项目设计、施工专业特长,能解决技术难度大的问题和各类工程施工中的技术难题的能力。 (3)具有同类工程的施工经验。 (4)有一定技术实力的合作伙伴,如实力强的分包商、合营伙伴和代理人等。 技术实力是实现较低的价格、较短的工期、优良的工程质量的保证,直接关系到企业投标中的竞争能力
2	经济方面的实力	(1)具有一定的垫付资金的能力。 (2)具有一定的固定资产和机具设备,并能投入所需资金。 (3)具有一定的资金周转用来支付施工用款。对已完成的工程量需要监理工程师确认后并经过一定手续、一定的时间后才能将工程款拨入。

序号	项目	内容
2	经济方面的实力	(4)承担国际工程尚需筹集承包工程所需外汇。 (5)具有支付各种担保的能力。 (6)具有支付各种纳税和保险的能力。 (7)由于不可抗力带来的风险。即使是属于业主的风险，承包商也会有损失；如果不属于业主的风险，则承包商损失更大。要有财力承担不可抗力带来的风险。 (8)承担国际工程往往需要重金聘请有丰富经验或有较高地位的代理人，以及其他"佣金"，也需要承包商具有这方面的支付能力
3	管理方面的实力	具有高素质的项目管理人员，特别是懂技术、会经营、善管理的项目经理人选。能够根据合同的要求，高效率地完成项目管理的各项目标，通过项目管理活动为企业创造较好的经济效益和社会效益。
4	信誉方面的实力	承包商一定要有良好的信誉，这是投标中标的一条重要标准。要建立良好的信誉，就必须遵守法律和行政法规，或按国际惯例办事，同时，要认真履约保证工程的施工安全、工期和质量，而且各方面的实力要雄厚

第二节　投标报价编制

一、投标报价的概念

投标报价是指承包商计算、确定和报送招标工程投标总价格的活动。报价是进行工程投标的核心，业主常以承包商的报价作为主要标准来选择中标者，此外，投标报价也是业主与承包商进行承包合同谈判的基础，直接关系到承包商投标的成败。

二、投标报价一般规定

(1)投标价应由投标人或受其委托具有相应资质的工程造价咨询人编制。

(2)投标价中除《13计价规范》中规定的规费、税金及措施项目清单中的安全文明施工费应按国家或省级、行业建设主管部门的规定计价，不得作为竞争性费用外，其他项目的投标报价由投标人自主决定。

(3)投标人的投标报价不得低于工程成本。《中华人民共和国反不正当竞争法》第十一条规定："经营者不得以排挤竞争对手为目的，以低于成本的价格销售商品"。《中华人民共和国招标投标法》第四十一规定："中标人的投标应当符合下列条件……(二)能够满足招标文件的实质性要求，并且经评审的投标价格最低；但是投标价格低于成本的除外"。《评标委员会和评标方法暂行规定》(国家计委等七部委第12号令)第二十一条规定："在评标过程中，评标委员会发现投标人的报价明显低于其他投标报价或者在设有标底时明显低于标底的，使得其投标报价可能低于其个别成本的，应当要求该投标人做出书面说明并提供相关证明材料。投标人不能合理说明或者不能提供相关证明材料的,由评标委员会认定该投标人以低于成本报价竞标,其投标应作废标处理。"

(4)实行工程量清单招标,招标人应在招标文件中提供工程量清单,其目的是使各投标人在投标报价中具有共同的竞争平台。因此,要求投标人必须按招标工程量清单填报价格,工程量清单的项目编码、项目名称、项目特征、计量单位、工程数量必须与招标人招标文件中提供的招标工程量清单一致。

(5)根据《中华人民共和国政府采购法》第三十六条规定:"在招标采购中,出现下列情形之一的,应予废标……(三)投标人的报价均超过了采购预算,采购人不能支付的"。《中华人民共和国招标投标法实施条例》第五十一条规定:"有下列情形之一者,评标委员会应当否决其投标:……(五)投标报价低于成本或者高于招标文件设定的最高投标限价"。对于国有资金投资的工程,其招标控制价相当于政府采购中的采购预算,且其定义就是最高投标限价,因此投标人的投标报价不能高于招标控制价,否则,应予废标。

三、投标报价的范围

我国规定,以工程量清单计价方式进行投标报价,报价范围为投标人在投标文件中提出要求支付的各项金额的总和。这个总金额应包括按投标须知所列在规定工期内完成的全部,招标工程不得以任何理由重复计算。除非招标人通过修改招标文件予以更正,否则投标人应按工程量清单中列出的所有工程项目和数量填报单价和合价。因此,投标人的报价,包括划价的工程量清单所列的单价和合价以及投标报价汇总表中的价格,均包括完成该工程项目的直接成本、间接成本、利润、税金、政策性文件规定的费用、技术措施费、大型机械进出场费、风险费等所有费用。但合同另有规定者除外。

四、投标报价的特点

为了推动工程造价管理体制改革,能够与国际惯例接轨,我国由定额计价模式向清单计价模式过渡,规范了清单计价的强制性、实用性、竞争性和通用性。工程量清单下投标报价的计价特点主要表现在以下几个方面:

(1)量价分离,自主计价。招标人提供清单工程量,投标人除要审核清单工程量外还要计算施工工程量,并要按每一个工程量清单自主计价,计价依据由定额模式的固定化变为多样化。定额由政府法定性变为企业自主维护管理的企业定额及有参考价值的政府消耗量定额;价格由政府指导预算基价及调价系数变为企业自主确定的价格体系,除对外能多方询价外,还要在内部建立一整套价格维护系统。

(2)价格来源是多样的,政府不再作任何参与,由企业自主确定。国家采用的是"全部放开、自由询价、预测风险、宏观管理"。"全部放开"就是凡与计价有关的价格全部放开,政府不进行任何限制。"自由询价"是指企业在计价过程中采用什么方式得到的价格都有效,价格来源的途径不作任何限制。"预测风险"是指企业确定的价格必须是完成该清单的完全价格,由于社会、环境、内部、外部原因造成的风险必须在投标前就预测到,包括在报价内。由于预测不准而造成的风险损失由投标人承担。"宏观管理"是因为建筑业在国民经济中占的比例特别大,国家从总体上还得宏观调控,政府造价管理部门定期或不定期发布价格信息,还得编制反映社会平均水平的消耗量定额,用于指导企业快速计价,并作为确定企业自身技术水平的依据。

(3)提高企业竞争力,增强风险意识。清单模式下的招标投标特点,就是在综合评价最优,保证质量、工期的前提下,合理低价中标。最低价中标,体现的是个别成本,企业必须通过合理的市场竞争,提升施工工艺水平,把利润逐步提高。企业不同于其他竞争对手的核心优势,除企业本身的因素外,报价是主要的竞争优势。企业要体现自己的竞争优势就得有灵活全面的信息、强大的成本管理能力、先进的施工工艺水平、高效率的软件工具。除此之外,企业需要有反映自己施工工艺水平的企业定额作为计价依据,有自己的材料价格系统、施工方案和数据积累体系,并且这些优势都要体现到投标报价中。

五、投标报价编制依据

投标报价应根据下列依据编制:

(1)《13 计价规范》。

(2)国家或省级、行业建设主管部门颁发的计价办法。

(3)企业定额,国家或省级、行业建设主管部门颁发的计价定额和计价办法。

(4)招标文件、招标工程量清单及其补充通知、答疑纪要。

(5)建设工程设计文件及相关资料。

(6)施工现场情况、工程特点及投标时拟定的施工组织设计或施工方案。

(7)与建设项目相关的标准、规范等技术资料。

(8)市场价格信息或工程造价管理机构发布的工程造价信息。

(9)其他的相关资料。

六、投标报价编制复核

(1)综合单价中应考虑招标文件中要求投标人承担的风险内容及其范围(幅度)产生的风险费用,招标文件中没有明确的,应提请招标人明确。在施工过程中,当出现的风险内容及其范围(幅度)在合同约定的范围内时,合同价款不作调整。

(2)分部分项工程和措施项目中的单价项目,应根据招标文件和招标工程量清单项目中的特征描述确定综合单价。招标工程量清单的项目特征描述是确定分部分项工程和措施项目中的单价的重要依据之一,投标人投标报价时应依据招标工程量清单项目的特征描述确定清单项目的综合单价。招投标过程中,当出现招标工程量清单项目特征描述与设计图纸不符时,投标人应以招标工程量清单的项目特征描述为准,确定投标报价的综合单价。当施工中施工图纸或设计变更与招标工程量清单的项目特征描述不一致时,发、承包双方应按实际施工的项目特征,依据合同约定重新确定综合单价。

招标文件中提供了暂估单价的材料,应按暂估的单价计入综合单价;综合单价中应考虑招标文件中要求投标人承担的风险内容及其范围(幅度)产生的风险费用。在施工过程中,当出现的风险内容及其范围(幅度)在合同约定的范围内时,工程价款不做调整。

(3)投标人可根据工程实际情况并结合施工组织设计,对招标人所列的措施项目进行增补。由于各投标人拥有的施工装备、技术水平和采用的施工方法有所差异,招标人提出的措施项目清单是根据一般情况确定的,没有考虑不同投标人的"个性",投标人投标时应根据自身编制的投标施工组织设计或施工方案确定措施项目,对招标人提供的措施项目进行调整。投标人根据投标施工组织设计或施工方案调整和确定的措施项目应通过评标委员会的评审。

措施项目中的总价项目应采用综合单价计价。其中,安全文明施工费应按国家或省级、行业建设主管部门的规定确定,且不得作为竞争性费用。

(4)其他项目应按下列规定报价:

1)暂列金额应按招标工程量清单中列出的金额填写,不得变动。

2)材料、工程设备暂估价应按招标工程量清单中列出的单价计入综合单价,不得变动和更改。

3)专业工程暂估价应按招标工程量清单中列出的金额填写,不得变动和更改。

4)计日工应按招标工程量清单中列出的项目和数量,自主确定综合单价并计算计日工金额。

5)总承包服务费应依据招标工程量清单中列出的专业工程暂估价内容和供应材料、设备情况,按照招标人提出协调、配合与服务要求和施工现场管理需要自主确定。

(5)规费和税金应按国家或省级、行业建设主管部门的规定计算,不得作为竞争性费用。规费和税金的计取标准是依据有关法律、法规和政策规定制定的,具有强制性。投标人是法律、法规和政策的执行者,不能改变,更不能制定,而必须按照法律、法规、政策的有关规定执行。

(6)招标工程量清单与计价表中列明的所有需要填写单价和合价的项目,投标人均应填写且只允许有一个报价。未填写单价和合价的项目,可视为此项费用已包含在已标价工程量清单中其他项目的单价和合价之中。当竣工结算时,此项目不得重新组价予以调整。

(7)实行工程量清单招标,投标人的投标总价应当与组成已标价工程量清单的分部分项工程费、措施项目费、其他项目费和规费、税金的合计金额相一致,即投标人在投标报价时,不能进行投标总价优惠(或降价、让利),投标人对招标人的任何优惠(或降价、让利)均应反映在相应清单项目的综合单价中。

第三节　投标报价编制示例

投标报价编制示例参见表 7-4～表 7-19。

表 7-4　　　　　　　　　　　　　　投标总价封面

　　　　某住宅楼采暖及给排水安装　　　　工程

投标总价

招　标　人：　　　×××　　　
　　　　　　　　（单位盖章）

××××年××月××日

表 7-5　　　　　　　　　　　　　　投标总价扉页

投标总价

招 标 人：　×××

工程名称：　某住宅楼采暖及给排水安装工程

投标总价(小写)：　517315.53 元

　　　　(大写)：　伍拾壹万柒仟叁佰壹拾伍元伍角叁分

投 标 人：＿＿＿＿×××＿＿＿＿
　　　　　　　　（单位盖章）

法定代表人

或其授权人：＿＿＿×××＿＿＿＿
　　　　　　　　（签字或盖章）

编 制 人：＿＿＿×××＿＿＿＿
　　　　　（造价人员签字盖专用章）

时间：××××年××月××日

表 7-6　　　　　　　　　　　　**总说明**

工程名称:某住宅楼采暖及给排水安装工程　　　　　　　　　　　　第　页 共　页

1. 编制依据

1.1　建设方提供的工程施工图、《某住宅楼采暖及给排水安装工程投标邀请书》、《投标须知》、《某住宅楼采暖及给排水安装工程招标答疑》等一系列招标文件。

1.2　××市建设工程造价管理站××××年第×期发布的材料价格,并参照市场价格。

2. 采用的施工组织设计。

3. 报价需要说明的问题:

3.1　该工程因无特殊要求,故采用一般施工方法。

3.2　因考虑到市场材料价格近期波动不大,故主要材料价格在××市建设工程造价管理站××××年第×期发布的材料价格基础上下浮 3%。

3.3　综合公司经济状况及竞争力,公司所报费率如下:(略)

3.4　税金按 3.413% 计取。

4. 措施项目的依据。

5. 其他有关内容的说明等。

表 7-7　　　　　　　　　　　**建设项目投标报价汇总表**

工程名称:某住宅楼采暖及给排水安装工程　　　　　　　　　　　　第　页 共　页

序号	单项工程名称	金额/元	其中:/元		
			暂估价	安全文明施工费	规费
1	某住宅楼采暖及给排水安装工程	517315.53	121250.00	17753.91	20239.46
	合　计	517315.53	121250.00	17753.91	20239.46

表 7-8   **单项工程投标报价汇总表**

工程名称:某住宅楼采暖及给排水安装工程   第 页共 页

序号	单位工程名称	金额/元	其中:/元		
			暂估价	安全文明施工费	规费
1	某住宅楼采暖及给水排水安装工程	517315.53	121250.00	17753.91	20239.46
	合　计	517315.53	121250.00	17753.91	20239.46

表 7-9   **单位工程投标报价汇总表**

工程名称:某住宅楼采暖及给排水安装工程   标段: 第 页共 页

序号	汇总内容	金额/元	其中:暂估价/元
1	分部分项工程	347444.30	121250.00
1.1	给排水、采暖、燃气管道	347444.30	121250.00
2	措施项目	32584.94	—
2.1	其中:安全文明施工费	17753.91	
3	其他项目	99885.24	—
3.1	其中:暂列金额	10000.00	—
3.2	其中:专业工程暂估价	50000.00	—
3.3	其中:计日工	35672.74	—
3.4	其中:总承包服务费	4212.50	—
4	规费	20239.46	—
5	税金	17161.59	—
	投标报价合计＝1＋2＋3＋4＋5	517315.53	121250.00

表 7-10　　　　　　　　分部分项工程和单价措施项目清单与计价表

工程名称：某住宅楼采暖及给排水安装工程　　　　标段：　　　　　　　第　页共　页

序号	项目编码	项目名称	项目特征描述	计量单位	工程量	金额/元		
						综合单价	合价	其中
								暂估价
			031001 给排水、采暖、燃气管道					
1	031001001001	镀锌钢管	DN80,室内给水,螺纹连接	m	4.30	56.24	241.83	
2	031001001002	镀锌钢管	DN70,室内给水,螺纹连接	m	20.9	50.45	1054.41	
3	031001002001	钢管	DN15,室内焊接钢管安装,螺纹连接	m	1325.00	21.38	28328.50	19875.00
4	031001002002	钢管	DN20,室内焊接钢管安装,螺纹连接	m	1855.00	24.68	45781.40	33390.00
5	031001002003	钢管	DN25,室内焊接钢管安装,螺纹连接	m	1030.00	38.25	39397.50	25750.00
6	031001002004	钢管	DN32,室内焊接钢管安装,螺纹连接	m	95.00	45.98	4368.10	2660.00
7	031001002005	钢管	DN40,室内焊接钢管安装,手工电弧焊	m	120.00	66.24	7948.80	4800.00
8	031001002006	钢管	DN50,室内焊接钢管安装,手工电弧焊	m	230.00	66.34	15258.20	10350.00
9	031001002007	钢管	DN70,室内焊接钢管安装,手工电弧焊	m	180.00	89.28	16070.40	11700.00
10	031001002008	钢管	DN80,室内焊接钢管安装,手工电弧焊	m	95.00	101.88	9678.60	7125.00
11	031001002009	钢管	DN100,室内焊接钢管安装,手工电弧焊	m	70.00	118.13	8269.10	5600.00
12	031001006001	塑料管	DN110,室内排水,零件粘接	m	45.7	69.25	3164.73	—
13	031001006002	塑料管	DN75,室内排水,零件粘接	m	0.5	45.78	22.89	—
14	031001007001	复合管	DN40,室内给水,螺纹连接	m	23.60	52.44	1237.58	—
15	031001007002	复合管	DN20,室内给水,螺纹连接	m	14.60	31.80	464.28	—

续一

序号	项目编码	项目名称	项目特征描述	计量单位	工程量	金额/元		
						综合单价	合价	其中
								暂估价
16	031001007003	复合管	DN15,室内给水,螺纹连接	m	4.60	24.38	112.15	—
			分部小计				181398.47	121250.00
			031002 支架及其他					
17	031002001001	管道支架	单管吊支架,φ20,∟40×4	kg	1200.00	18.42	22104.00	—
18	031002001002	管道支架	单管托架,φ25,∟25×4	kg	4.94	14.86	73.41	—
			分部小计				22177.41	
			031003 管道附件					
19	031003001001	螺纹阀门	阀门安装,螺纹连接J11T-16-15	个	84	23.26	1953.84	
20	031003001002	螺纹阀门	阀门安装,螺纹连接J11T-16-20	个	76	25.88	1966.88	
21	031003001003	螺纹阀门	阀门安装,螺纹连接J11T-16-25	个	52	35.20	1830.40	
22	031003003001	焊接法兰阀门	法兰阀门,安装J11T-100	个	6	242.87	1457.22	—
23	031003013001	水表	室内水表安装DN20	组	1	67.22	67.22	—
			分部小计				7275.56	
			031004 卫生器具					
24	031004003001	洗脸盆	陶瓷,PT-8,冷热水	组	3	257.36	772.08	—
25	031004006001	大便器	陶瓷	套	5	167.34	836.70	
26	031004010001	淋浴器	金属	套	1	48.50	48.50	—
27	031004014001	排水栓	排水栓安装,DN5	组	1	33.16	33.16	—
28	031004014002	水龙头	铜,DN15	个	4	14.18	56.72	—
29	031004014003	地漏	铸铁,DN10	个	3	50.86	152.58	—
			分部小计				1899.74	
			031005 供暖器具					
30	031005001001	铸铁散热器	铸铁暖气片安装,柱形813,手工除锈,刷1次锈漆,2次银粉漆	片	5385	23.39	125955.15	
			分部小计				125955.15	

续二

序号	项目编码	项目名称	项目特征描述	计量单位	工程量	综合单价	合价	其中 暂估价
			031009 采暖、空调水工程系统调试					
31	031009001001	采暖工程系统调试	热水采暖系统	系统	1	8737.97	8737.97	—
			分部小计				8737.97	
			031301 专业措施项目					
32	031301017001	脚手架搭拆	综合脚手架安装	m²	357.39	21.36	7633.85	
			分部小计				7633.85	
			合　计				355078.15	121250.00

表 7-11　　　　　　　　　　**综合单价分析表**

工程名称:某住宅楼采暖及给排水安装工程　　　标段:　　　　　第　页共　页

项目编码	031003001001		项目名称	螺纹阀门	计量单位	个	工程量	84

清单综合单价组成明细

定额编号	定额项目名称	定额单位	数量	单价				总价			
				人工费	材料费	机械费	管理费和利润	人工费	材料费	机械费	管理费和利润
8-243	阀门安装 DN25	个	1	2.79	3.45		5.01	2.79	3.45		5.01
	阀门 J11T-16-15	个	1		12.01				12.01		
人工单价				小计				2.79	15.46		5.01
50 元/工日				未计价材料费							
清单项目综合单价								23.26			

	主要材料名称、规格、型号	单位	数量	单价/元	合价/元	暂估单价/元	暂估合价/元
材料费明细	××牌螺纹阀门 DN25	个	1	12.01	12.01		
	黑玛钢活接头 DN25	kg	1.010	2.67	2.70		
	铅油	kg	0.012	8.77	0.11		
	机油	kg	0.012	3.55	0.04		
	线麻	kg	0.001	10.40	0.01		
	橡胶板	kg	0.004	7.49	0.03		
	棉丝	kg	0.015	29.13	0.44		
	砂纸	张	0.15	0.33	0.05		
	钢锯条	根	0.12	0.62	0.07		
	其他材料费			—	15.46	—	
	材料费小计			—	15.46	—	

表 7-12　　　　　　　　　　**总价措施项目清单与计价表**

工程名称:某住宅楼采暖及给排水安装工程　　　　标段:　　　　　　　　第　页共　页

序号	项目编码	项目名称	计算基础	费率/%	金额/元	调整费率/%	调整后金额/元	备注
1	031302001001	安全文明施工费	定额人工费	25	17753.91			
2	031302002001	夜间施工增加费	定额人工费	2.5	1775.39			
3	031302004001	二次搬运费	定额人工费	4.5	3195.70			
4	031302005001	冬雨季施工增加费	定额人工费	0.6	426.09			
5	031302006001	已完工程及设备保护费			1800.00			
		合　计			24951.09			

编制人(造价人员):×××　　　　　　　　　　复核人(造价工程师):×××

表 7-13　　　　　　　　　　**其他项目清单与计价汇总表**

工程名称:某住宅楼采暖及给排水安装工程　　　　标段:　　　　　　　　第　页共　页

序号	项目名称	金额/元	结算金额/元	备注
1	暂列金额	10000.00		明细详见表
2	暂估价	50000.00		
2.1	材料(工程设备)暂估价/结算价	—		明细详见表
2.2	专业工程暂估价/结算价	50000.00		明细详见表
3	计日工	35672.74		明细详见表
4	总承包服务费	4212.50		明细详见表
	合　计	99885.24		

表 7-14　　　　　　　　　　**暂列金额明细表**

工程名称:某住宅楼采暖及给排水安装工程　　　　标段:　　　　　　　　第　页共　页

序号	项目名称	计量单位	暂定金额/元	备注
1	政策性调整和材料价格风险	项	7500.00	
2	其他	项	2500.00	
3				
4				
5				
6				
7				
8				
9				
10				
11				
	合　计		10000.00	—

表 7-15　　　　　　　　　材料(工程设备)暂估单价及调整表

工程名称:某住宅楼采暖及给排水安装工程　　　　标段:　　　　　　　第　页 共　页

序号	材料(工程设备)、名称、规格、型号	计量单位	数量		暂估/元		确认/元		差额/元		备注
			暂估	确认	单价	合价	单价	合价	单价	合价	
1	DN15 钢管	m	1325.00		15.00	19875.00					主要用于室内给水管道项目
2	DN20 钢管	m	1855.00		18.00	33390.00					主要用于室内给水管道项目
3	DN25 钢管	m	1030.00		25.00	3570.00					主要用于室内给水管道项目
4	DN32 钢管	m	95.00		28.00	2660.00					主要用于室内给水管道项目
5	DN40 钢管	m	120.00		40.00	4800.00					主要用于室内给水管道项目
6	DN50 钢管	m	230.00		45.00	10350.00					主要用于室内给水管道项目
7	DN70 钢管	m	180.00		65.00	11700.00					主要用于室内给水管道项目
8	DN80 钢管	m	95.00		75.00	7125.00					主要用于室内给水管道项目
9	DN100 钢管	m	70.00		80.00	5600.00					主要用于室内给水管道项目
	(以下略)										
	合计					121250.00					

表 7-16　　　　　　　　　　　专业工程暂估价及结算价表

工程名称:某住宅楼采暖及给排水安装工程　　　　标段:　　　　　　　第　页共　页

序号	工程名称	工程内容	暂估金额/元	结算金额/元	差额±/元	备注
1	远程抄表系统	给水排水工程远程抄表系统设备、线缆等的供应、安装、调试工作	50000.00			
	合　计		50000.00			

表 7-17　　　　　　　　　　　　　　计日工表

工程名称:某住宅楼采暖及给水排水安装工程　　　标段:　　　　　　　第　页共　页

编号	项目名称	单位	暂定数量	实际数量	综合单价/元	合价/元	
						暂定	实际
一	人工						
1	管道工	工时	100		140.00	1400.00	
2	电焊工	工时	45		120.00	5400.00	
3	其他工种	工时	45		75.00	3375.00	
4							
	人工小计					10175.00	
二	材料						
1	电焊条	kg	12.00		5.50	66.00	
2	氧气	m³	18.00		2.18	39.24	
3	乙炔条	kg	92.00		14.25	1311.00	
4							
5							
	材料小计					1416.24	
三	施工机械						
1	直流电焊机 90kW	台班	40		180.00	7200.00	
2	汽车起重机	台班	35		230.00	8050.00	
3	载重汽车 8t	台班	35		200.00	7000.00	
4							
	施工机械小计					22250.00	
四、企业管理费和利润　（按人工费的18%计算）						1831.50	
	总　计					35672.74	

表 7-18　　　　　　　　　**总承包服务费计价表**

工程名称:某住宅楼采暖及给排水安装工程　　　标段:　　　　　　第　页　共　页

序号	项目名称	项目价值/元	服务内容	计算基础	费率/%	金额/元
1	发包人发包专业工程	50000.00	1. 按专业工程承包人的要求提供施工工作面并对施工现场进行统一管理,对竣工资料统一汇总整理 2. 为专业工程承包人提供垂直运输和焊接电源接入点,并承担垂直运输费和电费	项目价值	6	3000.00
2	发包人提供材料	121250.00	对发包人供应的材料进行验收及保管和使用	项目价值	1	1212.50
	合　计	—	—		—	4212.50

表 7-19　　　　　　　　　**规费、税金项目计价表**

工程名称:某住宅楼采暖及给排水安装工程　　　标段:　　　　　　第　页　共　页

序号	项目名称	计算基础	计算基数	计算费率/%	金额/元
1	规费	定额人工费			20239.46
1.1	社会保险费	定额人工费	(1)+…+(5)		15978.52
(1)	养老保险费	定额人工费		14	9942.19
(2)	失业保险费	定额人工费		2	1420.31
(3)	医疗保险费	定额人工费		6	4260.94
(4)	工伤保险费	定额人工费		0.25	177.54
(5)	生育保险费	定额人工费		0.25	177.54
1.2	住房公积金	定额人工费		6	4260.94
1.3	工程排污费	按工程所在地环境保护部门收取标准,按实计入			
2	税金	分部分项工程费+措施项目费+其他项目费+规费一按规定不计税的工程设备金额		3.41	17161.59
	合　计				37401.05

参考文献

[1] 中华人民共和国住房和城乡建设部. GB 50500—2013 建设工程工程量清单计价规范[S]. 北京:中国计划出版社,2013.

[2] 中华人民共和国住房和城乡建设部. GB 50856—2013 通用安装工程工程量计算规范[S]. 北京:中国计划出版社,2013.

[3] 曹丽君. 安装工程预算与清单报价[M]. 北京:机械工业出版社,2011.

[4] 王和平. 安装工程工程量清单计价原理与实务[M]. 北京:中国建材工业出版社,2010.

[5] 苗月季,刘临川. 安装工程基础与计价[M]. 北京:中国电力出版社,2010.

[6] 苑辉. 安装工程工程量清单计价实施指南[M]. 北京:中国电力出版社,2009.

[7] 袁勇,张正磊. 安装工程计量与计价[M]. 北京:中国电力出版社,2010.

[8] 张毅. 工程建设计量规则[M].2版. 上海:同济大学出版社,2003.

[9] 温艳芳. 安装工程计量与计价实务[M]. 北京:化学工业出版社,2009.

中国建材工业出版社
China Building Materials Press

我 们 提 供 ‖‖

图书出版、图书广告宣传、企业/个人定向出版、设计业务、企业内刊等外包、
代选代购图书、团体用书、会议、培训，其他深度合作等优质高效服务。

编 辑 部 ‖‖   图书广告 ‖‖   出版咨询 ‖‖   图书销售 ‖‖   设计业务 ‖‖
010-68343948   010-68361706   010-68343948   010-68001605   010-88376510转1008

邮箱：jccbs-zbs@163.com   网址：www.jccbs.com.cn

发展出版传媒　　服务经济建设

传播科技进步　　满足社会需求